다르게, 평등하게

다문화사회 빗장열기

최정의팔 · 한국염의
이주민과 함께 사는 이야기

다르게, 평등하게

다문화사회 빗장열기

최정의팔 · 한국염 함께 지음

동연

이주민과 함께 사는 이야기

01 유관순상 수상(2011년)

02 환한 미소가 아름다워요!

03 필리핀 GFMD 총회에서, 한국팀의 사물놀이 시위

이주여성 인권 현장

01 여성이주노동자의 집

02 이주여성 가을운동회

03 이주의 여성화와 국제결혼심포지엄

이주여성 노동 현장

01 이주여성과 시민권을 주제로 한 아시아지역 대안모임 워크숍(2007년 필리핀 팍상한)

02 매매론적 국제결혼 예방과 방지를 위한 아시아포럼(2006년 한국이주여성인권센터)

03 49차 유엔여성차별철폐위원회 회의

04 유엔 여성차별철폐위원회 워크숍

05 살해당한 이주여성을 위한 추모제

06 가정폭력으로 남편 살해한 이주여성 구명운동

07 모성보호 지원사업(2004년)

08 이주노동자 강제추방 반대 집회 참석

서울외국인노동자센터 활동

01 청암교회에 개설한 서울외국인노동센터(2009년)

02 센터 내 이주여성들이 만든 극단 salad

03 한국어교실 봄 학기 수료식(2013년, 동대문역 이주민 상담소)

04　UN 세계인종차별철폐의 날 기자회견(2014년)

05　방글라데시의 날 행사 – 방글라데시 문화와 생활에 대한 띠뚜 씨의 강연(2015년)

06　대한민국 이주민 가요제 서울지역 예선(2016년)

01 세계인종차별철폐의 날을 맞이하여 외노협에서 준비한 캠페인(2016년)

02 서울이주노동자센터와 이주여성인권센터 공동 집들이

03 이주민 다문화 축제(2015년, 경남 창원)

공정무역 (주)트립티

04 커피 드립하는 트립티 대표이사 최정의팔 목사
05 네팔 샤이 교장선생님 트립티 방문
06 네팔 바글룽 지역 커피 협동조합 "커피나무 심어 네팔 가난한 이들 도와요"

이주민과 선주민이 형제자매애로
한 식탁에 앉는 그날을 꿈꾸며!

　한국소금과 최정의팔 우리 부부가 이주민 운동을 한 지 어느덧 20년이 되었다. 어느 날 성남의 한 양말 공장에서 도망쳐온 이주노동자 여덟명을 만난 것을 계기로 이주 운동에 뛰어들게 되었다. 평소에 우리는 가끔 자신에게 물었다. "오늘 이 땅에서 가장 고통받는 사람은 누구인가?" 그래서 민중교회 목회를 하게 되었다. 한국인 사장과 공장직원의 학대를 피해 우리 날개로 피신해 온 이주노동자들을 보면서 다시금 물었다. "오늘 이 땅에서 가장 고통받는 사람들이 누구인가?" 그때 우리가 들은 대답이 "외국인 노동자"라는 소리였다. 대답을 들었으니 행동을 해야 해서 우리가 목회하던 창신동 산동네에 자리 잡고 있는 '청암교회'에서 서울외국인 노동자선교센터를 열었다. 당시 민주화운동과 민중운동에 참여했던 일부 진보 성향 목회자들이 민중운동 일환으로 외국인 노동자선교센터를 세우고 이주노동자를 지원하고 있던 때였다. 우리도 이 반열에 들어서게 된 것이다.

　이름을 선교센터로 붙였다고 해서 처음부터 외국인 노동자를 기독교인으로 만들기 위해 선교라는 말을 쓴 것이 아니라 이주노동자 인권을 지원하기 위한 것이었다. 우리가 신학교에 다닐 무렵에 배운 것이 '하나님의 선교'라는 개념이었다. 방주처럼 사람들을 교회로 끌어들이는 것이 아니라 하나님이 세상에서 하시는 해방, 구원의 일에 참여해서 세상을 정의롭게 바꾸어야 한다는 선교개념이었다. 억눌린 이주노동자를 지원하는 것도 하나님의 선교에 참여하는 것이었다. 개종을 목적으로 외국인선교센터를 세우는 교회들이 생겨나면서 이들과 차별화하기 위해 아예 '선교'라는 말을 떼어버리고 '서울외국인 노동자센터'로 이름을 바꾸었다. 센터 이름에 외국인 노동자라는 말이 붙은 것은 당시에는 아직 '이주'라는 한국 사회에서 사용되지 않는 이주 초창기였기 때문이다.

이 서울외국인 노동자센터에 주로 드나드는 것은 남성외국인 노동자들이었다. 자연히 외국인 노동자를 위한 쉼터도 남성들을 위한 쉼터가 되어버렸다. 간혹 쉼터가 필요한 외국인여성노동자들이 왔지만 이들을 받아들일 수가 없었다. 대부분의 외국인 노동자센터들이 정부의 지원 없이 모금을 통해서 운영하던 때라 방이 몇 개씩 있는 쉼터를 마련할 형편이 되지 못하였기 때문이다. 가끔 오갈 데가 없는 외국인여성노동자들 때문에 곤혹스러운 일이 생기기도 했다. 어떤 경우에는 부부가 오는데 쉼터에 방이 넉넉지 않다 보니 다른 남성노동자들과 그 부부가 함께 자야 하는 판국도 있었다. 비상시에는 우리 집에서 재우기도 했지만 초등학생, 중학생 아이들 둘과 함께 살면서 이들을 상시로 재운다는 것은 무리였다. 때로는 임신한 여성들을 만나는데 이들이 출산 후에 쉴 곳이 마땅히 없었다. 남성노동자를 위한 쉼터는 곳곳에 있었지만 외국인여성노동자들을 위한 전용 쉼터가 한 곳도 없던 때였다.

여성이주노동자를 위한 쉼터가 필요했다. 당시는 한국 사회가 외국인 노동자 문제에 대해 관심도 없던 때라 한국에서 모금하는 일이 쉽지 않았다. 그래서 제3세계 여성들을 지원하고 있는 독일세계기도일위원회에 이주여성쉼터와 모성보호를 위한 전세금 3천만 원 프로젝트를 서울외국인 노동자센터 이름으로 제출하고 도움을 요청하였다. 2년 후에 프로젝트가 채택되어 돈이 왔는데 그사이 전세금이 5천만 원으로 올랐다. 어렵사리 모금을 해서 5천만 원을 마련했는데 이번에는 동네에서 외국인들이 사용하는 것이라 집을 빌려줄 수 없다고 했다. 며칠을 돌아다니다 궁여지책으로 주택을 한 채 사서 지하와 1층에 전세를 주고 2층을 쉼터로 사용하기로 했다. 쉼터 이름을 '여성이주노동자의 집'이라고 지었다. 2001년 한국 최초의 이주여성 전용쉼터가 마련되는 순간이었다.

이렇게 여성이주노동자의 집을 마련하고 처음에는 쉼터를 중심으로 이주여성들을 지원했다. 쉼터에서 다양한 이주여성들을 만나면서 본격적으로 이주여성인권운동을 할 필요성이 있어서 서로 역할을 분담하기로 하였다. 최정의팔은 서울외국인 노동자센터에서 남성이주노동자를 지원하고, 한국소금은 여성이주노동자의 집을 중심으로 이주여성노동자들을 지원하기로 하고 여성외국인 노동자의 집을 비영리민간단체로 등록하였다. 한국소금은 이주여성운동에 집중하기 위해 한국여신학자협의회 총무(사무총장) 연임을 포기하고 이 일에 전념하기 시작하였다. 쉼터에서 이주여성노동자 뿐만 아니라 국제결혼 이주여성, 성매매로 유입된 이주여성들을 만나면서 센터 이름을 '이주여성센터'로 바꾸고 본격적인 이주여성 인권지원운동을 전개하기 시작하였다. 이후 이주여성인권센터는 2005년 여성부의 인가를 받아 사단법인 한국이주여성인권센터로 확장되었다.

최정의팔과 한국소금이 올해로 칠순을 맞아 이주운동 20년을 기념하면서 조촐한 책을 하나 내기로 하였다. 이 책에 실린 글들은 우리가 이주운동을 벌이면서 만난 이주민들의 이야기와 그들의 상황을 중심으로 서울이주노동자센터 홈페이지 활동가 칼럼난에 실린 최정의팔 글과 한국이주여성인권센터 홈페이지 칼럼난에 실린 한국염의 이주민의 인권에 관련된 글 중 일부다.

인권운동이란 누구를 '위해서'라기보다 누구와 '함께'하는 것이 보다 중요하다. 남편과 창신동 언덕에서 빈민 목회를 시작할 때 이 점을 뼈저리게 경험했다. 그때 창신동은 산동네 빈민지역이었고 우리 교회도 실상 그 동네 처지와 다를 게 없었으며, 폐쇄된 낡은 재건학교 건물을 빌려 쓰고 있었다. 당시는 어린이집이 보편화되지 않은 때여서 아기 엄마들이 먼지투성이인 공장에 아기를 누이고 봉제 일을 하는 것을 보고 거의 무료로 어린이집을 시작했다. 저녁에 아기를 데리고 가는 어머니들과 이야기를 나누곤 했다. 하지만 아기 엄마들이 도무지 마음을 열지 않았다. 그때 우리는 교회 근처 건물 2층에 전세로 살고 있었는데 의논해서 교회 안 공장 부지로 이사를 하였다. 방 하나를 장롱으로 막고 한 칸은 낮에는 교회 사무실로 쓰고 밤에는 중학교에 다니는 아들 숙소로 이용했다. 다른 한 칸은 우리 부부와 초등학생인 딸의 생활터로 삼았다. 이렇게 우리 삶의 여건이 그네들과 차이가 없어진 지 3개월이 지나니까 엄마들이 비로소 마음을 열기 시작했다. 여기서 '민중목회란 누구를 위해서가 아니라 누구와 함께 하는 것이다'라는 것을 배웠다.

이주민 인권운동도 마찬가지다. 이주민을 '위해서'가 아니라 이주민과 '함께'하는 것이 중요한데 때때로 이걸 놓친다. 지난 20년을 돌이켜 보니 우리의 이주운동은 주로 이주민과 '함께'보다는 이주민을 '위해서'에 무게 축이 실린 것 같다. 물론 이주민 인권운동이란 이주민이 주체로 자리 잡고 당사자 운동으로 가기까지 선주민들이 뛸 수밖에 없는 한계점이 있긴 하지만, '위해서'라는 명분으로 이주노동자와 이주여성들을 배제시킨 것이 아닌가 반성하게 된다.

컴퓨터를 칠 때 '인권'이라는 단어를 많이 치게 되는데 밑에 받침 'ㄴ'을 빼먹는 경우가 많아 '인권'이 아니라 '이권'이 되는 경우가 많다. 그때마다 "과연 우리가 지금 하고 있는 일이 이주민 인권을 위해서 하는 것인가, 우리 이권을 위해서 하는 것인가?" 하고 우리 스스로에게 질문을 하곤 한다. '함께'를 놓치면 인권이 이권이 되기 쉽다. 서울이주노동자센터 슬로건은 "생명, 정의, 평화를 이주노동자와 함께"이고, 한국이주여성인권센터 슬로건은 "생명, 평등, 평화를 이주여성과 함께!"이다. 이 슬로건을 정했을 때는 이주민과 함께 평등하게 공존하는 사회를 꿈꾸고 설정한 것이지만, 이 꿈이 마음으로만 아니라 현실에서도 이루어지길 기원한다.

우리가 이주운동을 하는 동안 함께한 많은 분들이 있다. 무엇보다도 우리 이주운동의 산실이 되어 준 청암교회와 한국기독교장로회 서울노회를 비롯해서 많은 지원을 해주신 후원회원들과 서울센터의 이사들, 한국기독교여신도회 전국연합회를 비롯해서 끊임없이 사랑의 후원과 돌봄의 손길을 준 한국이주여성인권센터의 후원자들과 이사들, 두 센터의 활동가들을 비롯해서 외국인이주·노동운동협의회 동료들에게 함께 있어줌에 대한 감사를 드린다.

부모가 하는 이주운동의 길에 묵묵히 지지를 보내 준 한솜이와 꽃솜이, 그리고 가족처럼 옆에서 돌보아주는 청암교회 남기창과 트립티의 박미성, 김헌래, 최헌규, 이 책을 펴내 준 도서출판 동연 김영호 사장을 비롯한 식구들에게 고맙다는 말을 전하고 싶다.

오늘날 뜻있는 사람들이 지구화 시대에 지구 시민을 말하고 있다. 이 시점에서 패러다임 전환이 필요하다. 2008년 8월 8일부터 한국에서 열린

제3회 이주노동자 영화제(The 3rd Migrant Workers Film Festival)는 이주노동자가 인간답게 사는 세상을 꿈꾸면서 이렇게 제작이유를 밝히고 있다. "낯선 얼굴, 독특한 억양을 가진 사람들을 만나면 묻게 되는 '어느 나라에서 오셨어요?' 하는 질문이 불필요한 세상을 꿈꿉니다. 이주노동자, 이주민, 원주민(Native Korean) 모두는 같은 별, 같은 시대에 살고 있는 동시대인이니까요." 이들의 꿈처럼 이주자와 원주민이 같은 지구촌 시민으로서 인권을 보호하고 받으며 사는 것은 불가능할까?

2016년 11월 정릉에서

최정의팔과 한국소금이

차 례

1부

무지개 세상을 꿈꾸며

_ 한국염 칼럼

마음으로 비는 꿈

날아라 새들아 푸른 하늘을 / 달려라 냇물아 푸른 벌판을….

지난 5월 5일 어린이날, 외국인 노동자가정 자녀들과 함께 하는 무지개 축제에 외국인 노동자 자녀와 한국 어린이들이 참여했다. 우리 이주여성인권센터의 국제 가정 어린이들도 엄마 손을 잡고 참석을 했는데, 한국 어린이들 가운데는 내가 담임으로 있는 청암교회에서 운영하는 청암공부방의 어린이들도 있었다. 어려운 가정 형편으로 치면 이주노동자의 가정이나 우리 공부방 아이들이나 별로 차이가 없을 듯하다. 어려운 가정의 아이들이지만, 청암공부방의 어린이들은 어디를 가나 무척 씩씩하다. 어린이들이 워낙 활기차서 어린이 열댓 명에 선생님 다섯 명이 쩔쩔맬 정도다. 어린이들이 주눅이 들어 다니는 것보다는 그렇게 활기찬 것이 백번 낫다고 생각하면서도 솔직히 고개를 흔들 때도 있다. 그 청암공부방 어린이들이 이주노동자 자녀들과 함께 손잡고 뛰어노는 것을 보면서 참 흐뭇했다. 놀라운 것은 한 어린이가 "참 행복했습니다" 하는 말을 대형 고무풍선에 써서 띄웠다는 거다. 피부가 다른 어린이들과 함께 뛰어놀면서 행복을 느꼈다니, 어린이들의 세계는 무척 아름답다는 생각이 들었다. 어린이들은 서로 잘 지내는데, 왜 어른들은 피부가 다른 사람과 어울려 살지 못할까?

그 무지개 축제에 우리 아이들 쩜 쩌 먹을 만큼 씩씩한 여자아이가 눈에 띄었다. 방글라데시 소녀 타니아(11살)였는데, 어찌나 한국말을 잘하는지, 감탄했다. 활기찬 것은 마치 우리 아이들 같았고. 더 놀란 것은 이 여자아이가 자기가 다니는 학교에서 4학년 학급 어린이회장이라는 거다. 운동을 잘해서 아이들을 몰고 다닌단다. '어른 세계'에서 천대받는 이주노동자 자녀가 '어린이 세계'에서 어떻게 한 반의 리더로 올라설 수 있었는지 몹시 궁금했다.

같은 반 친구들의 대답은 간단했다. "잘하잖아요!", "타니아는 운동도, 공부도 잘해요.", "한국말을 우리보다 잘하고, 남도 잘 도와줘요." 경기도 남양주시 천마초등학교 연꽃반 학생들이 방글라데시 소녀 타니아를 어린이회장으로 뽑은 이유였다. 이주노동자의 자녀인데도 회장이 된 걸 보고 그 아이도 대단하지만, 그 아이를 회장으로 뽑은 학교 아이들도, 담임선생님도 정말 훌륭하고 그리고 우리 세상에 희망이 있다고 느꼈다.

우리는 지구촌 시대에 살고 있다. 지구촌 시대에는 모든 것이 국경을 넘나든다. 돈도, 사람도, 노동도, 자본도. 그래서 지금 우리나라에는 많은 이주노동자들이 들어와 일하고 있다. 그 노동자들에게는 가족이 있고, 결혼한 가정이면 자녀들도 있기 마련이다. 우리나라가 유엔 어린이인권 협약에 조인을 했기 때문에 당연히 이주노동자의 자녀들도 학교 갈 나이가 되면 학교에 가서 공부할 수 있어야 한다. 그런데 이 이주노동자의 자녀들에게 학교 문은 너무나 좁다.

어린이인권헌장에 이렇게 씌어있다. "어린이는 누구나 교육받을 권리가 있다." 아동권리협약에 의하면 모든 사람에게 교육의 기회를 보장해야 한다. 하지만 출신성분, 민족, 종교, 인종, 국적 등의 차이 때문에 교육을 받지 못하는 어린이들도 여전히 있다. 우리나라에 와서 살고 있는 이주민의 자녀들은 그 교육받을 권리가 제한되어 있다. 대한민국교육인적자원부에 의하면 비록 불법체류 이주노동자의 자녀라도 초등학교 입학이 허용되어 있다. 하지만 이들의 입학이 그렇게 녹녹한 것은 아니다. 법으로는 허용되어 있어도 실제로는 학교장의 재량에 따라 거절당하는 일이 종종 있다고 한다. 부모가 불법체류자라는 이유, 또는 인종이 달라 한국 학부모들이 싫어한다 등등 여러 가지 이유로 말이다. 설령 학교장이 허락해서 학교에 다닐 경우에도 반 아이들이 피부색으로, 말을 잘 못 하는 것으로 놀려대어서 학교 다니는 걸 괴로워하는 아이들도 있다.

지구촌이란 이 지구에 사는 모든 사람들이 한 마을에 사는 사람들이라는 뜻인데, 피부색이 다르다고 차별을 하는 그런 세상이면 참 문제라는 생각이 든다. 다름을 특색으로 볼 줄 알아야 지구촌 시대에 걸 맞는 사람일 텐데. 그런 점에서 이주노동자자녀들이 우리 아이들과 한 학교에서 공부한다는 것은 우리에게 또 하나의 좋은 기회다. 나와 다른 사람과 어울려 사는 훈련을 받을 수 있다. 이주민의 자녀들과 같이 지내면서 우리 아이들은 다양성이 무엇인지를, 다양성 안에서 조화를 이루는 삶이 어떤 것인지를 터득하게 될 테니까.

어린이 무지개 축제에서 이주노동자 어린이들과 구김살 없이 뛰어놀면서 행복을 느낀 우리 아이들의 모습에서 배운 것이 많다. 마침 공부방 어린이들에게 들으니 자기 반에도 이주노동자 자녀들이 있다고 한다. 그날부터 우리 공부방에서 피부색 다른 어린이들이 함께 뛰어노는 꿈을 마음으로 빌어본다. 어려서부터 피부와 인종이 다른 어린이들과 함께 지내다 보면, 이 세계가 정말로 한 덩어리라는 인식을 할 것이고, 국경 없는 마을이 아름답다는 것을 체화할 것이고 이런 어린이들이 자라 만들어가는 세상은 보다 평화로운 세상이 될 것이다. 그렇게 되면, 정말로 무지개 마을이 되지 않을까?

_ 2004. 5. 17.

우리 민족 제일이다?

지난 6월 15일부터 16일까지 인천 문학 경기장에서 우리민족대회가 열렸다. 이 대회에서 남과 북, 해외동포들이 모여 6·15 남북 정상회담을 기념하고 정상회담에서 결정한 사항들의 이행을 촉구하였다. 1, 2차는 금강산에서, 3차는 남쪽과 북쪽이 따로 하다가 올해 4차 대회 때 처음으로 남쪽에 모여 열었다. 북쪽에서 백여 명이 왔고 남쪽에서 천 명 가량이 참여하였다. 이미 금강산에서 열렸던 남북여성대회에 참여했던 경험이 있는 터라 별로 새로울 것이 없었지만, 남쪽에서 처음 열리는 대회이기에 기대를 갖고 참여하였다. 북측 대표들은 대회사에서 3대 구호를 중심으로 통일을 해야 한다는 주장을 하였고, 남쪽에서도 이에 화답하였다. 대회 내내 "우리끼리 힘을 합쳐 통일을 이루자", "우리 민족 제일이다", "남북공조, 조국통일"의 구호가 울려 퍼졌다.

우리 민족끼리 힘을 합쳐 통일을 한다거나 민족이 공조해야 하다는 것에는 아무런 이의가 없다. 그렇지만 "우리 민족 제일이다" 하는 구호를 들을 때 등이 오싹했다. 밤에 인천 문학경기장 야구장에서 남북 예술 공연이 열렸을 때, 스탠드를 꽉 채운 사람들이 "우리 민족 제일 좋아"라는 북한 가수들의 노래에 박수와 함성을 지르며 한반도기를 흔들어대는 모습을 보면서 나도 모르게 "이게 아닌데. 이게 아닌데!" 하고 중얼거렸다. 옆에 있는 다른 여성 참가자들에게 "'우리 민족 제일이다'라는 구호는 너무 심한 것 아니야? 민족 중심주의는 곧 차별주의인데, 난 이 구호가 영 못마땅하네!" 하고 말했더니, "참, 외국인 노동자 인권운동을 하는 목사님 입장에서는 그렇겠네. 목사님 이야기 들을 때까지는 전혀 그런 생각을 해보지 못했네요." 하고 공감을 해주었다.

　　미국에 기죽어 사는 우리에게 '우리 민족이 제일'이라는 구호는 민족 자긍심을 살리는 데 도움이 될지도 모른다. 또한 약소국으로서 민족을 외치는 것은 '민족생존'과 결부된 것이기에 문제가 없다고 볼 수도 있다. 독일에서 한국 여성운동을 소개하면서 민족문제를 언급했을 때, 지도교수가 '민족주의'에 대한 이의를 제기했다. 그때 나는 "독일에서는 히틀러 시대의 경험 때문에 민족문제가 좋지 않은 개념으로 쓰이지만, 우리에게는 생존의 문제다.", "'민족주의'가 문제지, '민족'을 강조하는 것이 나쁜 것은 아니지 않느냐?" 이렇게 항의한 적이 있다. 물론 독일의 아리안주의가 빚어낸 유대인 학살! 일제의 천황주의가 빚어낸 한국을 비롯한 아시아에서의 만행! 그 속에 들어있는 민족주의가 빚어낸 병폐, 즉 민족주의가 민족우월주의로 이어지고, 다른 나라를 무시하는 삐뚤어진 제국주의로 나아감을 모르는 바는 아니지만, 그래도 약소국가로서의 민족주의는 다르다는 생각을 해온 게 사실이다. 일제식민지 지배하에서 민족의 해방을 부르짖을 수밖에 없었고, 분단 상황에서 한 민족이라는 말은 통일의 키워드이고, 주한미군범죄근절운동이나 한미행정협정과 관련해서 민족주의라는 것이 당위성이기도 했다.

　　그러나 이주노동자문제와 씨름하면서 민족주의의 문제를 다시 생각하게 되었다. 우리나라에 들어와 있는 이주노동자를 대하는 우리의 태도를 접하면서 민족주의라는 것이 자칫 민족우월의식이나 열등의식으로 이어지고 타민족이나 타인종에 대한 배타성으로 이어지게 됨을 보았다. 민족우월주의로 이어질 때는 우리보다 가난한 나라나 민족에 대해서는 얕잡아보는 경향으로 나타난다. 가난한 제삼세계에서 온 이주노동자들에게는 함부로 대하고 무시한다. 반대로 우리보다 잘 사는 나라 사람들에 대해서는 민족열등의식에 빠져 부러워하면서 좋게 대접한다. 제일세계에서 온 백인들에게는 잘 보이려고 애를 쓴다. 이런 실정에서 "우리 민족 제일이다" 라는 구호는 이주노동자들에게 얼마나 몸서리쳐지는 구호이겠는가? 가뜩이나 인종차별로 고통을 겪고 있는 이주노동자들에게 '우리 민족 제일'이라는 이 구호는 차라리 폭력이라는 생각이 든다.

이 폭력이 여실히 드러나는 것이 바로 국제결혼 한 여성들이 한국에서 당하는 고통이다. 결혼을 하면 응당 배우자를 존중하며 잘 살아야 하는데 흔히 한국 남편들은 못사는 나라에서 온 여성이라고 아내를 구박한다. 툭하면 '너희 나라', '너희 백성' 운운하며 모욕을 준다. 문화가 달라서 생기는 문제를 서로 이해하면서 해결할 생각을 안 하고 "우리나라에서는 이래야 한다"라면서 우리나라 문화에 적응하기를 강요한다. 이건 이주노동자와 결혼한 한국여성의 경우도 예외는 아니다. 상대편 나라의 문화와 풍습에 대한 배려 없이 우리 것을 받아들이지 않는다고 불만이다. 뒤집어서 소위 선진국 세계의 사람과 결혼하는 경우, 우리 문화가 우월하니 우리 문화에 적응해야 한다고 내세우는 경우는 매우 드물다. 한국남편에게 구타당하고 어깨를 들먹이며 우는 이주여성들을 대할 때마다 한국인의 잘못된 민족우월감과 인종차별에 화가 난다.

'우리 민족 제일주의'는 북한에서는 미국을 겨냥하고 하는 소리겠지만, 우리 남한의 경우는 제삼세계에서 온 이주노동자 내지 가난한 나라에서 온 배우자들을 멸시하는 도구로 작용하고 있다. 민족은 하나가 되어야 하고 민족끼리 물론 서로 도와야 한다. 북한의 용천사고, 북녘에서 굶주리는 동포들을 남쪽은 당연히 도와야 한다. 그렇다고 우리 민족 끼리나 우리 민족 제일주의는 곤란하다. 우리 민족제일주의는 다른 나라와 더불어 사는 것을 방해하고, 세계가 한 평화의 공동체가 되는 것, 더불어 숲이 되는 것을 가로막는다. 인류가 지구촌에 사는 한 가족이라는 사실을 망각하게 만든다. 우리는 이 사실을 미국이라는 한 패권주의 나라에서 잘 배우고 있지 않은가? 배타성으로 이어지지 않는 통일의 길, 민족 사랑의 길을 고민해야 하겠다.

_ 2004. 6. 17.

개발을 위한 이주와 이주의 경계선

지난 9월 13일부터 14일까지 제9차 '아시아 이주노동자회의(Regional Conference on Migration in Asia)'가 서울 감리교여선교회관에서 열렸다. 이 회의는 이주노동자 인권 옹호를 위해 활동해온 아시아의 활동가들이 모여서 이주노동자의 문제를 논의하고 전략적 대안을 모색하는 자리다. 이 회의에 아시아 19개국에서 참여를 했고, 한국에서는 외국인 노동자대책협의회에 소속한 단체들이 참가했다.

이번 회의의 주제는 "개발을 위한 이주와 이주노동의 여성화"로 그동안 아시아 각국이 추진해온 개발과 이주노동의 문제, 그 과정에서 점차 늘어나는 여성이주노동자의 문제를 중점적으로 다루었다. 이 회의에서는 이주노동과 인신매매의 불명확한 경계, 세계화와 개발과 이주의 관계, 인간 안보와 충동하는 국가안보, 이주의 여성화와 이주노동에 있어서 여성문제, 노동의 비공식화와 귀환과 송금, 이주노동자의 건강과 복지, 이주노동자 권리향상을 위한 국제기준과 체계 등이 중요한 논제로 제기되었다. 그리고 2005년 1월 종결 예정인 WTO GAT Mode 4 개발 아젠다 협상의 주요 이슈 중의 하나인 서비스 분야 인력 이동에 관한 주제 발제와 토론이 있었다. 이 주제와 관련한 다섯 가지 워크숍에서 특별히 1) 국가/

인간안보, 2) 여성과 이주노동의 여성화, 3) 지속가능한 개발, 송금과 귀환, 4) 노동의 비공식화, 5) 이주노동자 건강과 복지에 대한 각국의 상황과 문제를 살펴보고 전략을 논의하였다. 참석자들은 이 회의를 통해 인권과 안보, 개발과 이주노동자의 권리와 존엄이 상충하는 국제적 노동이동의 복잡성을 인식하게 되었다.

"이주의 여성화"라는 주제와 관련하여 아시아에서 이주의 여성화 현황과 경향, 파생되는 문제 등이 논의되었다. 특히 문제로 떠오른 것이 "여성의 이주와 인신매매의 경계선이 모호하다"라는 점이다. 각국의 개발 정책과 신자유주의 경제체제가 빚어낸 '빈곤의 여성화'로 인해서 아시아에서 '이주의 여성화' 현상이 증가하고 있다는 것이 통계로 나타나고 있다. 우리나라의 경우 이주노동자 중 37%가 여성으로서 상대적으로 낮은 비율을 보이고 있지만, 가사노동 이주가 허용된다면, 이주의 여성화는 급물살을 탈 것이 예측되고 있다. 아시아 전역에서는 해외이주자 중 여성 이주자들이 69%를 차지하고 있으며, 필리핀이나 인도네시아의 경우 70% 이상이 여성들이라고 한다. 그 여성들은 가사노동이나 공장노동, 성 산업에서 일을 하며 때로는 국제결혼을 통해 이주를 한다. 이번 회의에서 드러난 것은 여성의 이주가 이주와 인신매매의 모호한 경계선에 서 있다는 것이다. 노동자들의 경우, 자신들의 이익을 목적으로 하는 알선업체를 통해 막대한 브로커 비용을 물고 불법으로 은밀하게 입국이 이루어지고, 불법으로 입국하기 때문에 그 과정에서 자기 의사에 반한 고용주의 강제와 협박이 있기 마련이다. 연예인 비자로 입국해서 성산업으로 유입되는 경우 이주와 인신매매의 경계선은 없는 것이나 마찬가지다. 이주할 자본이 없기 때문에 몸을 담보로 가족에게 선금을 주거나 타국에서 벌어 갚기로 하고 이주에 필요한 비용을 꾸어서 오는 경우도 있다. 이 계층 여성의 이주는 대부분 국제인신매매 조직이나 사설 브로커를 통해서 이루어지는데, 이들 브로커들의 횡포와 사기가 엄청나다. 그 수법도 다양해서 취직시켜 준다고 여성들을 데려다가 성산업 업체로 넘겨버리기도 하고, 때로는 단속을 피해 국제결혼으로 위장시켜 이주시키기도 한다.

중개업 알선에 의한 국제결혼 경우 인신매매성 성격을 띠는 경우가 많다. 집안 식구 생계를 위해 다달이 집에 얼마를 보낸다는 조건하에, 또는 부모가 일시불을 받고 어린 딸을 국제결혼으로 내몰기도 한다. 그 단적인 예가 '어린 신부' 이야기다. 베트남 여성 몽은 열여덟 살에 서른다섯 살 먹은 남자와 결혼해서 한국에 왔다. 한국에 오게 된 사연인즉, 옆집에 사는 동네 이모가 몽의 부모에게 몽을 한국 사람에게 결혼시키자고 제의했다. 몽의 부모는 딸이 한국에 가면 편히 살 수 있고 또 돈도 준다는 바람에 딸을 한국 남자와 결혼시키기로 했다. 그때 몽은 결혼을 약속한 남자친구도 있어서 결혼하지 않겠다고 했더니 돈을 이미 받았고 계약을 위반하면 세배로 물어야 하니 안 된다고 강제로 밀어붙였다. 하는 수 없이 이모를 따라 호찌민 시로 갔더니 어떤 집에 베트남 아가씨들이 여러 명 모여 있었다. 한국 남자들이 들어와 아가씨들을 훑어보고 마음에 드는 사람을 점을 찍어 데리고 나갔다. 몽도 그런 식으로 뽑혔고, 그다음 날 결혼식을 하고 한 달 후 한국에 왔다고 한다. 우리나라 방방곡곡에 걸려 있는 "베트남 처녀와 아름다운 인연 맺기, 베트남 처녀와 결혼하세요!"의 한 실상이다.

몽처럼 어린 여성뿐 아니라 나이가 들어 스스로 결정하는 경우도 마찬가지다. 자기 집안 형편을 알기에 스스로 결정하지만, 그 과정은 몽의 경우와 별반 다를 바 없다. 사진을 통해서 선을 보고 남자의 진면목도 모른 채, 가정을 위해 아니면 다른 삶을 개척해 보고자 이주를 택한다. 막상 한국에 와보면 사기당했다는 느낌을 갖게 된다. 그래도 잘 살아보려고 안

간힘을 쓰지만, 문화도 다르고 언어도 다른, 무엇보다도 배타적인 한국 사람들 속에서 산다는 것은 결코 쉬운 일이 아니다. 물론 모든 이주 여성들이 인신매매의 범주에 있는 것은 아니지만, 아시아에서 점점 증가하고 있는 '이주의 여성화' 현상 한 복판에 '인신매매성 이주'가 존재하는 것이 현실이다. 이주 노동 운동가들은 "이주노동이란 근본적으로 빈곤에서의 탈출과 새로운 삶을 개발하기 위한 이주민의 욕구가 바탕에 깔려있다. 이주노동을 규제하면 할수록 국제인신매매가 늘어남으로 이주노동을 합법화하는 것이 국제적 인신매매를 줄일 수 있는 길이며, '인신매매성 이주'를 줄이기 위해서 모든 나라가 유엔이 정한 '이주민과 그 가족의 권리에 관한 협약'을 비준해야 한다"라고 주장한다.

제9차 '아시아이주노동자회의'는 이주의 여성화 과정에서 파생되는 문제들을 검토하고 대안을 모색하면서 '이주의 여성화'에 대한 성 인지적 응답이 강화되어야 함을 역설하며 다음과 같은 결의안을 채택하였다.

— 빠르게 늘어나고 있는 이주여성의 존엄성과 기본적인 인권을 옹호하는 일과 더불어 공정하고 공평한 임금을 통해 여성의 일에 대한 가치를 부여할 것.

— 교육을 통해 이주여성들이 권리를 주장할 수 있도록 하고, 직업적 성별분업에 따른 고정관념을 타파하며, 노조 조직 등을 통해 노동권 보호를 위한 여성능력을 강화할 것.

— 송출국의 경우, 유입국에 보건산업 노동자들의 정당한 임금과 서비스를 요구할 것과, 자국에서 훈련된 고급인력의 이주로 인한 "두뇌 유출" 현상에 대해 해당국에 문제를 제기하고 보상을 요구할 것.

— 여성들에게 충분한 경제적 기회를 제공하여 정당한 임금과 수입을 통

해 해외취업이 강제가 아닌 선택이 될 수 있도록 노동력 송출국 정부에 대한 활동을 할 것.

— 결혼을 포함한 다양한 형태의 인신매매 방지를 위한 교육캠페인을 실시할 것.

— 이주노동자 가족의 재회 보장을 요구하는 유엔이주노동자협약 비준을 촉구할 것.

— 국제결혼가정 자녀 문제와 관련한 국내 정책과 법제화를 촉구할 것.

한국도 조만간 '이주의 여성화' 반열에 들어설 것이고, 이미 여성의 이주현장에서 인신매매성 이주의 취약성이 노출되고 있다. 여성들에게 이주란 빈곤에서의 탈출뿐만 아니라 새로운 삶을 창출할 수 있는 하나의 가능성이기도 하다. 이 가능성을 살려서 인신매매성 이주를 벗어나 자유로운 이주를 할 수 있는 장치를 마련해야 한다.

_ 2004. 10. 4.

여성의 이주노동, 끝이 보이지 않는다

　'이주의 여성화' 상황에서 이주여성들이 겪는 인권문제로 저임금과 장시간 노동, 열악한 주거환경, 특히 불법체류자라는 신분상의 제약 때문에 당하는 어려움 등이 제기되고 있다. 도착국에서의 인권문제 외에도 심각한 문제가 하나 있는데 바로 여성의 이주에 끝이 안 보인다는 것이다. 한 예를 통해서 이 문제를 살펴보자.

　네팔 여성 건천은 한국에 온 지 6년이 되었다. 그녀는 5남매 중 맏이다. 그녀의 아버지는 공사장에서 일하다 다친 후 일을 못 하고, 어머니가 시장에서 작은 가게를 운영하여 가족을 부양하고 있었다. 그녀는 어려서부터 카펫 짜는 일을 해 가계에 보탰다. 결혼한 후에도 카펫 짜는 일로 시가의 생계를 책임지다가 1997년 12월 15일에 산업연수생으로 한국에 왔다(비자형태: D3). 원래는 그녀의 남편이 한국에서 일하게 되어 있었다. 남편은 1996년도에 6백만 원을 지불하고 산업연수 자격으로 입국했으나 한 달도 채우지 못하고 몸이 아파 귀국했다. 연수비용이 이미 지불된 상태라 업체에서는 남편을 대신해 갈 사람이 있으면 자리를 만들어주겠다고 제의했고, 남편이 아파서 일을 할 수가 없으니 누군가는 생계를 위해 돈을 벌어야 했다. 그녀의 친정도 가정형편이 어려워 맏딸인 건천이 경제적으로 지원할 수밖에 없는 형편이었다. 결국 건천은 일곱 살 된 아들을 두고 남편 대신 한국에 돈을 벌려고 왔다.

건천은 한국에 들어와서 처음 배치된 연수업체에서 9개월간 일을 했다. 50만 원 정도의 월급을 받았는데 회사에서 적립금(15만 원), 의료보험료(6천 원), 연수생 위탁관리비(2만4천 원)를 원천 징수하여 실제로 건천이 받는 돈은 30만 원 정도밖에 되지 않았다. 그 돈을 모두 집에 보냈지만, 한국에 오느라 꾼 돈도 갚을 수 없었다. 그나마 회사가 잘 운영이 안 되고 급여가 제때 나오지 않아 하는 수 없이 건천은 연수업체에서 탈출해서 서울로 왔다. 서울로 올라와서 불법체류자로 어느 봉제공장에서 시다 일을 했다. 처음 받은 급여는 70만 원으로 연수생 때보다 두 배가 많았다. 몇 년이 지난 지금은 일백만 원 정도 받는다. 그 돈으로 전기와 수도세 등 사용료를 포함해서 월세 20만 원을 내고 친구와 자취를 한다, 3~4만 원짜리 전화카드를 사고, 아침과 쉬는 날 식사를 비롯한 식비로 7만 원가량, 용돈으로 10만 원 정도 쓴다. 몇 년 동안 남는 돈은 모두 고향에 다 부쳐서 가족들이 생활하였고, 연수비용으로 꾼 돈도 다 갚았다.

그러나 건천은 한국에 사는 것이 매우 힘들다. 한국 정부가 고용허가제를 실시하면서 4년 이상 된 사람은 강제로 출국시키고 있기 때문이다. 건천은 E9비자를 취득하지 못한 불법체류자로서 일자리가 없어 간간이 아르바이트를 하면서 살아가고 있다. 업주도 한국말을 잘하고 성실하고 일도 능숙하게 처리해내는 건천을 계속 쓰고 싶지만, 불법체류자를 고용하면 벌금을 내야 하는 정부의 정책 때문에 채용을 기피하고 있다. 일자리가 나올 때도 있는데 그건 새벽 1시나 두시까지 일하는 곳이라 감당하기 어려워 결정하지 못하고 있다.

건천은 아들이 보고 싶어 집으로 가고 싶다. 그러나 집으로 가는 것이 단순한 문제가 아니다. 건천이 벌어 보낸 돈은 친정과 시집에서 다 쓰고, 모아놓은 것이 없어 돌아가더라도 살 일이 막막하다. 남편보고 들어가도 되겠냐고 물으면 "네가 알아서 해라" 하며 시큰둥하게 대답한다. 건천이 돌아오는 것보다 돈을 벌어오기를 바라는 마음일 게다. 설상가상으로 최근에 아들이 아프다는 이야기를 듣고 나서는 그녀의 마음은 고향에 가 있다. 한두 달이라도 돈을 더 벌어 작은 돈이라도 갖고 가고 싶은데, 언제까지 일자리 나오기만 기다릴 수도 없고···. 건천은 한국에서 언어문제로, 인종편견문제로 당한 고통보다 돌아갈 수도, 머물 수도 없는 이러지도 저러지도 못하는 지금이 더 고통스럽다고 한다.

아시아의 여성들이 다른 나라로 이주노동을 떠나는 것은 물론 나라가 가난하고, 가정이 빈곤해서다. 때로는 새로운 사람을 향한 욕구에서 이주노동을 선택하기도 하지만, 대부분은 가족의 생계를 위해서 자기 나라에 일자리가 없기 때문에 고향을 멀리하고 다른 나라에 일자리를 찾아 나선다. 처음에 떠날 때는 길게 잡아 5년. 그동안 열심히 일하고 저축해서 돈을 모으면 자기 나라로 돌아가 가게를 얻어 장사를 하든지, 조그만 사업을 하나 할 수 있으려니 기대를 하기 마련이다. 그러나 막상 한국에 와 보면 처음 생각처럼 돈이 모아지지 않는다. 한국에 나오기 위한 브로커 비용을 갚아야 하고, 또 집 식구들이 먹고살 것이 없으니까 생활비를 보내야 한다. 자기 용돈 조금 쓰고, 브로커 비용을 갚고 이제는 저축을 해야지 하는데, 집에서 "아이가 아프다", "어머니가 아프다", "그러니 돈을 보내라" 재촉하고···. 고향 집에서는 보낸 돈으로 집을 짓고 가전제품 사고, 생활비로 쓴다. 대부분의 아시아 나라들은 여전히 대가족제라 친정식구와 시집식구들이 다 이렇게 보낸 돈만 바라보고 사니···. 한국에서 피땀 흘려 번 돈은 모래알처럼 다 손가락 사이로 빠져 버린다. 그래서 이들이 귀국하는 게 쉽지 않다. 큰마음 먹고 귀국을 할 경우, 처음 한두 달은 환영을 받지만, 돌아갈 때 가져간 돈이 다 떨어지면, 가족들은 자기 딸이나 부인이 다시 외국에 나가서 돈을 벌어오기를 바라며 무언의 압력을 넣는다. 결국 이들은 다시 이주노동을 떠날 수밖에 없다. 이주의 악순환이 시작되고, 여성의 끝없는 이주가 계속된다.

또 다른 심각한 과제는 가정 해체의 문제다. 이주노동을 떠나는 여성들은 대부분 한국에 올 때 어린 자식을 두고 오는 경우가 많다. 그런데 3년, 5년 아이들이 엄마를 떨어져 있다 보니, 엄마 얼굴도 잊어버리고 아예 엄마의 존재 자체도 기억 못하는 경우가 생긴다. 거리가 멀면 정도 멀어진다던가? 남편과 장기간 떨어져 있다 보니 남편의 애정도 식고, 부인에 대한 그리움보다는 돈을 기다리게 되고, 부인이 돌아갈 의사를 밝혀도 반갑지가 않다. 부인이 돌아오면 부치는 돈이 없어 편한 생활을 할 수 없기 때문이다. 일부다처제 문화에서 사는 남자는 심지어 부인이 뼈 빠지게 벌어 부치는 돈으로 다른 부인을 얻는 경우도 생겨난다. 집안의 가난을 구하기 위해 이주노동을 떠났는데, 가족해체 위기에 부딪힌다.

이주의 악순환 고리를 보노라니, 문득 대학 시절 본 <도망자>라는 텔레비전 프로그램이 떠올랐다. 아내 살해범으로 몰려 쫓기면서 진짜 범인을 찾기 위해 끝없는 방황을 하는 도망자 킴볼의 이야기다. 끝없이 쫓기는 킴볼의 이야기를 전개하면서 드라마는 언제나 이렇게 끝맺음을 하였다. "킴볼의 도망은 언제나 끝날 것인가?" 가족의 생계를 위해 이주노동을 떠났으나 집에 돌아가 정착하지 못하고 끝없이 이주를 계속해야 하는 아시아의 여성들의 삶, 과연 그 악순환은 언제 끝날 것인가? 어떻게 누가 그 고리를 끊을 수 있는가?

_ 2004. 11. 29.

더도 덜도 말고 이들만 같아라!

지난 5월 4일부터 9일 동안 독일에 다녀왔다. 독일에 있는 한인교회 여신도회 연합회 창립 25주년 기념 세미나에 강사로 초빙을 받아 참석했다. 이 총회에 참석한 이들은 대개가 60-70년대에 독일에 간호원으로 갔던 이주여성노동자들이었다. 소위 우리나라가 제3세계로 불리던 시절, 그때 나라와 집안의 가난 때문에 이역만리 독일로 이주노동을 떠났던 이들이다. 이 파독 간호원들 가운데 교회에 다니는 여성들이 모여 여신도회를 조직했고, 이 여신도회는 타국에서 외롭고 어려운 문제에 부딪힌 여성들의 문제를 발굴하고 과제를 모색하는 구심점 역할을 했다. 독일교회와의 연대도 일구어 이들 간호원들이 독일사회에 끼친 공헌과 역할을 알리는 일도 했고, 그 결과 고국에 돌아올 사정이 못 되는 이들이 독일에 남아 있을 수 있는 길도 모색했다. 한국의 암울하던 독재시절 한국의 인권상황을 독일교회에 알리는 한편, 헌금을 모아 구속자영치금과 인권운동을 위한 지원금으로 보내고 구속자 석방을 위한 캠페인이나 독일에 피신한 민주인사들과 통일인사들을 지원하는 등 분단된 조국의 통일운동에 참여하기도 했다. 물론 넉넉해서가 아니라 고국을 위해 무엇인가 하려는 마음에서다.

아무튼 이제 모임의 창립 25주년을 맞는 이들은 한국을 떠난 지 어언 30년이 지나 머리칼이 희끗희끗해지고 얼굴에 주름살도 늘었다. 이주여성운동을 하는 목사로서 그들 앞에 서니 남다른 느낌이 들었다. 두 개의 여성신학에 관한 강의를 하고 나서 한국의 이주여성에 관한 이야기를 했다. 내가 왜 이주여성문제에 뛰어들게 되었는지, 이주여성들의 실정이 어떠한지, 이주여성들이 당하는 고난이 어떠한지 등. 특히 돌아가고 싶어도 돌아갈 수 없는 이주여성노동자들이 당하는 아픔을 이야기할 때는 눈물을 글썽이었다. 남의 이야기가 아니었던 거다. 그들도 그랬으니까. 열심히 일해 번 돈을 집에 부치면 집에서는 그 돈을 오빠나 동생들의 학비로 쓰고, 텔레비전을 사고 집을 짓고 땅을 샀다. 처음 계약기간이 끝나고 다행히 독일정부에서 3년을 더 연장해주자 부모 형제가 너무 보고 싶어 휴가를 내어 고국 집을 방문했다. 막상 나와 보니 자기가 번 돈을 모아놓은 것은 없고 가족들은 여전히 돈이 필요했다. 오랫동안 헤어졌던 식구들이 만나는 감격도 잠시, 자기의 도움을 받은 손위 형제들은 이미 결혼해서 학비 도움받은 것을 갚으라 하지 않을까 내심 불안해하는 눈치였고, 동생들은 아직도 학비가 더 필요했다. 부모님들도 직접 말은 안 하지만 딸이 다시 나가 일을 해서 돈을 더 보내주었으면 하는 눈치였다. 그래서 다시 한국을 떠나 독일로 돌아올 때 가슴 저 밑바닥에 허탈감이 쌓이는 것을 어쩔 수 없었다. 처음 한국을 떠날 때는 그야말로 꿈을 안고 희망에 차 있었는데, 두 번째 떠날 때는 고국이 더 이상 자기가 발붙일 곳이 아니라는 체념을 하며 비행기를 타는 경우가 많았다고 한다. 물론 한국으로 돌아가고자 이를 악물고 그곳에서 돈을 모아 귀국한 사람들도 있다. 이렇게 해서 독일에 머물게 된 파독 간호원들, 이들이 보낸 돈을 기반으로 조국은 근대화를 했고 제3세계라는 소리를 더 이상 듣지 않는 나라가 되었지만, 이제 한국은 이들이 발붙이며 살 곳이 아니라 가끔 방문하는 나라가 되어버렸다. 부모님이 살아계신 동안은….

이들이 지금 한국에 제3세계 여성들이 자기들처럼 고국을 떠나 이주노동을 하러 온다는 사실, 그 여성들의 삶의 이야기를 들으며 30년 전 자신들의 모습이 되살아났고 나 역시 이들의 모습을 보며 감회가 깊었다. 물론 이들의 처지와 한국에 오는 이주여성들과는 단순 비교를 할 수 없고 질적으로 많은 차이가 있다. 인종차별과 문화가 다른데서 오는 이질감과 소외감 등은 있었지만, 이들은 기본적인 인간 대접은 받았다고 한다. 독일에서 일자리로 투입되기 전에 국가 지원하에 기초 독일어 교육을 받았고, 독일인과 같은 직장에서 일할 경우 임금도 같았고 휴가도 있었다. 우리나라에서 광주사태가 생겼을 때 이런 위험한 지경에 놓인 나라에 이들을 무작정 돌려보낸다는 것은 말이 안 된다고 교회와 지식인들이 나서서 정부로 하여금 특별체류허가를 내주도록 했다. 이 시점을 기준으로 이들 중에는 파독 광부들과 결혼을 하거나 교회나 직장에서 만난 독일인들과 결혼을 하는 사람이 생겼다. 독일인과 국제결혼을 한 사람들을 한독부부라고 하는데, 우리나라에서 일어나는 국제결혼과 달리 사랑에 의한 결혼인데다 같은 한국인과 결혼한 이들보다 경제적으로 우위에 있는 경우가 대부분이니 입장이 매우 달랐다.

안타깝게도 통일 후 독일 국제결혼도 우리나라와 비슷한 양상이 일어나고 있다고 한다. 농촌의 남성들이 동독이나 동구권의 여성들과 결혼을 해서 학대하는 일이 사회적 문제가 되기 시작했단다. 가난한 나라의 여성들이 상품화되고 인권착취에 고통당하는 일이 언제나 없어질는지…. 아무튼 그분들에게 한국 이주여성들의 실상을 이야기하면서 이런 말로 결론을 맺었다. "더도 덜도 말고 한국에 온 이주여성들이 여러분만 같았으면 좋겠습니다."

그분들은 이구동성으로 "아멘" 하고 응답했다. "그렇습니다" 하는 말이다.

고국이 가난하여 독일에 이주 노동을 하러 떠났던 파독 간호원들, 젊은 시절에 와서 이제 은발이 되어가는 이들을 보며 한국에 온 이주여성을 위해 빌어본다. 우리나라에 온 이주여성들이 이 땅에서 기본적인 인권을 누리며 살다가 자기 나라로 돌아가기를! 머무를 수밖에 없는 이들은 강제로 추방당하지 않고 원하는 곳에서 살 수 있기를! 자기 나라 공동체를 꾸려 정체성을 유지하며 외로움을 덜고 문제가 생기면 그 공동체를 통하여 공동으로 대처하고 그들의 고국을 위해서 무엇인가 할 수 있기를! 그리고 세월이 지나 이 땅에서의 지난 삶을 감사하는 축제를 하는 그런 날이 오기를! 또한 한독부부들처럼 이주노동을 하러 온 여성들이 사랑으로 한국인과 결혼을 하고 아기 낳고 한국에서 오순도순 뿌리내리는 날을! 지나간 삶이 비록 힘들었지만 아름다운 인생의 밑거름이 되는 추억으로 말할 수 있는 그런 날이 오기를 그려보았다.

_ 2005. 5. 31.

길듦의 무서움

　세상 팔자 좋게 보름 동안 잘 놀다 왔다. 그것도 외국에서. 태국 치앙마이에서 열흘을 지냈다. 매일 아침, 아침 식사를 밥 대신에 종류가 다른 과일로 배를 채우고 입맛을 즐긴 호강을 한 것까지는 좋았다. 그런데 직업이 직업인지라 그곳에서 만난 고산족이 난민의 일종이라기에 이주 여성 문제가 연상되어 관심을 갖고 이야기를 나누다 보니, 난민의 실상을 알게 되었고 덤으로 길듦의 무서움에 대해서 각인을 하고 돌아왔다.

　태국의 고산족 중에서 카렌족과 이수족, 타이야이족을 만났는데, 우리가 이들에게 관심을 갖게 된 데는 태국 북부지방에 살고 있는 고산족의 대부분이 태국 원주민이 아니라 라오스나 미얀마, 중국 등지에서 피난 온 난민이라는 데 있다. 이들이 고국을 버리고 태국으로 넘어와 사는 이유는 정치적으로부터 경제적 이유까지 다양하다. 국경을 넘어온 난민들을 태국이 받아들여 일정한 거주지를 주고 그곳에서 살게 하고 있는데, 이들은 제한된 지역에서 살수는 있지만, 거주이전의 자유가 없어 자기가 사는 마을을 벗어날 수가 없다. 이들은 자급자족으로 살아가는데, 태국정부의 관광정책에 의존하여 그 부족의 여인들이 만든 수공예품을 관광객들에게 팔아서 생계를 유지하고 있다. 우리가 방문한 카렌족 여성 중에는 '목이 긴 족속'이 있다. 이 부족 여인들은 한국의 텔레비전 프로그램에도 방영된 적이 있다. 이 부족 여성들은 어릴 때부터 목에 금빛으로 된 굴렁쇠를 감고 산다. 일 년에 하나씩 개수를 늘려간다고 하는데, 한 나이 많은 여자는 26개를 하고 있었다. 일정한 굵기의 굴렁쇠를 목에 감고 있으니 목이 가늘어지면서 길게 늘어났고, 얼마만큼 많은 개수를 하고, 목이 늘어났느냐가 미의 표준이라고 한다. 목은 길게 늘어날지 모르지만, 일정한 굵기의 굴렁쇠로 목을 고정시키고 있으니 목의 움직임이 자유롭지 못하니까 이들의 움직임에는 한계가 있을 수밖에 없다.

이 여인들 중에 그림엽서에 소개된 이를 만날 수 있어 이야기를 나누었다. 카렌족 여성들은 다섯 살이 되면 목에 굴렁쇠를 끼기 시작한다. 지금은 의무가 아니라 선택할 수 있다고 하는데, 다섯 살에 꼈다고 하더라도 이년 후인 일곱 살이 되면 다시 한 번 의사를 물어 계속 낄지 안 낄지 선택할 기회를 준다고 한다. 그러나 다섯 살에 무엇을 알고 결정하겠는가? 그 여인에게 왜 굴렁쇠를 하겠다고 선택했느냐고 물었더니, "어릴 때 머리를 장식하고 목에 번쩍거리는 금붙이가 멋있어 보여서"라고 대답했다. 목이 불편하지 않느냐고 물었더니 "익숙해져서 괜찮다. 오히려 편하다"라고 대답했다. 그 말을 듣는 순간 나는 길든다는 것이 얼마나 무서운 일인지 각인할 수 있었고, 전율이 왔다. 익숙해져서 괜찮다? 그러나 이들은 목에 굴렁쇠가 없는 사람들의 자유로움에 대해서 경험한 바가 없으니, 진정 무엇이 편한지 알 길이 없는 사람들이다. 막상 이 굴렁쇠를 끼고 있는 사람들은 그 피폐에 대해서 모르지만, 이걸 끼도록 만든 사람들은 그 피해를 잘 알고 있었다. 왜냐하면 이 여인들 중에 바람을 피거나 문제를 일으키면 남편이나 가족이 목에서 굴렁쇠를 벗겨내는 벌을 주기 때문이다. 굴렁쇠를 낀 후 일정 기간이 지나 받침대 역할을 하고 있던 굴렁쇠를 벗기면 목을 가눌 수 없게 되기 때문에 고통스럽게 지내야 하고 심지어 목이 부러져 죽는 경우도 있다고 한다. 사정이 이러니 굴렁쇠를 벗기는 것은 이들에게 자유가 아니라 징벌이 된다. 그런데도 이 여성들은 그 상태가 편하다고 하니, 이들에게 이런 굴레를 씌운 무리들에게 화가 나고, 자유를 누려보지 못한 이 여성들이 한없이 가엽게 느껴졌다. 이제는 그 여인의 목에 씌워진 굴레가 관광 상품이 되어 자신의 생존뿐 아니라 가족의 생존을 이어가는 생활수단이 되어버린 마당에, 설혹 카렌족 여성들이 원한다고 해도, 자기에게 딸린 식구들의 생계 때문에 쉽게 굴렁쇠를 벗을 수 없을 거라는 예감이 든다. 이 여인 옆에는 역시 목에 두 줄 굴렁쇠를 달고 있는 어린 여자아이가 배시시 웃고 있었는데, 그냥 한숨을 쉬며 물건을 사주는 것 말고는 내가 할 수 있는 게 없었다.

이 여인을 보면서 방콕 공항에서 본 모슬렘 여성의 모습이 떠올랐다. 눈만 내놓고, 온몸을 까만 천으로 감싼 늙은 여성의 모습! 80년도였을까? 안상님 목사님이 눈까지 가려버리고 지팡이를 진 채 장님처럼 다른 안내자에 의해 비행기에 오르던 여성의 이야기를 소개한 적이 있었는데, 그 장면을 목격한 셈이다. 그래도 이 여인은 휠체어에 의지하고 있어 문명의 혜택은 보는 셈인데, 망할 놈의 가부장적 종교는 여전히 여성성을 옥죄이며 기승을 부리고 있건만, 이 여성도 익숙해져서 괜찮으려나?

이 카렌족의 여성을 생각하며 화를 내다가 정도의 차이는 있지만, 나도 길들어 살고 있는 것 아닌가 하는 생각이 들었다. 관습 헌법을 들먹이는 세상에서 나는 어느 곳에서 관습의 노예로 익숙해서 살아가고 있는가? 카렌족 여인들이 목에 감고 있는 굴렁쇠처럼, 분명 굴레인데도 그것에 익숙해져서 떨쳐버리기가 웬지 불안해서 차라리 그것에 안주하며 살아가는 것들이 있지 않는지? 카렌족 여인들에게서 보듯이 굴렁쇠를 벗기가 힘든 것처럼, 묵은 관습이나 고정관념들을 깨뜨리는 것이 쉬운 일만은 아니다. 버팀목이 끊어지는 고통이 따를까 두려워서. 자유를 얻기 위한 고통을 감수하느니, 차라리 길들어 편하게 사는 걸 택하며 살고 있지는 않는지….

카렌족 여성의 모습을 보면서 이주여성 지원에 있어서 조심해야 할 사항 하나가 있다는 걸 인지하게 되었다. 우리가 지금 결혼 이주여성 지원을 하면서 행여 결혼 이주여성을 한국의 가부장가족문화에 길들이는 위험이 있지 않은지 하는 것이다. 이주여성 지원 초기 단계에서 결혼 이주여성이 장차 이 나라에 국민이 될 사람이라고 한국어와 한국문화 이해하기를 열심히 하고 있다. 결혼 이주여성들에게 한국어를 비롯해서 한국문화를 아는 것은 생존을 위해서도 매우 중요하다. 그러나 한국문화 익히기라는 미명하에 한국의 잘못된 가부장문화를 답습시킨다면 그 결과는 자기 생존을 위협하는 목걸이를 걸고도 그걸 자랑스럽게 하고 있는 카렌족 여성들과 무엇이 다르랴? 동화가 갖고 있는 함정을 잘 들여다보고 이주여성의 삶을 옥죄이는 문화를 전승시키지 않는 성찰이 중요하다.

_ 2005. 6. 18.

이주여성에게 희망이고 싶다!

지난 늦가을, 전북지역에 있는 여성단체들이 이주여성을 효율적으로 지원하기 위해 어떻게 네트워크를 형성할 것인가에 대한 워크숍을 실시했다. 이 모임에서 국제결혼한 이주여성들의 실태와 과제에 대한 발제를 맡아 전주로 내려갔다. 때마침 전북 농촌교회 목회자들이 쌀 개방문제를 가지고 단식농성 중이라 그곳을 방문하고 저녁 집회에 참석을 했다. 집회를 보고 엄청 충격을 받았다. 한 3백 명 정도가 모였는데, 참석자의 대부분이 할머니들이었다. 전주라는 도시에서 집회를 하는데도 말이다. 그 모습을 보면서 머지않아 농촌문제 시위 현장에는 이주여성들만 남겠구나 하는 생각을 하니 남의 일 같지 않았다. 그곳에서 들으니 전북 어느 마을에서 열 살 미만의 아기가 동네 통틀어 세 명인데, 그 세 명의 아이가 모두 국제결혼한 가정의 자녀들이라는 거다. 아기 울음소리가 들리지 않던 동네에서 아기 울음소리가 들리자 마을이 온통 축제 분위기였다고 한다. 어느 마을에서는 몇 년 만에 아기가 출생하여 군수가 선물을 사 들고 방문했다는 소리도 들린다. 그렇다고 모든 동네에서 다문화가정의 아기들이 환영받는 것은 아니다. 어느 마을에서는 다문화가정의 아이들이 나가면 '튀기'라거나 '잡종'이라고 비웃고, 아이들은 아이들대로 놀려대어 할머니들이 속상해서 아예 손자, 손녀들 외출을 못 하게 한단다. 놀려대는 아이들은 자기의 부모들이 하는 이야기를 주워들은 것이겠고…. 머지않아 우리네 농촌은 다문화가정의 아이들로 채워질 텐데, 어느 때 가서야 이런 차별적인 언행이 멈출지 모르겠다.

　그날 밤 정읍에 있는 친지 집에서 잤다. 다음날 떡 본 김에 제사 지낸다고, 내장산에 들렀다. 지난주가 절정이었다고 하는데, 아직도 늦가을 단풍이 아름다웠다. 내장산 단풍 가로수가 아름답게 보였던 것은 단풍만이어지는 숲길이 아니라 간간이 단풍 사이에 섞인 상록수 때문이다. 단풍만 있는 숲보다는 초록과 노랑이 함께 섞인 숲이 훨씬 좋았다. 겨울이 되면 눈으로 덮인 산도 또 다른 매력으로 다가오겠지. 들녘에 피어있는 꽃들역시 다양하기에 더욱 아름답게 느껴지는 것 같다. 아마도 내장산에 사철단풍만 덮여있다면 매력도 떨어지지 않을까?

　우리는 참 모순되게 살고 있는 것 같다. 꽃이나 풀, 자연은 다양한 것을 좋아하면서, 왜 이 땅에서 사는 사람들의 다양성은 기피하는 걸까? 일곱빛깔 무지개를 좋아하면서 왜 단일민족이라는 이름하에 나와 다른 인종은 배제하는 걸까? 사실상 우리 역사에 한 번도 단일민족이던 때가 없었다. 우리 조상들이 처음부터 이 땅에 산 것도 아니고, 멀리 중앙아시아로부터 이주해 와서 살게 된 역사도 있다. 또 우리가 단일민족 근거로 전가의 보도처럼 휘두르는 '우리는 다 같은 단군의 자손'이라는 단군신화를 들여다보면 우리도 국제결혼의 뿌리에서 태어난 자손, 혼혈임을 얘기하고 있다. 역사는 그렇다 치고 우리 안에 섞여 있는 그 많은 중국 성씨는 어쩌고 단일민족이라고 우기며 자랑하는 걸까? 자랑하는 것이야 무슨 문제가 되겠느냐마는, 단일 민족임을 내세워 다른 민족에게 배타적이며 차별을 하는 것이 문제다.

작년 12월 10일, 제57회 세계 인권의 날에 이주여성의 인권에 대해 생각해 보았다. 세계인권선언 1조는 모든 사람이 평등하다고 말한다. "우리 모두는 태어날 때부터 자유롭고, 존엄성과 권리에 있어서 평등하다. 우리 모두는 이성과 양심을 가졌으므로 서로에게 형제자매애의 정신으로 행해야 한다"라고 선언하고 있다. 2조에는 "피부색, 성별, 종교, 언어, 국적, 갖고 있는 의견이나 신념들이 다를지라도 우리는 모두 평등하다"라고 선언함으로 어떤 경우라도 차별이 있어서는 안 됨을 명시하고 있다. 이렇게 인류의 평등성을 이야기 하고 있는 이 조항은 역설적으로 인류 사이에 차별이 있음을 드러내주는 것이기도 하다. 이 차별이 지금 우리나라에서 이주여성을 대상으로 행해지고 있다.

지금 우리 한국 사회에 30만 명의 이주여성들이 살고 있다. 그런데 이들이 나와 인종과 민족이 다르다는 이유로, 우리보다 경제적으로 어려운 나라에서 왔다는 이유로, 여성이라는 이유로 무시와 차별을 당하며 살고 있다. 이들은 보다 나은 삶을 살기 위해서 코리안 드림을 갖고 온 이들이다. 이들의 이주노동을 통해서 그들의 나라가 개발되고 그들의 가정이 보다 나은 생활을 하게 된다. 그러기에 이들은 단순히 돈 벌러 온 사람들이 아니라 자기 나라 발전의 역군이며 자기 가정의 행복을 지켜내는 중요한 사람들이다. 노동자들로 한국에 와서 일하고 돈 벌어 고향에 보내는 이주노동자뿐만 아니라 한국인과 결혼해 들어 온 이주여성들의 경우도 마찬가지다. 이들은 새로운 삶에 대한 희망과 꿈을 안고 한국에 왔다. 그러나 막상 한국에 도착하면 이들이 꿈꾸던 한국은 이들에게 꿈의 나라가 아니라 상처를 주는 나라로 변해버린다. 한국인들의 인종편견, 결혼하기 위해 중개업에 준 돈 때문에 "돈 주고 사왔으니 내 맘대로 해도 좋다"라는 일부 남편들의 잘못된 인식, 우리나라보다 못 사는 나라에서 왔으니 함부로 해도 된다고 생각하고, 돈으로 모든 것을 재단하는 잘못된 가치판단 등등…. 이런 한국인들의 편견과 차별, 무시 속에서 고통을 느끼는 이주여성들이 많다.

한 사회의 인권지수와 평화지수는 그 나라에서 가장 차별받는 계층의 실태로 가늠한다. 그런 점에서 이주여성은 우리 사회의 인권과 평화의 잣대다. 인종차별, 성차별, 계급차별 속에서 고통받는 이주여성들의 짐을 가볍게 해주고 이들과 더불어 살아가는 것은 비단 이주여성들만을 위한 것이 아니다. 어울림이 자연의 질서라면 우리 인간 사회도 마찬가지다. 이들을 배타적으로 받아들이지 않고 이 사회의 어엿한 구성원으로 받아들이는 공동체적 사고를 하는 것은 지구화 시대를 살아가는 삶의 양식이기도 하다. 이주여성들을 위한 다양한 관심과 돌봄, 참여는 폐쇄적인 우리 사회를 열린 사회로 구원하는 일이기도 하다.

지난 크리스마스에 이주여성들과 함께 조촐한 성탄축하행사를 했다. 성서에 의하면 아기로 오시는 메시아는 '어두움에 처한 이들에게 빛으로, 희망으로 오시는 분'이다. 2005년 크리스마스에 예수께서 고통받는 이주여성들에게 희망으로 오셨으면 좋겠다고 빌었다. "유대인과 그리스인이, 주인과 종이, 남자와 여자가 하나"라는 갈라디아 3장 28절의 말씀처럼 인종차별, 계급 차별, 성차별이 없는 세상, 평화 세상이 열리기를 기도했다.

새해 벽두에 많은 사람들이 저마다의 희망을 기원했을 것이다. 나 역시 희망이 있다. 새해에는 여성이주노동자들이 안전한 작업환경에서 자기가 일한 만큼 대접을 받는 세상! 국제결혼을 하여 이 땅에 들어와 사는 이주여성들이 아내 대접, 사람 대접을 제대로 받는 세상! 성산업 현장에서 일하는 이주여성들이 더 이상 착취당하지 않고 자기가 일하고 싶은

곳에서 일할 수 있는 세상! 이주여성들의 자녀들이 기 펴고 살 수 있는 세상! 이주여성들이 바라던 꿈의 나라가 한국 땅에서 현실로 이루어지는 그런 희망의 꿈 말이다. 무엇보다도 내가, 우리 한국인들이, 이 땅에서 고통받는 이주여성들의 '희망'이고 싶다.

_ 2006. 1. 4.

낮에는 노동자로, 밤에는 성 노리개로 전락한 랑칸의 비극

지난 3월 8일, 천안에 있는 한 외국인 노동자센터에서 충격적인 사실을 발표했다. 천안, 아산지역 일부 농장과 공장에서 근무하는 외국인 여성들이 낮에는 노동자로, 밤에는 한국인 업주나 동료들의 성노리개로 전락하고 있다는 것이다. 이 센터가 발표한 '랑칸' 씨의 사례는 사태의 심각성을 여실히 드러내주고 있다. 33세의 랑칸 씨는 임신 7개월 된 태국 여성으로 만삭이 되어가고 있었다.

랑칸 씨는 1년 전에 천안시 성환에 있는 한 공장에서 일했다. 일하는 초창기부터 사업주에게 성폭행을 당했다. 성폭행은 한 번으로 끝나지 않았고 사장은 지속해서 성 상납을 요구했다. 때로는 하혈을 하는데도 성폭행을 당했다고 한다. 그러다 임신이 되었는데도 사업주는 계속 성폭행을 했고 임신 7개월로 배가 눈에 띄게 불러오자 50만원을 주며 낙태하라고 강요했다. 더 이상 고통을 참지 못한 랑칸 씨는 여러 차례 자살할 생각을 하게 되었고, 이를 안 동료들은 미혼모 시설에 가든지 차라리 귀국할 것을 제안했다. 결국 랑칸 씨는 눈물을 흘리면서 원망에 가득 차 한국을 떠났다.

이런 예는 부지기수다. 작년 겨울, 한 러시아 여성은 고용주로부터 성폭행을 당했는데도 보상을 받거나 아무런 조치도 취하지 못하고 울면서 러시아로 돌아갔다. 업주는 자신이 성폭행한 사실을 부인하는데 증거는 없고, 여권 만료 기일은 가까워져 오고, 현행범으로 잡지 못한 상태라 조사 기간이 오래 걸린다고 하자 이미 버린 몸이 되돌아오겠느냐고, 차라리 고향으로 가겠다고 했다. 심지어 성폭행 피해 외국인 유학생이 고민하다 자살을 시도한 사건도 발생했다. 경북 ㄱ대학에 유학 중이던 일본인 여학생 ㅇ 씨는 2004년 6월 기숙사에서 중국인 남학생에게 성폭행을 당했다. ㅇ 씨는 일본인 강사의 도움으로 2주 후에야 피해사실을 경찰에 신고했다. 그러나 ㅇ 씨는 한국어에 능숙하지 못한 자신이 직접 법적 처리 과정을 밟아야 하고 가해자와 같은 학교에 다시 다닐지도 모른다는 두려움에 자살을 시도한 것으로 경찰 조사결과 밝혀졌다.

2002년 외국인 노동자대책협의회가 조사한 '이주여성노동자 인권실태조사'에 의하면 사업장 내 성폭력 경험에 있어서는 12.1%가 있다고 대답하였다. 이 중 30.4%가 신체를 만지는 성폭력을 당했다고 하였고, 55.6%가 한국인 직장상사에 의해 성폭행을 당했다고 하였다. 성폭력은 55.0%가 퇴근 시간 이후에, 56.3%가 작업장 내에서 이루어졌다고 하였다. 2005년 남양주 이주노동자 여성센터의 조사에 의하면 40%가 성폭력을 당한 경험이 있다고 대답해서 놀란 적이 있다. 이렇게 성폭력을 당한 이주여성노동자들의 38.9%는 성폭력 발생 후에 아무런 대처 없이 혼자서 참고 있었으며, 28.6%는 성폭력 피해사실을 알림으로 해고를 당했고, 성폭력 피해 이후 52.6%가 모욕감과 수치심을 느꼈다고 하였다.

성폭력에 대해서 66.7%는 보상을 받지 못했으며, 70.6%는 성폭력 가해자가 법적으로 처벌 대상이 된다는 사실을 알고 있었다. 문제는 이렇게 성폭력을 당해도 이주여성들은 저항할 힘이 없다는 것이다. 이주여성들은 성폭행을 당해도 의사소통이 어렵고 또 어떻게 해야 하는지를 잘 모르기 때문에 사후대처를 제대로 하지 못하는 등 이중 고통을 겪는다. 특히 미등록노동자일 경우 직장 상사가 신고한다고 위협을 해 쫓겨나지 않기 위해서 폭력을 감수할 수밖에 없는 실정이다. 설사 성폭력이 입증된다고 하더라도 사실 확인이 끝날 때까지만 체류할 수 있고 사건이 종결되면 귀국시키는 것으로 끝난다. 그러니 이주여성들의 경우 한국에 돈을 벌 목적으로 왔기 때문에 '충분한 보상도 받지 못할 바에야 기왕 버린 몸 돈이라도 벌자' 하고 사건을 은폐할 수밖에 없는 것이 현실이다.

우리나라 성폭력 특별법에 의하면 외국인 여성도 성폭력 특별법의 혜택을 받을 수는 있다. 그러나 추방으로 종결되는 법은 이주여성에게는 그림의 떡이나 마찬가지다. 성폭행으로부터 이주여성을 보호하기 위한 제도가 마련되어야 한다. 집에 돌아가는 것으로 종결지을 것이 아니라 불법체류자라 할지라도 일단 성폭력의 피해자임이 확인될 경우 가해자로부터의 법적인 배상과 함께 한국에서 최소한 고용허가제 혜택을 받을 수 있도록 조처함으로 성폭력을 신고할 수 있는 근간을 마련해야 한다.

일선의 이주여성을 만나보면 이들이 강간이나 강간에 준하는 성폭행을 당하는 것만 성폭력인 줄 알고 있다. 성희롱에 대해서는 한국어를 잘 이해하지 못하기 때문에 감지하지 못하는 경우가 많다. 성추행을 거부할 경우는 이런저런 이유로 어려움을 겪도록 만들기 때문에 대충 감수하고 넘어간다. 피해 여성의 72.2%는 성폭력 피해자가 도움을 청할 수 있는 상담소나 피난처가 필요하다고 하였으며, 33.3%가 성폭력 예방교육을 통해 도움을 받고자 하였다. 이주여성 본인들에 대한 예방교육은 물론이고 이주여성을 고용하는 직장에는 '직장 내 성희롱방지법'에 대한 교육을 반드시 실시하여 이주여성을 성폭력으로부터 보호하여야 한다.

그뿐만 아니라 이주여성을 위한 전용 쉼터와 전용 상담소가 필요하다. 현재 한국에는 성폭력 상담소가 여러 군데 있고 물론 이들 상담소를 이주여성도 이용할 수 있다. 그러나 언어의 장벽과 인식의 벽 때문에 이주여성들이 쉽게 접근할 수가 없다. 통역이 안 되는 어려움은 감수한다 하더라도 쉼터에서 한국여성들에게 차별을 당하기 때문에 견디지 못하고 나온다고 한다. 같은 어려움을 겪는 여성들끼리의 자매애가 발휘되지 않기 때문이다. 따라서 한국 사회에 인종편견이 사라지기까지는 이주여성을 위한 별도공간이 마련되어야 할 것이다.

요즈음 우리 사회는 최연희 국회의원의 성추행 사건으로 성폭력 문제가 뜨거운 이슈가 되고 있다. 최연희 의원이 말했던가? "술집 주인인 줄 알았다"라고. 술집 주인은 성추행해도 된다고 생각하는 세상에서 한국인도 아닌 이주여성들의 성폭력 문제를 이야기하는 것은 너무 주제넘은 짓이라고 욕할지도 모르겠다. 아무튼 성폭행 범죄가 사회문제로 심각하게 대두하고 있는 가운데 이주여성들이 잇따라 성폭력범들의 표적이 되는 현실에서 이에 대한 대책이 마련되어야 한다. 굳이 세계인종차별철폐협약이나 여성차별철폐조약을 들먹이지 않더라도 베이징 여성행동 강령에서 지시한 바와 같이, 이주여성에 대한 폭력과 성적 학대를 막는데 이주여성 단체뿐만이 아니라 한국정부와 민간단체의 가시적인 노력이 필요하다.

_ 2006. 3. 16.

하인즈 워드 신드롬과
한국 다문화가정의 자녀들

나는 개인적으로 '혼혈인'이라는 용어를 쓰지 않는다. 혼혈이란 피가 섞였다는 것인데, 이 용어가 가부장 혈통 중심적 사회인 우리 사회에서는 다분히 배타적이고 차별적인 의미를 내포하기 있기 때문이다. 이미 1990년대 혼혈인 차별 반대 운동을 하는 단체에서는 '혼혈'이라는 말 대신에 '이중문화 가정 자녀'라는 말로 자신들의 정체성을 규정한 바 있다. 국제결혼 이주여성 인권운동을 하고 있는 나로서는 '이중문화 가정의 자녀'라는 말을 즐겨 쓰고 있는데, 문제를 부각시킬 필요가 있을 때는 간혹 혼혈이라는 말을 섞어 쓰기도 한다.

아무튼 현재 한국에서는 '코시안 자녀들', '국제결혼 자녀들', '다문화 가정 자녀들' 등 다양하게 불리고 있는 이들 어린이들에 대한 관심이 부정적으로도, 긍정적으로도 높아지고 있다. 부정적으로는 작년에 프랑스와 호주에서 일어난 소위 '인종폭동'으로 불리는 사태 때문이거나 국민 2세라는 혈통 중심적 사고에 의한 영향이다. 긍정적인 측면에서는 인권 문제나 더불어 사는 공생사회적 측면에서 이 어린이들의 삶과 미래에 대한 이야기를 하고 있지만 기반은 매우 약하다.

얼마 전에 한 방송국으로부터 연락을 받았다. 하인즈 워드 방송을 보았느냐고, 그 일을 계기로 국제결혼을 한 가정의 혼혈아에 대한 인터뷰를 부탁한다는 것이다. 하인즈 워드가 누구인 줄 몰랐던 나는 처음에는 기자가 무엇을 요구하는지 감을 잘 잡지 못했다. 워드가 누구냐고 했더니 한국인과 흑인 사이에 난 혼혈인으로 미국 슈퍼볼 스타라는 것이다. 순간, '한국인의 고질병 발작이 또 시작되었구나' 하는 생각이 들었다. 평소에는 관심조차 보이지 않다가, 누가 유명해지면 법석을 떠는 습성 말이다. 그래서 30초짜리 인터뷰를 하면서 "국제결혼 2세들, 즉 다문화 가정의 자녀들은 누구나 하인즈 워드가 될 수 있는 잠재성과 가능성을 갖고 있는 아이들이다. 이 아이들을 위해 한국 사회가 인종편견을 머리고 이 땅에서 잘 살 수 있는 정책을 마련해야 한다"라는 말로 인터뷰를 끝냈다.

후에 보니 내 인터뷰 내용은 빠지고 그 자리를 하인즈 워드 성공스토리가 더 첨가되었다. 하인즈 워드 모자가 한국을 방문하는 기사가 나온 다음부터는 온통 언론이 그 하인즈 기사로 도배를 하고 있다. 하인즈 워드 방문에 대기업은 물론 온갖 기업들이 줄을 대지 못해 야단이고, 평소에 혼혈아동에게는 관심조차 없던 정치권이 혼혈인 차별 금지법을 만든다고 설친다. 하인즈 워드가 유명인이 아니었다면? 두말할 것 없이 아무도 하인즈의 고통에 대해서 관심을 갖지 않았겠지. 이참에 하인즈의 어머니 김영희 씨의 말을 음미해보자.

한국 사람 안 처다보고, 생각 안 하고 살아온 30년이었어. 내가 워드 데리고 한국 왔었다면 어떻게 됐을까. 아마 그놈 거지밖에 안 됐겠지? 여기선 누가 파출부라도 시켜줬을까?… 이제 와서 우리 워드가 유명해지니 관심을 참 많이 가져준다. 좀 그래. 부담스럽지 뭐. 세상사는 게 다 그런 거

아니겠어?

한국에서 살았으면 거지 밖에 안됐을 것이라는 자조 섞인 김영희 씨의 말이 아니더라도 우리 사회가 혼혈인들을 얼마나 냉대했던가? 미국 사회에서 성공한 하인즈 워드가 한국인의 피를 갖고 있다고, 한국인이 대단한 것으로 내세우면서 왜 한국에서 살고 있는 혼혈인들에 대해서는 그토록 무관심하고 차별하는가? 순혈주의를 강조하여 혼혈인들을 차별하는 한국인들의 태도는 얼마나 자기 기만적인가? 따지고 보면 그동안 우리 사회에서 냉대받고 차별받아 온 소위 혼혈인들은 유엔군이라는 이름으로 한국에 들어와 우리네 여성들을 성 노리개로 삼았던 한국동란과 그 참화의 잔재가 빚어낸 역사의 희생자들이다. 이 전쟁사의 희생자들에 대해서 우리 한국 사회는 어떤 보상을 했는가? 보상은커녕, 순혈주의에 집착하여 무시하고 차별하였고 그 결과 혼혈아동들의 설 자리를 없게 만들었다. 이런 한국 사회가 단지 한국인 피가 섞인 슈퍼볼 스타라는 이유로 미국의 하인즈 워드에 대해서는 신드롬 현상을 일으키고 있다.

이 '하인즈 워드 신드롬'에 대해 그 역시 혼혈인으로 차별받은 경험이 있는, '국제가족한국총연합회' 배기철(52) 회장과 아내 안성자(53) 씨 부부는 "그의 성공에 박수갈채를 보낸다. 하지만 그 사람이 한국을 떠날 때, 그리고 선수로서 성공할 때까지 누가 관심이나 가져준 적 있느냐? 단지 그의 어머니가 한국 사람이라는 이유로 영웅시하고 열광하는 것에 마음이 씁쓸했다. 한국 땅을 지키고 살아온 혼혈인들이 열등감을 갖거나 또 다른 차별을 받게 될까 봐 걱정이다"라고 기독교방송 정범구와의 시사 토크에서 말했다. 물론 이 하인즈 워드의 성공 이야기에는 어려울 때 아무도 돌아보지 않아 살기 위해서 "마음을 독하게 먹고 이를 악물고" 산 어머니 김영희 씨의 지난한 삶의 여정이 있었다. 김영희 씨의 피맺힌 노고에 대해 노무현 대통령은 "한국인 어머니의 위대한 승리"라고 했다던가? 이런 말은 자칫 성공하지 못한 혼혈인 자녀들 둔 어머니들에게 자괴감을 갖게 하는 도구 노릇을 할 수도 있다.

어머니의 희생을 통해서가 아니라 유명해지지 않더라도 혼혈인들이 행복하게 살 수 있는 풍토를 만드는 것이 중요하다. 그러기 위해서는 4월 4일자 한겨레신문의 "워드 모자와 혼혈인들 앞에서 참회한다"라는 사설은 매우 시사하는 바가 크다고 본다. 한겨레신문은 우리가 참회해야 하는 이유로 다음과 같은 우리의 자기기만을 고발한다.

성공한 워드에게 방송은 수천만 원의 출연료를 제시하며 인터뷰를 요청하지만, 최고의 가수조차 피부색이 검다는 이유로 출연을 불허했던 게 얼마 전 일이다. 업체들이 경쟁적으로 자동차와 의복, 숙소(하루 600여만 원)를 제공했으나, 다른 혼혈인에게 일할 기회를 공평하게 제공한 기업은 별로 없다.

대통령이 워드와 함께 식사하지만, 군은 혼혈인에게 입대 기회조차 주지 않았다. 서울시는 명예시민증을 준다지만, 따돌림 때문에 학교를 뛰쳐나간 혼혈인의 교육을 걱정하는 기관은 없다.

우리는 하인즈 워드 신드롬을 보면서 한 개인 성공담에 열광할 것이 아니라 그 신드롬 그늘에 가려져 있는 차별받고 고통받는 혼혈인들의 문제에 관심해야 한다. 하인즈 방한을 계기로, 열린 우리당 정동영 의장은

5일 "국제결혼 가정과 그 자녀가 일상에서 겪는 불편과 차별대우를 없애고 권익을 향상시키기 위한 노력에 열린 우리당이 앞장서겠다"라고 말했다. 한나라당도 농촌에서 10명 중 4명이 국제결혼을 하고 있어 혼혈인이 크게 늘고 있는 현실에서 이들이 사회생활에서 불이익을 당하지 않도록 혼혈인에 대한 차별을 금지하고 복지정책을 마련하는 내용의 법 제정을 검토 중이란다. 다행인 것은 초등학교 교과서에서 단일민족으로서의 우수성을 강조한 내용을 뺄 것이라고 한다. 교과서를 통해 인종차별의식이 조장되기 때문이다. 하인즈 워드 방한을 계기로 다문화 가정의 자녀들 처우 개선 문제가 제기되고 권익 신장으로 이어지는 것은 바람직하지만, 이 역시 신드롬이 끝나면 시들해지지 않을까 걱정부터 앞선다.

현재 여성가족부의 2005년 자료에 의하면 국제결혼 가구의 평균 자녀수는 1.16명으로 이를 근거로 추정할 때 한국에 거주하는 다문화가정의 자녀수는 약 78,000명 정도며 이 중에서 12세 이하의 자녀가 90% 이상으로 추정하고 있다. 다문화 가정의 자녀들 경우 언어습득과 또래 관계 형성에서 장애를 겪고 있다. 한국어에 능숙치 못하고 피부색이 다르다는 이유로 따돌림을 당하거나 소외현상이 심각하다. 보건복지부 실태조사에 의하면 다문화 가정 자녀들의 경우 집단 따돌림 경험이 17.6%로 이유는 엄마가 외국인이라서가 34.1%, 의사소통이 안 되서가 20.7%로 나타나고 있다. 또한 발달장애나 학습장애 등 많은 어려움을 겪고 있으나 파악조차 제대로 안 되고 실질적인 지원책도 없는 형편이다. 도시 빈민 가정의 자녀들이 가장 어려움을 겪는 것이 교육문제인 것처럼, 도시 빈민층과 농어촌 층을 형성하고 있는 다문화 가정의 자녀들도 교육문제로 빈곤의 대물림이 될 가능성이 농후하다. 이런 실정에서 정치권이 검토하고 있는, 이미 차별적 요소를 지니고 있는 '혼혈인 차별금지법'이 다문화 가정 자녀들의 행복한 미래를 위한 법으로 현실화되어야 한다. 그리고 말 나온 김에 '혼혈인 차별 금지법'의 폭을 넓혀 '인종차별 금지법'으로 바꾸어서 피부색, 인종, 민족, 국가, 혈통에 의한 차별을 철폐하는 사회 분위기를 조성해야 할 것이다. '혼혈 차별 금지법'도 따지고 보면 혈통 중심적인 틀을 벗어나지 못한 옹졸한 것이다.

앞서도 말했지만, 다문화 가정의 자녀들은 모두 미래의 '하인즈 워드'가 될 잠재성을 갖고 있다. 성공한 하인즈에 대한 관심을 넘어서 우리들의 꿈나무 하인즈에 대해서 더 많은 관심을 갖고 이정표를 세우자. 이것이 '하인즈 워드 키워드'가 담아야 할 진정한 메시지여야 한다.

_ 2006. 4. 6.

국제결혼, 희망과 절망의 뒤안길에서

　세계화의 흐름 속에서 여성들의 이주가 늘고 있다. 전 세계에서 2억 이상의 인구가 이동하는데, 그중 65%에서 75%가 경제적인 이유로 이동을 한다고 한다. 신자유주의 경제 질서하에서 부자 나라는 더욱 부자가 되고 가난한 나라는 더욱 가난해지는 양극화 현상이 심화되는 가운데, 세계적으로 '빈곤의 여성화' 현상이 가속화되고 있다. 이러한 빈곤의 여성화 영향으로 '이주의 여성화' 현상이 야기되고 있으며 아시아에서 이미 이주의 70% 이상을 여성들이 차지하고 있다. 이러한 현상 속에서 여성들은 노동자로, 국제결혼으로, 성산업 서비스 영역으로 해외 이주를 한다. 여성들이 이주를 하는 세 영역 속에서 한국의 경우 여성노동자보다는 국제결혼이, 국제결혼보다는 성산업 서비스 여성의 인권 문제가 심각하다.

　한국에서 점점 증가하고 있는 국제결혼의 경우 1990년부터 2005년 사이에 한국 남성과 결혼한 외국 여성은 159,942명에 달한다. 이들 중 한국에 살고 있는 이주여성들이 약 8만 명가량(국적 취득자 포함) 된다. 한국 정부가 발표한 통계에 의하면 2005년 한 해 우리나라 국제결혼 건수는 43,121건으로 전체 결혼의 13.6%를 차지하고 있으며 이는 국민 결혼 8쌍 중의 한 건이 국제결혼임을 의미한다.

왜 이렇게 한국에서 국제결혼이 증가하는가? 가장 큰 이유는 한국의 남아 선호 관습이 빚어낸 자업자득의 결과다. 현재 한국의 남성과 여성 인구 성비는 100:115로 남성 7명 중의 1명은 한국 여성과 결혼할 수 없는 지경에 놓여 있다. 자연히 한국 여성과 결혼할 수 없는 사회 계층의 남성 집단이 생겨날 수밖에 없다. 그러다 보니 한국 남성과 아시아 여성의 결혼중개업에 의한 결혼이 대안처럼 되어 버렸다. 일부 지방자치단체에서는 아예 '농촌 총각 장가보내기' 프로젝트까지 도입하여 국제결혼을 장려하고 있다.

이런 국내 사정과 아울러 국제결혼이 개발도상국 여성들에게 자국과 가정의 빈곤을 탈출하기 위한 대안이 되고 있다. 국제결혼을 택해 한국에 오는 여성들이 단순히 경제적인 이유로 한국에 오는 것은 아니다. 빈곤이 기본 이유이지만 그 밑바닥에는 새로운 삶을 향한 꿈과 도전이 깔려 있다. 따라서 이 여성들이 자기 삶의 개척자로 자리매김할 수 있게 도와주어야 한다. 그럴 때만이 국제결혼 해서 한국에 오는 여성들에 대한 무시가 사라지고 이들을 존중하는 풍토가 조성될 것이다. 그런데 실상은 어떤가? 대다수의 한국인들이 이 여성들을 단지 가난한 나라에서 왔다는 이유로 돈에 팔려 온 여성이라든지, 잘해야 효녀 심청이 정도로 인식하기 때문에 이들을 무시하고 함부로 대한다.

그러다 보니 삶을 개척해 보고자 '코리안 드림'의 꿈을 안고 국제결혼해 한국에 온 여성들은 문제에 부닥뜨리게 된다. 가난한 나라에서 온 배우자 여성은 함부로 해도 된다는 사고가 배인 이들이 가정폭력을 휘두른다. 게다가 평균 연령차가 열두 살이고 많게는 서른 살 이상 차이가 나니 의처증이 생기고, 언제 도망갈지 모른다는 강박관념으로 아내를 대하다 보니 쉽사리 폭력이 이어진다. 아내를 버리는 남편들도 있다. 현지에서 결혼식을 올리고 한국에 돌아와서는 신부를 초청하지 않는다. 이럴 경우 신부는 이러지도 저러지도 못하는 입장이 되어 버린다. 설사 신부를 초청한다 할지라도 일 년도 못 되어 이혼을 종용하는 경우가 많다. 말이 안 통해서 못 살겠으니 너희 나라로 돌아가라고 하는 남편들도 있다. 그런 것도 각오 안 하고 국제결혼을 택했단 말인가? 그냥 아무런 대책도 없이 내쫓기는 국제결혼 신부들이 늘고 있다. 어떤 경우는 생활비도 안 주고 때로는 자기는 무위도식하면서 부인을 식당이나 공장에 취직시켜 그 월급을 통째로 가로채는 경우도 있다. 더욱 기가 막힌 것은 일 년에 한 번씩 체류 비자를 연장해야 하는데 돈을 안 주면 비자를 연장해 주지 않겠다거나 국적 신청을 안 해 주겠다며 협박을 하는 경우다. 이런저런 사연으로 이혼하려고 할 경우 이건 가정폭력 범주에 들지 않아 헤어질 수도 없다. 그래서 이렇게 남편이 아내를 버리는 경우, 외국인이라는 특수성을 감안해서 가정폭력 범주에 넣어 처리해 줄 것을 법무부에 제안 중이다. 현재 국제결혼 한 가정은 명확하게 혼인 파탄 귀책사유가 한국인에게 있다는 것이 입증되어야만 이혼한 여성이 한국에 체류할 수 있는데 위의 경우는 귀책사유에 해당하지 않기 때문이다.

센터에 상담하러 오는 동남아시아 여성을 만나면서 왜 한국 남성들이 국제결혼을 하려고 하는지 그 진의가 의심스러운 때가 많다. 물론 살다 보면 성격이 안 맞아 이혼할 수도 있고 싸울 수도 있다. 그런데 한국 여성이 아시아 노동자들과 국제결혼하는 것과는 달리 결혼 이주여성들을 학대하는 한국 남성들을 보면 일생을 동고동락할 배우자가 필요하기보다는 살림해 주고, 자기 뒷바라지하고, 성 문제를 해결해 줄 도우미를 필요로 하는 것 같다. 이런 도우미를 돈 주고 사려면 엄청나게 많이 드니까 개발도상국 여성들을 데려다 아내라는 이름으로 혹사하고 무시하는 것이 아닌가 하는 의혹이 드는 때가 있다. 거꾸로 한국인 배우자가 피해를 보는 경우도 있다. 개발도상국의 여성들이 한국에 오기 위해 위장 결혼을 하는 경우가 있어 한국 남성이 피해를 입기도 한다. 그러나 그런 경우는 극히 일부고 여성이 피해를 입는 게 대부분이다. 제 나라 남성의 편의를 위해서 남의 나라 여성을 데려다 인간 이하의 대접을 하도록 방치하는 것은 당국자의 말대로 아무리 '사적인 영역'이라고 하더라도 국가가 개입해서 문제를 해결해야 하는 것이 아닌가?

국제결혼을 바라보는 정부의 시각만 해도 그렇다. 정부는 국제결혼을 '필요악'쯤으로 생각하는 것 같다. '한국 여성과 결혼 못 하는 계층이 생겨났고, 그 계층의 결혼 문제를 위해서는 국제결혼을 감수한다. 어차피 저출산과 고령화 시대에 국제결혼 하여 자녀를 낳아 국민 인구를 늘리는 것도 하나의 대안일 수 있겠다. 국제결혼 가정 사이에서 태어나는 2세의 문제는 미처 생각하지 못했는데, 프랑스와 호주의 인종 폭동 사례를 보니 만만히 대처할 일이 아닌 것 같다. 마침 하인즈 워드 붐도 있었고 우리도 혼혈인 정책을 잘 세워 보자. 어차피 외국인 1%의 다인종 시대에 접어들었으니 다문화사회를 맞이할 준비를 해 볼까나? 기왕 할 바에야 폼 나게 아시아에서 가장 선진적인 정책을 세우자.' 이런 게 정부의 생각인 것 같다. 그래서 국제결혼이 진행된 지 15년 동안 아무런 움직임도 없고 이주여성의 인권을 보호하고 지원하는 일은 오로지 민간단체가 하도록 내버려 두었다가 겨우 2년 전에 시동을 하고 작년에야 움직이기 시작하더니 지금은 쏟아지는 정책을 소화하기조차 힘든 지경이다. 청사진과 로드맵을 만들어 몇 개년 계획으로 추진할 일을 마치 일, 이 년 있으면 국제결혼이 없어지기라도 할 것처럼 단기 정책으로 매진한다. 국제결혼 문제를 바라보는 올바른 시각이 정립되지도 않은 채, 다문화주의에 대한 국민적 합의도 이루어내지 못한 채 '다문화가족 지원'이라는 이름하에 각가지 정책이 남발되고 있다. '적응지원'이라는 이름으로 비교적 양성평등 문화를 갖고 있는 여성들을 한국의 가부장적 가족문화에 편입시키느라 애를 쓴다. 통합시킨다고 동화정책을 쓰는데 한국인과 결혼했다고 한국인과 동화되어야 하는 것은 아니다. 동화하는 것과 통합하는 것은 다르다. 해외에 나가 살고 있는 교포들은 '재외동포'라는 호칭을 써 가며 한국인으로 남아 주기 바라면서 유독 한국 남성과 결혼한 타국 여성들은 한국인으로 동화해야 하는가? 결혼은 남자와 여자가 하는 것인데 왜 아시아 여성만 한국어를 배우고 한국문화를 알아야 하는가? 남편들도 자기 배우자 나라의 언어와 문화를 배워야 하는 것은 아닌가? 그러나 눈 씻고 보아도 이런 정책은 없다. 정부가 아무리 내년도 교과서부터 단일민족이나 순혈주의에 대한 교육을 수정한다 하더라도 국민 기본 인식이 타인, 타민족, 타인종을 존중하고 국제결혼도 '다양성 속의 일치'라는 것으로 받아들이지 않는다면 정책이란 그냥 정책일 뿐이다.

90년대부터 시작된 우리나라 제2기의 국제결혼 문제를 보면서 고민을 하게 된다. 국제결혼이란 당사자에게 무엇이며 우리에게는 무엇인가? 희망인가 절망인가? 정말로 지구화 시대의 결혼문화로 하나의 대안이 될 수 있는가? 국제결혼 해서 서로를 존중해 가며 잘 살아가는 국제결혼 가족을 보면 희망이요 대안이 되겠다는 생각이 들지만, 문제에 부딪혀 찾아오는 여성들을 만나다 보면 꿈으로 시작했다가 절망으로 끝나는 결혼 시나리오를 보는 것 같다. 기왕지사, 이제는 멈출 수 없는 한국 사회현상이 된 국제결혼이 그 어느 한쪽에 고통을 전가하는 것이 아니라, 서로 보듬어 안고 서로를 격려하는, 그야말로 배필이 되어 살 수는 없는 걸까? 그래서 코리안 드림을 안고 온 여성들이 절망이 아니라 희망의 노래를 부르게 할 수는 없는 걸까? 또 이들과 결혼한 한국 남성에게는 행복의 기회가 될 수는 없는 걸까? 국제결혼해서 이 땅에 살고 있는 여성과 남성이 서로 원-원 하는 길이 무엇인가 고민이 깊어진다.

_「우리교육」 2006년 9월호 '세상보기' 난에 게재

공존-공동체성 상실 침해 벗어나기

　며칠 전 텔레비전에서 치매의 가능성을 진단하는 프로그램을 보았다. 글자가 쓰여 있는 색깔은 관계없이 그 바탕색을 읽어내는 프로그램이었다. 분명 진행자는 글자 색깔이 아니라 바탕 색깔을 맞추라고 했는데 사람들은 글자 색깔에 집착해서 많이 틀렸고, 나이 든 사람들이 더 잘 틀렸다. 바탕색 보다는 글자색이 더 중요하다는 고정관념, 편견이 무의식 깊숙이 박힌 탓이었을 것이다. 이것을 보면서 잠재된 편견과 고정관념, 집착의 무서운 힘을 다시금 인식하게 되었다. 이 프로그램은 직접적으로 편견이나 집착이 강한 사람이 치매에 잘 걸린다는 것을 말하지는 않았지만, 결국 편견과 집착, 또는 고정관념이 치매로 인도하는 문이라는 것을 잘 보여준 듯하다.

　편견의 폐해는 그것이 차별과 배타로 이어진다는 것이다. 한국인이 갖고 있는 가장 강한 편견과 배타는 단일민족이라는 허구 이데올로기에 의한 외국인혐오증이라고 보는데, 우리의 외국인혐오증은 한발 더 나아가 계급 차별적 인종차별 증세로 나타나고 있다. 같은 외국인이라도 1세계에서 온 외국인은 존중의 대상이고, 제3세계에서 온 인종은 무시를 당한다. 문화를 판가름하는 잣대도 문화의 질이 아니라 그 나라의 경제수준이다. 그러다보니 같은 국제결혼으로 한국에 온 신부라 하더라도 대접이 다르다. 예를 들어 일본 여성과 결혼한 한국 남성들은 그 여성들의 의견이나 생활태도를 존중하려고 노력하지만, 같은 아시아라도 우리보다 가난한 나라의 여성들은 무시를 당한다. 이런 차별은 비단 결혼하는 당사자 사이에서만 이루어지는 것은 아니다. 얼마 전에 우리 센터에서 국제결혼 부부 캠프를 실시한 적이 있다. 한 남편이 당한 서러운 이야기를 털어놓았다. 시장이나 어떤 모임에서 사람들이 처음에는 자신에게 존댓말을 하다가도 자신이 베트남 여성과 국제결혼 했다고 이야기하면 당장에 말을 놓는다는 것이다. "넌 아시아에서 온 여자와 국제결혼을 했으니 별 볼 일 없는 사람이다"라는 편견 탓이다. 베트남을 비롯한 아시아에서 온 여성을 무시하는 것도 모자라서 그 여성과 결혼한 사람까지 계급화 하여 차별하고 있다.

어쩌면 우리 한국 사회는 차별이라는 면에서는 이미 치매증상을 보이고 있는지도 모른다. 우리 안에 들어와 있는 이주노동자나 이주여성들을 차별하는 자신들의 행태는 잊어버리고 미국이나 일본에서 우리 교포를 차별하는 소리가 들리면 민족적 감정을 내세워 '인종차별'이라고 욕을 하고 분개를 한다. 우리 건너편에 사는 사람들에게는 평등이라는 잣대를 적용하면서 우리 안에서는 차별을 당연시한다. 그로 인해서 고통받는 사람들에 대한 생각은 안중에도 없다.

유엔 인권선언 제1조에 의하면 "모든 사람은 태어날 때부터 평등하다", 2조에서는 "사상이나 인종이나 성이나 계급으로 차별받아서는 안된다"라고 선언하고 있다. 이는 역설적으로 우리 사회가 이런 차별을 하고 있음을 드러내주고 있다. 이 인권선언 2조를 요약하여 인종차별, 계급차별, 성차별을 3대 차별로 정리하고 있는데 우리 사회가 진정 지구촌 시대에 걸맞은 사회가 되기 위해서는 사람을 사람 그대로 존중하지 않고 인종과 계급, 성으로 평가하는 편견과 아집에서 벗어나야 한다. 그렇지 않으면 조만간 우리 사회는 글로벌 시대의 부적응자로서 '공존과 공동체성 상실'이라는 치매와 직면하게 될 것이다.

_7월 14일자 〈국민일보〉 '지혜의 아침'란에 게재

우리를 아내로, 인간으로 대해주세요

지난 9월 13일에서 16일 3박 4일 동안 호찌민을 다녀왔다. 국제결혼을 해서 한국에서 살다가 베트남으로 돌아간 귀환이주여성을 만나기 위해 서다. 어느 날 베트남신문 통신기자로부터 베트남의 한 성에 국제결혼 해서 한국에 살다가 돌아온 베트남 여성들이 약 3백 명가량 살고 있다는 이야기를 들었다. 마침 결혼으로 이주한 여성들 중에 귀환한 사람들은 어떻게 살고 있을지 궁금하던 차, 베트남을 방문해서 그 여성들의 귀환 후 삶을 알고 싶었다. 처음에는 이 지역을 방문해서 실태를 조사하려고 하였으나 거리가 너무 먼데다 베트남 정부의 허락 등 여러 가지 여건 때문에 그지역을 방문하지 못했다. 그 대신에 우리 센터와 관계를 맺고 있다가 귀환한 여성들이 살고 있는 지역을 방문해서 만나보았다. 첫날은 우리가 머물고 있는 숙소에서 한 명을, 다음은 호찌민에서 승합 버스로 다섯 시간 걸리는 지역에서 세 명을 만났고, 그다음 날은 세 시간 걸리는 곳에서 한 여성을 만났다. 원래는 일곱 명을 만나기로 했으나 아기 때문에, 또는 집이 원체 시골인 데다 오토바이가 없어 두 명이 나오지 못해 다섯 명밖에 만나지 못했다.

이들을 만나기 전에 짐작이 갔던 것은 이들이 한국에서 가정폭력이나 인격 모독, 또는 문화의 차이를 견디지 못하고 귀국할 수밖에 없었고 귀국한 후에는 어려운 삶을 살고 있으리라는 것이었다. 대부분의 여성들은 자신들이 결혼하고 한국에 와 보니 처음 이야기와 상황이 달랐다고 한다. 능이라는 여성은 시부모님을 모시고 농사일을 하는 게 너무 힘들어서 집을 나왔다고 한다. 융이라는 여성은 임신을 했는데도 남편이 폭력을 해서 집을 나왔다고 하는데, 남편 폭력 문제보다도 성격이 안 맞는 게 더욱 힘든 데다 결정적인 것은 시아버지가 예쁘다며 자꾸 신체접촉을 하려고 하는 것이었다. 항이라는 여성은 결혼해서 한국에 와보니 남편의 전실 자식이 있었고, 남편이 전 부인을 자꾸 만나는 게 싫은 데다 임신을 했는데도 남편이 관심이 없었다고 한다. 짱이라는 여성의 경우는 남편의 구타로 귀환한 경우였고, 깜뛰와라는 여성은 거의 집에 갇혀 살다시피 했는데, 너무 외로워서 가출한 후 일을 해서 베트남에 돌아오는 여비를 벌어 귀환하였다.

이들이 귀환한 후, 아기가 있는 여성은 집에서 아기를 기르며 살림을 하고 있었고 다른 여성들은 공장에 취업해 일을 하고 있었다. 한국에 대한 증오심을 보이지는 않았지만, 한국에 다시 오고 싶어 하는 여성보다 하루 14시간 일하고 한 달에 14만 원 밖에 못 버는 힘든 생활을 하지만, 지금이 행복하다고 하는 여성들이 많았다. 이들 중 남편과는 사이가 괜찮았으나 시댁 가족과의 갈등 때문에 귀국한 여성의 경우 다시 한국에 돌아오고 싶어 했다. 귀환한 여성들을 대하는 주변 사람들의 태도는 호찌민 도시와 농촌에 사는 사람들이 서로 달랐다. 호찌민에 사는 사람들은 그럴 수도 있다는 반응을 보였으나 농촌에 사는 경우에는 주변에서 "네가 잘 못했으니까 쫓겨 온 것 아니냐?" 하고 좋지 않게 반응을 한다고 한다. 다섯 명 중에서 세 명은 한국에 돌아오고 싶어 하지 않았다. 또 다른 외국인과의 결혼을 주선해 준다고 해도 다시 결혼할 생각이 없다고 했다. 한국 사람과 결혼하려는 베트남 여성에게는 그냥 막연하게 한국 가면 잘 살 거란 생각만으로 결혼하면 위험할 수도 있으니 다시 한 번 잘 생각해 보라는 말을 하고 싶다고 했다. 그리고 이들은 이구동성으로 한국인들이 결혼해서 한국에 간 베트남 여성들을 아내로, 인간으로 잘 대해주기를 바란다는 말을 남겼다.

자신들의 이야기를 담담하게 들려주던 이 여성들이 놀랄만한 이야기를 들려주었다. 자기 마을에 1,000명 이상이 국제결혼을 했는데, 인구 비율을 보면 열 명 중 세 명이 국제결혼을 한 셈이라고 한다. 이렇게 국제결혼 한 여성들 중 3분의 1 정도가 돌아온 상태라고 한다. 이들 중 태반은 대만 사람들과 결혼한 여성들인데, 최근에는 한국 사람과 결혼했다가 귀환한 사람들이 늘고 있다고 한다. 베트남과 대만의 결혼 역사가 우리보다 10년 정도 빠르니 대만에서 귀환한 여성이 많은 것은 자연스러운 일인 듯하다. 문제는 한국인과 결혼했다가 혼인이 파탄되어 귀환하는 여성들이 늘어난다는 것인데, 이 시점에서 귀환한 여성들이 우리 사회에 당부한 말을 다시 한 번 음미할 필요가 있다. "우리를 아내로, 인간으로 대해주세요!"

이들이 들려준 이야기는 한국에서 사는 동안 남편이나 가족들이 자기를 진정한 아내로 대하기보다는 일꾼으로 대하는 느낌을 받았다고 했다. 남편이 기분 나쁘면 "내가 너를 데려오느라 든 돈이 얼마인데 속을 썩이느냐"라고, 자기도 알지 못하는 말을 하며 화를 냈다고 한다. 베트남에서는 결혼 비용을 남편이 다 부담하는 게 당연한데 그런 이야기를 하면 도무지 납득을 할 수가 없었다고 했다. 그런 것들이 쌓여 집을 나올 수밖에 없었다고…. '우리 사회가 국제결혼 해서 한국에 살고 있는 이주여성들을 진정한 아내로, 사람으로 대했다면, 이 여성들이 자기들이 선택한 이 땅을 제2의 고향으로 삼고 뿌리를 내리고 잘 살 수 있었을 텐데. 아픔을 안고 자기 나라로 돌아가지 않아도 되었을 텐데' 하는 생각에 안타깝기 그지없다.

지금 베트남에는 한국이 투자 1순위임에도 불구하고 베트남 국민이 싫어하는 국가로 대만에 이어 2순위라고 한다. 현지 기업인들에게 함부로 하는 한국 국민의 자세 탓도 있지만, 대만과 한국 모두가 베트남과 국제결혼을 하고 있고, 또 그 국제결혼 한 베트남 여성의 순탄하지 않은 삶의 모습들이 베트남에 한국의 나쁜 이미지를 심어주는 함수관계로 작용한 것은 아닌지 돌아볼 필요가 있다. 국제결혼 증가율만큼 빠르게 이혼율이 증가하는 오늘의 현실을 제대로 직시하고 이주여성을 위한 정책을 세웠으면 한다. 돌아오는 비행기 안에서 "우리를 인간으로 대해주세요" 하고 담담히 말하던 그이들의 얼굴이 지워지지 않았다.

_ 2007. 12. 4.

좁은 문

　앙드레 지드의 소설 제목처럼 무슨 소설 같은 이야기가 아니다. 우리나라 출입국에 관한 이야기다. 우리나라의 출입국 문은 제3세계 사람에게는 그야말로 좁은 문이다. 한 예를 들어볼까? 한 네팔 이주노동자 부인이 어린 아기를 데리고 한국에 들어오다가 공항에서 저지를 당했다. 그 부인은 아기가 태어나서 아빠 얼굴도 못 보았으니 공항에서만이라도 남편이 아기 얼굴을 보게 해달라고 하소연했지만, 종래 공항에서의 가족상봉 시도는 불발로 끝나고 말았다. 한국에서 이주노동자 국제회의를 하는데 초청대상 중의 일부에게 입국비자가 나오지 않아 참석지 못하게 된 이야기를 비롯해서 유학생이 비자 얻기까지 자존심 상한 과정의 이야기 등, 무비자 협정 전 한국 사람이 미국 비자 받기 어려웠던 것처럼 제3세계 사람들에게 한국은 '너무도 먼 당신'이다. 반면 1세계 사람들에게는 불타기 전의 남대문처럼 열려있다. "모든 사람이 평등하다"라는 세계인권선언 1조나 "피부색, 성별, 종교, 언어, 국적, 갖고 있는 의견이나 신념 등이 다를지라도 우리는 모두 평등하다"라고 선언함으로 어떠한 경우에도 차별이 있어서는 안 됨을 명시하고 있는 2조가 각 나라의 출입국 정책에서는 맥도 못쓴다.

전 세계적으로 일 년 이상 자국을 떠나 다른 나라에 이주하는 사람들이 약 191백만 명(2005년 기준)으로 세계 인구 6,470백만 명의 약 3%를 차지하고 있다. 한국의 경우 2007년 12월 31일자로 한국거주 외국인 이주민은 단기체류 외국인을 포함해서 1,066,273명으로 1백만 명을 돌파했다. 이중 외국인 노동자가 47.1%를 차지하고 있으며, 결혼이민자가 10.4%, 외국인 유학생이 5.7%다. 이렇게 전 세계적으로 이주민이 증가하는데, 국경을 넘는 이주민이 일차적으로 부닥치는 것은 각국의 출입국 정책이다. 이주민들에 대한 출입국 정책을 보면 마치 거미줄과도 같다는 생각을 하게 된다. 작은 곤충은 걸러내고 큰 동물에게는 무력한 거미줄처럼, 현행 각국의 출입국정책은 개발도상국의 민중은 걸러내고 통제하고, 1세계 사람들과 개발도상국의 엘리트, 전문 인력은 환영하면서 그냥 통과시킨다. 이렇게 국경을 통제하는 이중적인 잣대를 보면서 묻게 된다. 누구를 위한 경계인가?

한국정부의 출입국관리 정책은 '질서 있고 안전한 개방정책'이라고 한다. 여기서 질서 있고 안전한 개방정책이란 개방에 따른 부작용(즉 국익에 해가 되는 인물의 입국 가능성 증가, 불법체류자의 증가, 단순노무인력의 정주화, 외국인 범죄의 증가 등의 부작용)을 막기 위해서 즉 국가안보적 측면에서 체류질서를 확립한다는 것이다. 이런 체류정책으로 인해 제3세계 사람들에게 한국으로 들어오는 문은 바늘구멍이 되어 버렸다. 한국에서 외국인의 출입국정책은 체류자격과 연관되어 있는 바, 체류자격은 '취업할 수 있는 자격과 취업할 수 없는 자격' 두 가지로 분류된다. 취업할 수 있는 체류자격은 단기취업, 전문기술, 연수취업, 비전문취업(E9), 내항선원, 관광취업, 거주 및 일정한 요건 하의 재외동포, 영주 등의 체류자격이다. 여기에 국민의 배우자와 영주권자의 배우자, 난민인정을 받은 자 등이 포함된다. 이런 체류자격마다 그 체류에 따른 조건이 있어 이 체류자격을 얻어 한국에 입국하는 것이 쉽지만은 않은 데다 돌발변수가 있어 여러 가지 인권문제가 직면하게 된다.

우선 한국 남편과 국제결혼 이주여성들의 경우를 보자. 이들이 한국에 체류하기 위해서는 자기 나라에서 발급한 여권에 더하여 한국 정부로부터 입국과 체류에 필요한 사증을 받아야 한다. 한국인과 결혼한 사람이 사증을 발급받으려면 우선 자기 나라에서 혼인신고와 더불어 해당국 주재 한국대사관에 결혼 사증을 신청해야 한다. 이때 이 여성을 초청하는 남편의 서류가 필요하다. 해당국에서 일단 결혼식을 올리고 혼인신고를 마친 남편이 한국에 돌아와서 필요한 서류를 구비하여 아내에게 보내면 그 아내가 본인의 서류와 함께 해당국에 있는 한국대사관에 신청을 해야 혼인사증비자가 나온다. 이 혼인사증이 있어야 신부가 한국에 입국할 수 있다. 이런 절차를 거쳐 혼인사증을 발급받은 여성이 한국에 들어오면 남편이 90일 이내에 체류지 출입국관리사무소에 국민배우자 등록(F-2-1) 등록을 한다. 이 등록을 마치면 국민배우자로서 한국에 체류할 수 있는 자격이 생기는데 국적이나 영주권을 얻기까지 일 년마다 한 번씩 체류 연장을 해야 한다. 이 체류 연장을 위해서는 한국인의 신원보증이 필요한데, 이 체류연장을 위한 신원보증 문제가 결혼이민자 인권침해의 원인이 되기도 한다. 때로 남편들이 신원보증을 안 해주기도 하도 신원보증을 조건으로 돈을 요구하기도 한다.

혼인입국사증과 관련해서 국제결혼 한 신부들이 겪는 심각한 어려움이 하나 있다. 앞에서도 말한 바와 같이 외국인 신부가 혼인입국사증을 받기 위해서는 한국인 남편들이 보낸 서류가 필요하다. 그런데 일부 남편들이 현지에서 결혼식과 혼인신고까지 마쳐놓고 한국에 들어와서는 아내를 초청하지 않는 일이 간혹 발생한다. 결혼입국사증이 없으면 그 여성이 한국에 입국할 수 없고, 남편을 찾을 수도 없는데 현지에서는 이미 결혼을 했으니 이 여성은 이러지도 저러지도 못하는 신세가 돼버린다. 이런 사정을 해결해 달라고 여러 건의 부탁을 받았으나 상대 남편이 누구인지 알 수도 없고, 사생활 개입이라는 이유 때문에 속수무책이다. 이런 사람을 사기결혼으로 단속할 법망도 제대로 마련되어 있지 않다. 혼인빙자 간음죄 내지 사기죄를 적용해야 할 수 있다고 하지만 빈곤 때문에 국제결혼을 택한 여성들에게 그 재판비용을 감당한다는 것은 도저히 무리다. 이런 여성들이 한국에 들어와서 남편을 찾고 그 남편을 처벌할 수 있는 길을 열어놓는 출입국정책은 불가능할까?

결혼이민자가 국적을 얻기까지는 외국인의 신분이다. 따라서 고향을 방문할 경우 한국재입국허가를 출입국관리소에서 얻어야 하며, 이 허가서가 없을 경우 다시 입국하기가 어렵다(2012년부터 결혼이민자의 경우 재입국허가절차 없이 본국에 다녀올 수 있는 길이 열렸다). 우리 센터에서 이주여성긴급전화의 상담원으로 있는 베트남 여성과 함께 필리핀에서 열리는 국제회의에 참석을 한 적이 있다. 그때 영주권자도 재입국허가서가 있어야 하는 것을 모르고 재입국허가서를 받지 않았다가 필리핀 공항에서 낭패를 당한 일이 있다. 우여곡절 끝에 한국에 오는 비행기를 탈 수가 있었다. 아무튼 한국인으로 귀화하기 전까지의 결혼이민자들은 한국에 머문 기간에 상관없이 외국인으로서 출입국정책을 따를 수밖에 없다.

한국에 드나듦이 결혼이민자들에게도 까다로운데 이주노동자들은 어떠랴! 앞에서도 보았듯이 한국에 체류하기 위해서는 체류자격을 얻어야 하고 그에 따른 입국절차를 마쳐야 한다. 그러나 체류 절차를 밟아 입국했다 하더라도 체류조건에 위배되었을 경우, 즉 기간을 넘는 장기체류, 난민 인정을 받지 못한 경우, 혼인생활파탄, 성매매 업소에서 일할 경우 불법체류자로 전락하게 되고, 거주 이전의 자유와 국경을 넘나드는 일이 제약을 받는다. 이 땅에서 장기간 일하는 이주노동자들은 고향에 가고 싶어도 잠시 다녀올 꿈도 꾸지 못한다. 미등록노동자들의 경우 불법체류한 경력 때문에 일단 한국국경을 넘으면 다시 들어오기 불가능해 단속에 걸릴 때까지 버틴다. 그렇다고 나가는 것도 쉽지가 않다. 불법 체류한 기간을 상정해서 내린 벌금을 내야 한다. 개인 사정에 따라 정상참작이 되어 범칙금이 깎이는 경우도 있긴 한데, 그 벌금이 만만한 것은 아니다.

얼마 전에는 임신 8개월의 요주의가 필요한 임산부가 단속에 걸려 서울출입국관리소에 보호(?)되어 있는 것을 이주단체들이 항의해서 풀려난 적이 있는데, 미등록노동자가 단속에 걸리면 출입국관리소를 통해 외국인보호소로 이송된다. 그 속에서 출국할 때까지 대기하고 있다가 출국을 하게 된다. 여기서 더 딱한 것이 부모가 불법체류 단속에 걸려 추방당하게 되면 남는 아이들의 문제가 심각해진다. 국제고아 신세로 전락하게 된다. 미등록노동자의 자녀들은 태어날 때도 부모가 미등록이라 출생신고조차 할 수 없는 무국적 신세가 된다. 부모가 한국에서 아이를 기르기 힘들 경우 다른 인편에 아이를 고향의 부모에게 부내는 경우가 있다. 이때는 자기 아이를 다른 사람의 아이로 출생신고를 해서 보내야 하기 때문에 원래 자기 출생신고와 빈칸으로 되어 있는 출생신고 2장이 필요하게 된다. 빈칸의 출생신고 기록을 갖고 아이가 다른 사람을 따라 출국을 하게 된다. 그러다 보니 이주노동자 출입국에는 별별 사연들이 많을 수밖에 없다.

오늘날 뜻 있는 사람들이 지구화 시대에 지구 시민을 말하고 있다. 이 시점에서 경계를 넘는 이주민들의 안전보장을 국가안보를 넘어 개인 안보 측면에서 진지하게 생각하는 패러다임이 필요하다. 하워드 진의 말처럼 "인종이라는 장벽과 국가주의라는 장벽을 허물어뜨리고 국경 없는 세계를 향해 나가야 한다(conversations on History and Politics, 2008 Random House Korea)"라는 패러다임 전환이 필요하다. 2008년 제3회 이주노동자 영화제(The 3rd Migrant Workers Film Festival)의 꿈처럼 모든 이주자와 원주민이 같은 지구촌 시민으로서 인권을 보호하고 받으며, 인간 안보를 확보하는 것은 불가능할까?

_ 2009. 3. 10.

한국인의 이중성과 인종 · 성차별 불감증

　유엔인권위원회는 2007년 한국 정부에 한국인이 가진 단일민족사상이 인종차별을 부추길 수 있음으로 이를 시정할 것을 권고한 바 있다. 한국 정부가 열린 다문화사회의 실현을 주창함에도 불구하고 한국 사회는 여전히 인종차별과 외국인에 대한 편견으로 한국에 거주하고 있는 이주민들에게 불안한 삶을 가중시키고 있다. 그렇다고 한국인들이 모든 외국인을 혐오하거나 배타적인 것은 아니다. 소위 선진국이나 백인들에 대해서는 아부라고 할 정도로 우호적인 태도를 보이고 있으나 반면 아시아나 아프리카 출신 이주민들에게는 문제가 될 정도로 배타적이고 편협한 시각을 보이고 있다.

　얼마 전 모 방송국이 시험한 '한국인의 이중성'은 이 사실을 여실히 드러내주었다. 방송국에서 의도적으로 한 편에는 백인 청년을 세우고, 다른 한편에는 방글라데시에서 온 이주노동자를 세워 놓고 이들이 지나가는 한국인에게 길을 묻는 실험을 했다. 그랬더니 기막힌 결과가 나왔다. 각각 15명에게 길을 묻도록 했는데, 백인 청년이 물었을 때는 15명 중 12명이 대답을 했다. 영어가 안 되면 몸짓으로라도 가르쳐 주려고 애를 썼다. 그러나 방글라데시 청년이 물었을 때는 반대로 15명 중 12명이 모른다고 도망을 갔고 오직 3명만 대답을 하는 모습을 보여주었다. 그 방송은 이 것을 '한국인의 이중성'이라고 결론짓고 우리 사회의 계급적 인종차별주 의를 꼬집었다.

지금 우리 사회는 외국인 1백만 명 시대를 넘어서고 있고 이주노동자 와 결혼 이주여성들이 저출산·고령화사회를 맞고 있는 한국 사회의 동 력과 대안으로 인정을 받고 있다.·그러나 다른 한쪽에서는 동남아시아 및 아프리카 출신 이주자들에 대한 인종차별적 행동으로 이주민을 곤경 에 빠뜨리고 있다. 그러나 이런 한국인들의 공격성에 대해 대다수 이주민 들은 자신들의 취약한 입지 때문에 적극적으로 방어하지 못하고 참고 견 딜 수밖에 없다.

최근 부천에서 일어난 사건은 우리 사회의 인종차별과 성차별적 모 습을 보여주는 전형적인 행태다. 지난 2009년 7월 10일 밤 9시경 보노짓 후세인이라는 한 인도인과 친지인 한가람(가명)이라는 여성이 버스 안에 서 서로 이야기를 하고 있었다. 보노짓은 성공회대학교 연구교수였다. 이때 버스 뒷줄에 타고 있던 박창선(가명)이라는 중년 남자가 보노짓에게 손가락질을 하며, "더러워, 너. 더러워 이 개새끼야"라고 외쳤다. 그는 약 1분간 지속적으로 "너 어디서 왔어, 이 냄새나는 새끼야" 등의 욕설을 퍼 부었다. 이때 동행자인 한가람 씨가 "왜 그래요?"라고 물었더니 박 씨는 가람 씨에게 "넌 정체가 뭐야? 조선년 맞아?"라고 한 후, 또다시 보노짓을 바라보며 "너 냄새나, 이 더러운 새끼야"라고 반복적으로 외치면서, 계속 두 사람에게 모욕을 주었다. 박 씨가 욕설을 멈추지 않자 가람 씨는 자리 에서 일어나 그의 양복을 잡고 경찰서로 동행할 것을 요구했는데, 그는 "조선년이 새까만 자식이랑 사귀니까 기분 좋으냐?"라고 하며 가람 씨의 다리를 발로 찼다. 이 상황을 지켜보던 한 여성(승객)은 "아저씨 너무 심하다. 그만 하세요"라고 했다. 이에 가람 씨는 경찰서로 가도록 버스 운전기사에게 도움을 요청하자 박 씨는 "이 새끼들아! 내가 경찰서에 왜 가!"를 외치고 저항하면서 가람 씨의 가슴을 누르며 수치심을 주었다. 버스는 계남지구대에 도착했고 앞서 박 씨에게 그만하라고 한 여성도 증인이 되어주겠다며 경찰서에 동행했다.

문제는 경찰의 태도였다. 경찰관은 피해자들의 상황에 대한 어떠한 배려도 없었고, 오히려 가해자의 편에서 일을 처리하려 했다. 가람 씨는 공정하지 못한 이야기 방식에 이의를 제기하다가 "가만히 있으라"는 경찰관 말에 좌절감을 느끼며 울음을 터뜨렸다. 그 후 지구대로 이동하기 위해 경찰차에 탑승하게 되었다. 차 안에서도 박 씨는 보노짓에 대해 "냄새나고 에티켓 없는 놈"이며, 한가람 씨에 대해 "한국 여자가 왜 저러는지 모르겠다"라며 모욕적인 말들을 늘어놓았다. 경찰관은 차 안에서 계속 서로 화해할 것을 제안했고, 한가람 씨와 보노짓 후세인은 합의할 의사가 없다고 분명히 말했으나, 그는 차에서 내려서도 계속 보통 사람들은 화해하고 끝냄으로써 법적 절차를 밟는 번거로움을 피한다는 이야기를 계속했다. 이에 대해 보노짓 후세인은 "나는 절대적으로 법적 절차를 밟아 모든 일이 기록되는 것을 원한다. 이것이 중요한 이유는, 이것은 명백한 인종차별이기 때문이다. 내가 백인이었다면 이런 일이 일어나지 않았을 것이 확실하다"라며 입장을 분명히 했다. 그럼에도 불구하고 그 경찰은 웬만하면 화해를 하고 끝내는 것이 좋다고 몇 차례 반복하여 말했다.

지구대에서 신분을 확인하는 절차에서 또 모욕적인 일들이 벌어졌다. 세 사람은 모두 신분증을 보여주었고, 약 30분이 경과한 후 반환받았는데, 한 경찰관이 와서 "82년생밖에 안 됐는데 어떻게 교수가 됐냐"라며 아직 지갑에 넣지 않은 보노짓 후세인의 외국인등록증을 집어갔다. 이는 지구대를 떠날 때에서야 보노짓 후세인에게 반환되었다. 다른 지구대 경찰관들도 성공회대학교에서 발행된 신분증을 보고도 보노짓 후세인이 정확히 무슨 일을 하는지를 수차례 물어보았고, 본 사건을 담당하고 있지 않은 것으로 보이는 경찰관 한 명은 상황을 보고 있다가 "아저씨, 한국에 몇 년 있었어?"라고 반말까지 사용했다.

　지구대에서 조서 작성이 시작되기 전과 끝난 후, 대기하는 동안 박 씨는 그를 피하는 가람 씨에게 접근하여 "한국 사람끼리 그러지 말고 그냥 화해하자"라고 하였는데, 가람 씨가 대답을 하지 않자 '똘아이', '4차원', '상식 없는 사람들' 등등의 모욕을 반복하며 자신에게 상해를 입혔으니 고소할 것이라며 위협하고 정신적인 스트레스를 주었다. 참다못해 한가람 씨가 큰 소리로 "저리 좀 가요!"라고 외치고 경찰에게 "이 사람 좀 떼어 주세요!"라고 도움을 요청하기까지 전원이 남성이었던 경찰관들은 어떠한 관심도 갖지 않았고, 지구대에서 벌어지는 2차적인 모욕과 위협을 방관하였다. 도움을 요청한 후에도 경찰관들의 소극적인 대처로 가람 씨와 보노짓은 계속 박 씨를 피해 지구대 사무실 안을 옮겨 다녀야 했다. 여기서 한국인의 모독행위와 폭력적 행위를 고발하러 간 피해자에게 경찰에서는 열 손가락의 지문채취를 요구했다. 지구대에서 다시 차로 이동하여 부천중구경찰서에 도착했고 여기에서 사건의 당사자인 세 사람은 조사를 받았다.

　이 사건은 단지 한 사람이 우발적으로 저지른 인종차별의 행위라기보다는 외국인과 같이 있는 한국 여성을 보는 한국인들의 성차별적이고 인종차별적 시선의 문제다. 인도인 보노짓 씨는 대학에서 발행한 교수라는 신분증을 제시했음에도 경찰서에서 차별적인 대우를 받았는데, 여타의 이주노동자들은 어떤 대우를 받겠는가는 상상만 해도 아찔하다. 여기서 한가람 씨의 입장에서 사건을 보면 사건에 개입된 사람들과 경찰의 명백하게 성차별적이고 인종차별적인 편견이 드러난다. 지금 한국 사회에는 15만 명가량의 국제결혼 이주민들이 살고 있다. 그런데 이들에게 차별적 시선이 존재한다. 한국 남성과 결혼한 이주여성을 보는 시선은 매우 관대하고 나름대로 우호적이다. 그러나 외국인 특히 동남아나 아프리카 남성들과 결혼한 한국여성에 대해서는 색안경을 쓰고 보며 모멸적인 시선으로 대한다. 정부조차도 한국 남성과 결혼한 이주여성과 그 자녀를 위해서는 온갖 정책과 예산을 쓰면서도 한국 여성과 결혼한 이주노동자 남성과 그 가족에 대해서는 아무런 관심이 없는 것도 같은 맥락이다. 이번 경우 한가람 씨가 백인남성과 같이 있었다면 그렇게 한국 남성으로부터 모욕당하는 일이 없었을 것이고, 경찰서에서도 대우가 달라졌을 것이다. 박 씨가 한가람 씨에게 한 행태는 인종차별 문제뿐 만이 아니라 성적 모멸감을 심어주는 폭력적 행위였다. 그러나 가해자는 물론 경찰에서도 이에 대한 아무런 인식이 없었고 오히려 경찰 자체가 피해자의 안전에는 무관심하면서 피해자를 가해자의 말만 듣고 피의자로 둔갑시켰다. 인권을 보호받기 위해 간 경찰서에서 보노짓 씨와 한가람 씨가 이차적으로 인종차별과 성차별의 피해를 당해야 하는 현실은 한국인들의 인종차별과 성차별 불감증을 여실히 보여준다. 결국 이런 이차 피해를 막기 위해서는 가해자의 사법처리는 물론, 일선 경찰과 한국인들에게 인종차별이나 성차별이 폭력이며 범죄라는 인식개선과 이에 대한 감수성 훈련이 필요하다.

이번 부천의 한 버스 안과 경찰서에서 일어난 사건은 우리 사회의 인종차별과 성차별이 얼마나 심각하며, 경찰 등 인권 관련 기관들의 의식 수준이 얼마나 낮은지, 이에 대한 대책이 얼마나 미흡한지를 여실히 보여주는 사건이다. 이 사건이 이주민에 대한 인종차별과 성차별에 경종을 울리고 자기 반성적 성찰을 하는 계기가 되었으면 한다.

※ 이 사건을 계기로 지난 2009년 7월 27일 관심 있는 단체와 개인들이
모여 '성/인종차별 대책위원회'를 결성하였다. 대책위원회는 가해자의
사법처리를 비롯해서 관련 경찰관의 징계와 해당 경찰서의 사과와 재발
방지를 요구하고, 앞으로 인종차별 문제를 공론화하고 차별을 방지하기
위한 제반 활동을 벌이기로 하였다.

_ 2009. 8. 4.

이주여성이 생각하는 인권은?

　뜨거웠던 지난여름에 날씨만큼이나 뜨거운 열기가 우리 센터 옆에 있는 숭인2동사무소 강당에 가득했다. 바로 이주여성 인권 글쓰기 대회의 열기였다. 우리 센터가 '이주여성 인권 글쓰기 공모전'을 계획한 것은 인권 글쓰기를 통해서 이주여성의 삶의 자리와 마음을 읽고 그 희망을 한국 사회에 전하고 싶어서였다. 지금까지 한국에서 이주여성 글쓰기 대회는 많이 있었다. 그러나 인권 글쓰기는 처음이다. 이주여성들의 인권은 이주여성들이 아니라 이주운동을 하는 활동가들의 목소리로 들려졌다. 그러기에 인권이라는 말 속에서도 이주여성은 여전히 대상화될 수밖에 없었다. 그래서 이주여성 스스로가 자신들의 인권에 대해 말해보는 자리가 있어야 한다고 생각했다.

　처음에는 인권이라는 주제가 너무 무거워서 응모하는 이들이 적을까 봐 걱정을 많이 했다. 그런데 놀랍게도 짧은 기간 안에 54편이 응모되었다. 목포에서 부산, 대구, 청주 등 다양한 곳에서 다양한 국적의 결혼 이주여성들이 참여했다. 원래는 예선에서 15편을 거르려고 했지만, 좋은 글들이 많았고, 그냥 탈락시키기에는 작품들이 아까워서 행복한 고민 끝에 예선 통과 작품을 25편으로 늘렸다. 본선에서 다섯 편이 우수작품으로 선정되었다.

최우수 작품으로 뽑힌 한영애 씨가 자신의 글을 발표하는 것을 들으면서, 어디 가서 이주여성 인권에 관한 강의를 해도 손색이 없을 것이라는 생각이 들었다. 한영애 씨는 '내가 생각하는 이주여성의 인권'이라는 글에서 국제결혼중개업이 내건 현수막, 결혼중개업을 통해 결혼한 남성들이 여성을 물건처럼 취급하는 현실, 가정폭력에 시달리는 이주여성의 이야기를 전하면서 정부와 지자체가 결혼이민자에 대한 인식을 개선하기 위해 노력하며 인권침해를 방지해 줄 것을 요구했다.

이번 이주여성 인권 글쓰기대회의 응모자들은 하나같이 한국의 가부장주의하에서의 상처와 사회 속에서 차별받았던 삶의 현장을 고발하면서 차별 없는 세상을 꿈꾸고 있었다. 차별의 종류와 차별하는 대상도 다양하다. 첫째는 가족 사이에서 일어나는 차별이다. 아이 낳으라고 강요하는 시어머니, "아기를 언제 만들 거니"라는 말로 며느리를 아기 낳는 기계처럼 대하는 시어머니, 아들 못 낳으면 너희 집에 가라는 말로 상처를 주는 시어머니가 있는가 하면 집안의 잘못된 상황이 생기면 모두 여자에게 책임을 지우는 한국 사회의 성차별적 편견과 특히, 부부 싸움할 때는 "돈 때문에 결혼했지?"라는 말을 해서 상처 주는 남편, 그리고 자신을 마치 돈에 팔려 온 물건인양 취급하는 남편 등이 가족 내에서의 차별을 드러냈다.

또 다른 차별 현장은 사회라고 고발하고 있다. 한국 국적을 받았음에도 외국인으로 차별받는 현상, 한국인들의 민족주의 벽, 외국인에게 배타적인 모습, 인사도 제대로 받지 않는 이웃 할머니의 모습, 외국인이라고 무시하고 나쁜 사람 취급하는 한국인들의 모습, 중국에서 온 것이 무슨 죄나 되는 것처럼 툭하면 "중국에서 왔으니…" 하고 말하는 한국인들의 언행, 외모가 달라 무시당한 경험, 피부색이 다른 자식을 갖고 있는 엄마의 걱정, 한국에 산업연수생으로 와서 월급을 제대로 못 받은 일 등, 경제적으로 발전한 나라는 우대하고, 가난한 나라에서 온 사람은 차별하는 한국 사회, 엄마가 외국인이라고 무시당하는 다문화가족의 자녀들의 현장 등 사회적 편견의 경험을 드러내고 있다. 다른 또 하나의 문제는 문화차이로 인한 갈등의 문제이다. 한국어와 한국문화를 몰라 겪었던 어려움, 음식문화와 식생활 차이로 인한 어려움 등을 소개하면서 다문화교육의 필요성을 강조하고 있다.

이주여성들이 그리고 있는 꿈은 차별 없는 평등한 세상이다. 이들은 "인권이란 모든 인류에게 평등하게 주어진 권리이자 모든 인류가 받아야 할 권리"라고 정의하면서 이 세상에서 차별과 편견으로 고통받는 사람들이 없기를 소망한다. 한 이주여성은 인권을 "다른 사람을 배려하는 마음"으로, 어떤 이는 "평등하게 사는 세상", "자신의 권리보다 다른 사람의 권리를 배려하고 존중하는 사회"로 정의했다. 한 이주여성은 중국에 대한 편견을 가진 한국 사람들의 모습을 소개하면서, 먼저 이웃으로 존중해 줄 것을 요청하였다. 또 한 여성은 나이 차이가 많이 나는 남편과 산다는 이유로 무시당한 경험을 소개하면서 어떤 상황에서도 모든 사람의 인권을 존중하는 사회, 특히 남녀-외국인-장애인의 차별이 없기를 기원하였다.

이렇게 차별현장을 고발하고 그 경험으로부터 인권에 대한 다양한 정의를 내린 한편, 이주여성들은 자신들의 글에서 인권이 향상되기 위한 처방전을 제시한다. 한 여성은 이주여성의 삶을 산세베리아에 비교하면서, 꽃을 잘 관찰하고 그 성질을 알고 꽃을 키우면 꽃이 잘 자라나듯이, 이주여성을 환대하는 마음을 갖고, 이주여성의 입장에서 이해해주기를 희망하고 있다. 또 다른 여성은 폭력 상황에서 남편을 죽인 캄보디아 여성 초은 씨 사건에 대한 재판 과정을 통역자로서 지켜본 소감을 피력하면서, 폭력이 꼭 힘만 가하는 것이 아니라 여성을 무시하는 언행, 그 자체가 폭력을 부른다는 것을 강조하고 있다.

개인적으로 웃음이 났던 작품은 "엄마, 나 오 씨인데 왜 다문화야?"라는 글이다. 엄마가 중국 동포인 아동이 학교에서 다문화가족 자녀 손 들라는 선생님의 말을 듣고 손을 들지 않았다고 한다. 그러자 선생님이 "너 다문화가족이잖아, 왜 손 안 들어?" 하고 한마디 했다. 그 아이가 집에 와서 자기 엄마에게 "왜 나 오 씨인데 다문화라고 해?" 하는 질문을 던졌다고 한다. 그 아이의 질문이 학교의 다문화 교육현장을 꼬집는 것 같아 웃음이 절로 나왔다. 스스로를 한국인으로 인식하고 있는 아이에게 다문화가족의 자녀로 '구분'해내려고 하는 학교현장의 몽매함이 불러온 웃지 못할 결과다.

아무쪼록 이주여성들이 인권 글쓰기에서 바라는 것처럼 이들이 살고 있는 세상이 '차별 없는 세상, 평등한 세상'이 되었으면 좋겠다. 이주여성들의 입장에서 이들을 보고, 이들의 진정한 이웃이 되었으면 좋겠다. 그런 날이 올 수 있도록 벽이 있어도 좌절하지 않고 그 벽을 타넘는 담쟁이처럼 좌절하지 않고 차별의 벽을 넘어 평등의 세상을 향해 가지 뻗기를 하는 그런 이주여성들이 많아지기를 기대해본다.

_ 2009. 9. 30.

위장 결혼의 덫

　작년부터 우리 센터 상담실을 찾는 이주여성들 중에 위장 결혼을 통해 입국한 여성들이 부쩍 늘고 있다. 이전에도 위장 결혼이 간간이 있어왔다. 그동안 센터에서 경험한 위장 결혼은 대개 두 가지 경우로 나타난다. 하나는 이주여성 당사자가 위장 결혼이라는 것을 알고서 입국을 한 경우와 위장 결혼인 줄 모르고 한 경우다. 위장 결혼이라는 것을 알았다고 해도 그것이 불법인 줄 모르고 입국한 경우가 많다. 이들의 말에 의하면 국제결혼 중개업체에서 한국에 입국해서 남편과 한두 달 살다 외국인 등록증이 나오면 집을 나와 취업해도 된다고 해서 국제결혼을 택한 경우가 있다. 다른 경우는 남편과 같이 살긴 하는데 실제적으로 혼인생활은 안 해도 되고 본인이 원하는 대로 취업해서 살 수가 있다고 해서 한국인과 결혼할 결심을 했다는 것이다. 알고 했건 모르고 했건 국제결혼 알선업자들에 의한 위장 결혼 덫에 걸린 것이다.

　이런 위장 결혼이 발생하는 핵심에는 국제결혼 알선업체들의 농간이 있다. 국제결혼 중개업체들이 중개비용을 챙길 목적으로 허위정보를 제공해서 위장 결혼을 알선하는 것이다. 이런 허위정보에 의한 위장 결혼 알선은 한국 측 국제결혼중개업체의 책임도 있지만, 이주여성 당사자 나라 브로커들의 농간도 만만치 않다. 중개비용을 챙길 목적으로 자국 여성에게 거짓 정보를 제공해 위장 결혼을 했을 경우 한국에서 생길 수 있는 문제들을 전혀 알려주지 않는다. 그 결과 알게 모르게 위장 결혼을 한 이주여성 당사자와 자기 아내의 입장을 모르고 결혼을 한 한국의 남편들이 그 피해를 고스란히 입게 된다.

위장 결혼을 한 이주여성들은 본국에서 브로커들에게 들은 정보대로 빠르면 2, 3개월 만에, 또는 외국인등록증이 나오면 남편에게 "나 돈 벌어야 한다. 그래서 집을 나간다"라고 통고를 하고는 집을 나가버린다. 그렇게 나가면 남편이 가출신고를 해서 불법체류자가 된다거나 일 년에 한번 씩 체류비자를 연장해야 하는 것을 모른 채 불법체류자가 되어버린다. 잡히면 당연히 강제 출국 대상이다. 또 다른 위장 결혼의 경우는 한집에 살면서 부부생활을 거부하고 취업을 하겠다고 해서 문제가 생기는 경우다. 정부나 남편의 입장에서 보면 영락없는 위장 결혼이지만 이주여성 입장에서는 중개업자의 정보대로 그래도 되는 줄 알고 한 결혼이다. 문제가 되어 남편이 알선중개업자를 찾아가면 중개업자는 이주여성이 거짓말한 것이라며 그 책임을 고스란히 이주여성 측에 떠넘겨버린다. 이주여성 당사자는 자기 마을의 아는 아줌마의 말만 듣고 결혼을 했다가 졸지에 위장 결혼한 범법자 처지가 된다. 삶을 걸고 국제결혼을 결심한 한국남편이나 취업해서 돈을 벌 수 있는 기회로 알고 국제결혼을 선택한 이주여성 당사자 모두 국제결혼 알선업자의 먹이가 된 셈이다.

그런데 근래에 들어 진행되고 있는 위장 결혼은 도를 넘어 아예 인신매매로 이어지고 있다. 국제인신매매조직이 이주여성을 한국 남성과 국제결혼시켜 주겠다고 속여서 한국에 데리고 와서는 기지촌이나 유흥업체에서 성매매를 시키고, 그 남편이라는 정체불명의 사람, 일명 기둥서 방들에게 돈을 얼마씩 주며 여성을 감시하게 해온 것은 이미 오래전부터 시작된 일이다. 그런데 이 작태가 형태를 약간 변형해서 일부 악덕 국제결혼중개업체에 의해 태연하게 자행되고 있다. 중개업자들이 한국에서 노숙자나 일정한 직업이 없는 사람, 혹은 신용불량 위기나 빚에 몰린 남자들을 물색해서 3백만 원에서 5백만 원 정도의 돈을 주기로 하고 국제결혼을 알선한다. 물론 이 돈은 이주여성들에게서 나오는 것이다. 베트남이나 네팔에서 한국에 와서 취업을 해 돈을 벌고자 하는 여성들에게 일인당 일천만 원에서 일천오백만 원의 비용을 받고 소위 한국인 법적 남편을 알선해 준다. 따라서 결혼하는 당사자들은 앞의 경우와 달리 백 퍼센트 자신들이 위장 결혼을 하는 것임을 알고 있다. 이 과정에서도 중개업자들의 허위정보제공과 착취가 발생한다. 상담실에서 만난 한 네팔 여성은 브로커에게 육백만 원을 주고 위장 결혼을 해서 한국에 왔음에도 불구하고 자기가 돈을 낸 것을 감췄다. 브로커가 자기에게 돈을 준 것을 발설하면 친정집과 이주여성 당사자가 불이익을 당할 것이라고 협박했기 때문이다. 한 중국 여성은 자기가 한국에 오면 법적인 남편과 동거를 하지 않아도 됨은 물로 2년 후에는 영주권을 얻어서 한국에서 계속 체류하면서 돈을 벌 수 있는 것으로 알았다. 그런데 막상 와보니 법적 남편이 성관계를 요구하고, 일 년마다 비자를 연장해야 하는데 그때마다 남편이 몇백만 원씩 돈을 요구하면서 돈을 안 주면 비자를 연장해주지 않겠다고 해 하는 수 없이 돈을 주었다고 했다. 또 2년 있으면 영주권이 나올 줄 알았는데 그것도 거짓말이었다는 것이다. 결혼 후 2년 있으면 영주권을 신청할 수 있는 것을 영주권이 나온다고 중개업자가 거짓 정보를 제공한 것이다. 매번 비자를 연장할 때마다 돈을 내야 하면 기껏 벌어놓은 돈을 법적인 남편에게 주어야 하니 어떻게 하면 좋으냐고 하소연했다. 또 다른 경우는 남편과 형식적으로만 사는 것으로 하고 아예 처음부터 공장 기숙사에서 일하다가 출입국직원의 단속에 걸린 경우다. 남편과 같이 산 흔적이 없어 위장 결혼으로 적발되었다. 한국에 온 지 불과 6개월 만에 벌어진 일이었다. 올 때 브로커 비용으로 낸 팔백만 원도 빚을 내어 와서 이자만 우선 갚고 있는데 돈도 벌지 못하고 추방당하게 되었다고 하소연했다. 돌아가면 갚아야 할 빚 걱정에 암담하다고 동료가 딱한 사정을 전했다.

지난 2월 3일 방영된 추적 60분 '가짜 신부, 가짜 신랑-위장 결혼의 덫'에서 보여준 베트남 여성들의 위장 결혼 경우도 같은 양상을 띠고 있다. 브로커에게 지불하는 액수도 엄청나서 1,200만 원에서 1,500만 원을 낸 경우도 있다. 위장 결혼해서 들어와 남편과 같이 사는 흔적만 남기고 취업을 하는 경우, 아니면 한 지붕 밑에 같이 살면서 남남처럼 사는 경우도 있는데, 그 과정에서 비자를 연장할 때마다 돈을 뜯기는 경우도 상당하다. 한 사례의 경우는 처음에는 위장 결혼으로 왔지만 남편과 마음이 맞아 실질적으로 결혼생활을 했는데 결혼을 알선한 중개업체가 단속에 걸려 이 부부의 위장 결혼이 들통이 나고 말았다. 그때 여성은 이미 임신 중이었기 때문에 당장 추방은 면했지만, 해산 후 출국해야 한다. 그런데 돌아갈 수가 없다. 땅을 담보로 해서 빚을 내어 브로커 비용을 냈는데, 그 빚을 무슨 수로 갚느냐, 또 아기는 어떻게 키우느냐며 눈물을 흘렸다. 이 경우 비록 위장 결혼을 했더라도 실질적으로 혼인생활을 유지하고 있다면 그 사실을 인정해야 한다고 사면해 준 판례가 있기 때문에 잘하면 한국에서 계속 살 수 있게 될 가능성은 있다. 하지만 아기를 기르노라면 취업을 하기 힘든데 그 많은 빚을 어떻게 갚아야 할지 참으로 딱하다.

위장 결혼이 금지되어야 한다는데 이의를 제기할 사람은 아무도 없을 것이다. 그런데 간과해서는 안 되는 것이 위장 결혼을 해서라도 한국에 나와 돈을 벌어야 하는 개발도상국 이주여성들의 딱한 상황이다. 방송에서 인터뷰한 현지 여성들은 위장 결혼의 폐해를 알면서도 길이 있으면 위장 결혼을 해서라도 한국에 오기를 희망했다. 생존의 위기에 몰린 이주여성들은 경제적으로 자기 집안과 식구들을 위해 어디든지 나가서 돈을 벌어야 한다. 그런데 그 일자리 구하기가 쉽지 않다. 한국만 해도 고용허가제가 도입되면서 이주여성들이 일자리 찾기가 더욱 어려워졌다. 또한 가사노동자가 허용되지 않고 있는 우리나라에서 이주여성들이 일할 수 있는 일터는 제조업이나 식당 등에 한정되어 있다. 그나마 중국 동포나 고려인 동포들만 식당에서 일할 수 있고, 제조업은 개성공단으로 들어갔거나 아예 개발도상국 현지에 공장을 세워 여성들의 노동 이주 틈새를 막아버렸다. 이런 상황에서 국제결혼이 여성들이 이주할 수 있는 대안이 된 셈이며, 돈을 벌어 가족의 생계를 도와야 한다는 다급함이 위장 결혼도 불사하게 만드는 것이다.

위장 결혼은 이주여성들의 덫이다. 누가 이 덫을 놓는가? 위장 결혼을 알선해서 이익을 꾀하는 국제결혼중개업체들이다. 정부는 위장 결혼을 해서 한국에 온 개발도상국 이주여성들을 단속하기에 앞서, 덫을 놓는 국제결혼중개업체들의 착취의 고리를 끊는 것과 노동 이주를 보다 쉽게 할 수 있는 제도마련에 우선해야 할 것이다.

_ 2010. 3. 2.

엄마가 외국인이라서?

　"엄마가 외국인이라 국제결혼 한 가정의 아이들이 한국어를 잘 못하고, 학습지진이 일어난다." 이건 다문화가족의 자녀들에 관한 문제를 짚을 때 언제나 제기되는 단골 메뉴다. 정부 관계자나 교육학자가 언론에서 서슴지 않고 발언하는 것을 보면 혀를 차게 된다. 왜 국제결혼 가정의 자녀들이 한국어가 미숙하고 학습지진이 일어나는 것을 엄마인 외국인 여성의 탓으로 돌리는가? 그 집의 한국인 아버지, 한국인 식구들은 무엇을 하고, 교육의 책임을 외국인 엄마에게만 지게 하는가?

　"엄마가 외국인이라 다문화가족의 자녀들이 학습지진이 일어난다"라는 지적은 절반은 맞고 절반은 틀린 답이다. 2008년 행정안전부와 과학기술부가 발표한 자료에 의하면 다문화 가족 중 초등학생에 달하는 만 7세부터 12세의 아동 가운데 15.4%가 학교에 다니지 않고 있으며, 중학생은 39.7%, 고등학생은 69.7%가 학교에 다니지 않는 것으로 확인되어 상급학교로 진학할수록 학교 중도탈락이 높아지고 있다. 그런데 이렇게 다문화가족 자녀의 학교생활 중도 탈락률이 높은 원인으로 "한국어가 미숙한 결혼이민자와 생활하게 됨에 따른 언어발달 지연, 기초학력 부진, 따돌림, 차별"을 제시하고 있다. 2008년에 제정된 제1차 외국인기본정책에서도 "결혼이민자 2세의 경우 엄마의 한국어 구사능력 부족, 경제적으로 어려운 가정환경"을 기초학습 부족의 원인으로 지적하고 있다. 그런데 다문화가족 자녀의 학습부진 원인을 '외국인 엄마' 때문으로 강조하는 데는 문제가 있다. 필자가 목회하고 있는 교회에서 빈민 지역 어린이들을 대상으로, 지금은 '지역아동센터'라고 불리는 공부방을 거의 20년째 운영하고 있다. 이 아이들 역시 초등학교 1학년 때는 별문제가 없다가 학년이 올라갈수록 학습지진 현상이 일어난다. 부모들이 다 한국인인데도 그렇다. 왜? 현재 우리 학교에서 공교육은 실종되고 사교육에 교육을 일임하기 때문에 사교육을 시킬 수 없는 가정의 자녀들은 도태당하게 되어있다. 다문화가족의 90%는 사교육을 받을 수 있는 여건이 되지 않는다. 따라서 공교육의 역할이 중요하며, 자녀 교육의 책임을 엄마에게 부과하고 있는 현실이 개선되어야만 한다.

우리 가족이 독일에서 공부하느라 한 3년 머문 적이 있다. 장학처의 주선으로 도착하자마자 한 것은 5살 된 딸아이 꽃솜이를 어린이집에 보내고, 10살 된 아들아이를 학교에 보내는 일이었다. 독일어 ABC도 모르는 딸은 어린이집에 가서 시간이 지남에 따라 점점 독일어 실력이 늘더니 6개월이 지나니까 독일 아이들과 의사소통을 잘하고 1년 지나 초등학교에 입학해서도 아무 문제없이 학교생활에 적응을 잘 했다. '한솜'이라고 부르는 큰 아이는 10살에 독일 초등학교에 3학년으로 들어갔다. 역시 독일어를 한 글자도 모르는 상태에서. 학교 담임선생님은 수업이 끝나면 독일어 그림 사전을 놓고 개인적으로 한솜이에게 독일어를 가르쳤다. 그 결과 일 년 후에 독일 중학교에 진학했고, 중학교에서 좋은 성적을 얻을 수 있었다. 이 예를 든 것은 학교에서 공교육이 제대로 이루어지면 외국인 아동들이라고 해도 학습 진도에 문제가 없음을 이야기하고 싶어서다. 우리 학교에서 "엄마와 함께 받아쓰기 10개 해오기" 등 교육의 책임을 엄마에게 부과할 것이 아니라 공교육에서 아동교육을 책임지는 시스템으로 전환해야 한다. 공교육 회복으로 다문화가족의 자녀 학습문제를 해결하지 않고 '외국인 엄마'에게 교육의 책임을 묻는 것은 가뜩이나 한국에 적응하느라 힘든 결혼 이주여성의 가슴에 못을 박는, 또 하나의 폭력임을 인지해야 한다. 진정 다문화가족 자녀의 미래가 염려된다면 공교육 정립이 우선적 과제다.

_2011년 3월 8일 〈여성신문〉 여성논단에 게재

황티남은 '죽은 나무'가 아니다

지난 5월 24일 새벽, 23살의 베트남 여성 황티남 씨가 칼로 수십 차례 난자를 당해 주검이 되었다. 남편이 휘두른 폭력 앞에서 스물세 살의 꽃다운 나이에 무참히 스러져버렸다. 이 소식을 들으면서 드는 생각은 "언제까지 이주여성들이 죽어나가야 하는 것인가?" 하는 것이었다. 일 년에 두 번씩은 이주여성들이 참혹하게 죽는 일이 발생한다. 작년 7월에는 스무 살 난 '탓티 황옥'이라는 베트남 여성이 정신질환자인 남편에게 살해당했고, 불과 2개월 후인 9월에는 강체첵이라는 몽골 여성이, 가정폭력으로 시달리다 자기 집으로 피신해 온 고향 친구의 동생을 보호하려다 그 여성의 남편에게 무참히 살해당했다. 이런 끔찍한 충격이 채 가시기도 전에 황티남 씨가 가정폭력으로 죽임을 당한 것이다.

황티남 씨가 결혼으로 한국에서 산 것은 겨우 9개월 남짓이다. 시집살이가 매우 혹독했던 듯하다. 같은 베트남 출신으로 한마을에 살고 있는 친구에게 남편에게 맞았다는 문자와 함께 구타당한 흔적이 있는 사진을 보냈다고 한다. 얼마 전에는 시어머니가 황티남 씨가 잘 씻지 않는다고 가위로 머리칼을 자르고 폭력을 휘두르는 바람에 약 한 달 반 쉼터에 머무른 적도 있다. 남편이 시어머니와 분가를 하기로 하고 원룸을 얻어서 다시 잘살아보겠다고 약속해서 남편에게 돌아갔다. 남편은 약속대로 분가를 했으나 노름을 즐긴듯하다. 남편이 평소 새벽까지 원룸에 친구를 불러 포카를 치거나 친구들과 함께 도박을 하려 자주 나가는 바람에 부부갈등이 있었다. 이웃들의 증언에 따르면 하루는 황티남 씨가 밤이 늦었는데도 들어가지 않고 밖에 있어서 "왜 집에 가지 않느냐?"라고 묻자 남편 친구들이 집에 있다고 이야기하는 것을 들었다고 한다. 이때 이미 황티남 씨는 임신 중이었다. 남편과 이혼하고 싶다고 친구들에게 하소연을 했는데 친구들은 "아기가 있으니 참고 살아보라"고 말했다고 한다. 황티남 씨가 죽은 후에 괜히 자기들이 말려서 친구가 죽게 되었다고 애달파했다. 죽임을 당한 그날, 남편의 증언에 의하면 "아내가 이혼 말을 꺼내서 화가 치솟아 올라 그랬다"라고 한다. 칼 하나를 휘두르다가 부러져서 다른 칼로 다시 휘둘렀다. 그렇게 해서 54군데나 난자당해 젊디젊은 베트남 아내는 목숨을 잃었다. 이혼에도 목숨을 걸어야 하다니! 그때 황티남 씨는 출산한 지 불과 19일밖에 안 된 상태였다. 보통의 한국아내였으면 산후조리에 여념이 없을 때였는데, 얼마나 고달팠으면 생후 19일 된 자식을 두고 '이혼'을 말했겠는가? 이웃의 신고를 받고 경찰이 갔을 때는 피가 낭자한 엄마의 시신 옆에서 아기가 울고 있더란다. 신생아로서 엄마를 잃은 그 아기의 삶은 어떻게 될지…. 지금 그 아기는 당국의 주선으로 보육원에 있다.

황티남 씨의 죽음을 보면서 떠오르는 생각은 아직도 뇌리 속에 생생한 후인 마이의 죽음이다. 2007년 후인 마이 역시 남편에게 맞아 갈비뼈 열여덟 대가 부러져서 참혹한 죽임을 당했는데, 이번에 떠오른 것은 후인 마이의 죽음 자체보다도 그 재판을 담당한 김상준 판사의 소견문이다. 판사는 '피해자'에게 용서를 구하고 싶은 마음이라면서 이런 사태의 책임을 그 남편에게만 묻고 싶지 않다. 이 사건은 "우리 사회의 총체적인 미숙함의 발로"라고 말하면서 "우리보다 경제적 여건이 높지 않을 수도 있는 타국 여성들을 마치 물건 수입하듯이 취급하고 있는 인성의 메마름, 언어 문제로 의사소통도 원활하지 못하는 남녀를 그저 한집에 같이 살게 하는 것으로 결혼의 모든 과제가 완성되었다고 생각하는 무모함, 이러한 우리의 어리석음은 이 사건과 같은 비정한 파국의 씨앗을 필연적으로 품고 있는 것"이라고 근본적인 원인을 짚었다. 그리고 결론적으로 "21세기 경제대국, 문명국의 허울 속에 갇혀 있는 우리 내면의 야만성을 가슴 아프게 고백해야 한다"라고 통렬히 비판하였다. 황티남 씨의 죽음도 '우리 한국 사회의 야만성과 미성숙성'이 빚어낸 결과다.

이번 황티남 씨의 죽음을 보면서 작년 '탓티황옥 씨의 죽음'을 맞아 인권위원회 앞에서 항의하던 이주여성들의 피켓에 적힌 글귀가 떠오른다. "한국인 여러분, 우리가 안전하게 살 수 있도록 지켜주셔요!" 이들의 애절한 탄원이 이렇게 '소귀에 경 읽기'가 되다니! 참으로 부끄럽기 짝이 없다. 이러한 사건을 접할 때마다 소위 이주여성의 인권을 위해 일한다는 단체의 대표로서, 한국 사회의 일원으로서 참을 수 없는 분노와 부끄러움, 무력감과 자괴감이 든다. 언제까지 이주여성의 죽음의 행렬이 계속되어야 하는가? 그 답은 있는 건가? 내가 할 수 있는 것이 무엇인가?

지금 한국의 다문화 열풍은 엄청 뜨겁다. '다문화사회' 담론이 쏟아지고 '다문화 가족'이 가족의 키워드가 되고 있으며, "'다문화'라는 말이 들어가지 않으면 프로젝트도 되지 않는다"라고 할 정도로 '다문화' 범람시대다. 그런데 정작 다문화의 담지자인 이주여성들은 존중받고 있는가? 존중은커녕, 인종차별과 성차별적 시선 속에서 이주여성들이 가족 유지라는 이름하에 자기의 인권과 목숨을 담보 잡혀 살아야 한다면 그런 다문화사회는 허구일 뿐이다. 이제라도 이주여성들의 인권이 보호될 수 있는 적극적이고 실질적인 대책들이 세워져야 한다. 이주여성의 가정폭력 문제가 더 이상 개인의 문제가 아닌 사회의 문제로 인식되고 해결될 수 있도록 대책이 필요하다.

정부는 차제에 현행 국제결혼이 가진 근본적인 문제를 짚어볼 필요가 있다. 영리추구를 목적으로 하는 결혼중개업체에 의한 이주여성의 상품화, 한국인 배우자들의 인종차별적이고 성차별적인 결혼관, 이주여성의 인권 보호보다는 가족유지와 동화에 초점을 둔 정부의 사회통합정책과 위장 결혼 방지라는 이름 하에서 추진되고 있는 폐쇄적 체류 정책으로 인한 이주여성의 인권상실 등 근본적인 문제들을 점검해보아야 한다. "이주여성들의 인권 보호를 위한 정책을 마련하라"는 유엔여성차별철폐위원회와 인종차별철폐위원회의 권고안을 이행할 수 있는 법적 제도적 장치들을 마련해야 한다.

정부의 노력뿐만 아니라 한국 사회의 성찰과 반성이 필요하다. 후인마이, 탓티 황옥, 간체첵 씨 등 일련의 가정폭력에 의한 이주여성의 죽음이 칼을 휘두른 당사자의 책임만이 아니라 한국인들의 인종차별과 성차별적 편견이 갖고 온 결과이며, 결혼 이주여성이 당하는 폭력을 방조한 결과라는 자각을 갖고 이주민을 사람답게 대하는, 이주민과 더불어 사는 그런 열린사회로 갈 수는 없는 걸까?

지난여름 탓티황옥의 죽음을 듣고 김수철의 '못다 핀 꽃 한 송이'를 떠올렸다. 이번 황티남의 죽음 앞에서 천상병 시인의 '나무'라는 시가 떠오른다.

사람들은 모두 그 나무를 죽은 나무라고 그랬다.

그러나 나는 그 나무가 죽은 나무가 아니라고 그랬다.

그 밤 나는 꿈을 꾸었다.

그리하여 나는 그 꿈속에서 무럭무럭 푸른 하늘에 닿을 듯이

가지를 펴며 자라가는 그 나무를 보았다.

나는 또다시 사람을 모아 그 나무가 죽은 나무는 아니라고 그랬다.

그 나무는 죽은 나무가 아니다.

천상병 시인의 시처럼 황티남은 죽은 나무가 아니다. 죽은 나무처럼 보이는 황티남이라는 나무 기둥에서 잎이 피고 줄기가 하늘로 치솟아 이 주여성들이 기 펴고 사는 세상이 열릴 것이다. 황티남은 그냥 죽은 나무가 아니라 인권의 그루터기가 될 것이다.

_ 2011. 5. 26.

미등록 신생아 인권, 이대로 방치할 것인가?

2012년 2월 15일자 언론보도에 의하면 서울지방경찰청 국제범죄수사대가 한국에 초과체류로 미등록자(불법체류자)가 된 상태에서 출산한 베트남 출신 이주여성들의 아이를 건당 600-700만 원을 받고 '가짜 한국 아빠'를 만들어 한국 국적을 취득하게 한 후 본국으로 출국시킨 브로커 일당을 '공전자기록부실기재'(공정증서원본이나 동일한 가치를 가진 문서에 허위로 기재함) 등 혐의로 불구속 입건했다고 한다. 뿐만 아니라 신생아들의 불법 국적 취득을 도운 혐의로 산부인과 병원장 김모(46) 씨와 출생신고 보증인, 중간 모집책으로 활동한 베트남출신 귀화 한국인 이모(35) 씨, 신생아 부모인 D모(32·여) 씨 등 이름을 빌려준 28명도 함께 입건되었다.

서울지방경찰청의 조사 결과에 의하면 김모 씨와 남모 씨는 귀화한 베트남 여성 이모 씨와 함께 새로운 돈벌이 사업으로 '베트남신생아송출사업'을 구상했다. 한국 남성과 결혼해 중도에서 혼인 파탄이 되어 귀국하지 않고 미등록상태가 되거나 아예 처음부터 위장 결혼으로 입국해서 자국민 이주노동자들과 동거하다 출산을 하게 된 불법체류 이주여성들이 사업대상이었다. 경찰조사 결과 베트남 출신 미등록 이주여성들이 이런 편법에 응하게 된 이유는 불법체류자라는 신분 때문에 아이를 낳아도 건강보험 등 사회보장제도의 혜택을 받지 못하는 등 양육이 힘들어서 본국의 가족에게 아이를 맡길 경우 아이를 출국시키기 위해 아이의 여권이 필요했기 때문이란다. 또한 경찰 조사 결과 이주여성들이 가짜 한국인 아빠를 만들어 국적세탁을 하려 한 또 다른 이유는 아이가 한국 국적을 갖고 있으면 한국에 들어와서 초·중학교 무상교육의 혜택을 받을 수 있거나, 취업 등 혜택을 받을 수 있다는 말을 들었기 때문에 아기에게 한국 국적을 얻어주려고 했다는 것이다.

사실상 이주 현장에서 보면 한국 남성과 결혼하여 한국에 이주한 여성 중에 자국민 이주노동자 남성을 만나거나, 좋은 자리에 취직시켜주겠다는 브로커들의 농간에 집을 나온 이주여성들이 자국민 이주노동자와 동거하는 경우가 있다. 동거하다 여성이 임신을 하면 대개 남자들은 잠적해버리고 여자와 뱃속의 아이만 남겨지게 된다. 여성이 혼자 임·출산의 짐을 다 지고 아기를 출산하면 병원비부터 총체적으로 문제가 발생하게 된다. 우리 센터에도 동거남은 증발해버리고 혼자 남은 이주여성이 아이 출산비나 양육비를 지원해 줄 수 없느냐, 본국에 아이를 보내려고 하는데 어떻게 해야 하느냐고 하소연해 오는 경우가 종종 있다.

미등록 상태가 된 이주여성이 아이를 임신하거나 출산한 경우, 그 아이의 출생신고를 할 수 없어 무국적자가 되고, 이로 인해 아무런 사회보장 혜택을 받을 수 없음은 물론, 아이 출생신고가 되지 않았기 때문에 자기 고향으로 보낼 수도 없는 딱한 지경에 놓인 이주여성들의 입장을 잘 알고 있는 나로서 자기 아이를 본국에 보내기 위해 그런 편법을 쓸 수밖에 없는 이주여성의 입장을 이해하지 못하는 것은 아니다. 또한 자기 아이에게 미국시민권을 주기 위해서 서슴지 않고 원정출산을 하고 있는 대한민국 풍토에서 서류를 위조해서라도 자기 아이에게 한국 국적을 얻게 해보다 발전된 나라에서 아이에게 좋은 교육적 혜택을 주고자 한 이주여성의 모성애(?)를 헤아리지 못하는 바도 아니다. 일그러진 행태임은 분명하지만….

문제는 이주여성과 그 아이의 딱한 사정을 돈벌이 대상으로 삼고 있는 브로커와 이들 브로커와 결탁한 사람들이다. 한국에 노동이주와 결혼이주가 시작되면서 이주자들을 돈벌이 대상으로 삼는 브로커들이 늘기 시작했다. 이들에 의해 취업을 볼모 삼은 밀입국알선, 사기 결혼, 위장 결혼 알선으로 이어지더니 급기야 신생아를 돈벌이 수단으로 삼는 '신생아 송출사업'으로까지 번진 것이다. '베트남신생아송출사업'을 벌인 브로커들은 바로 미등록 이주여성들의 곤경을 이용해 돈벌이 수단으로 삼았다. 국내 불법체류자들이 출산을 하면 건강보험 등 사회복지혜택을 받지 못해 자녀 양육에 어려움을 겪기 때문에 아이를 본국에 보내려하지만 아이만 합법으로 출국시킬 방법이 없다는 사실을 알고 사업을 착안한 것이다. 여기에 돈에 혈안이 된 산부인과 의사들이 출생증명서 발급을, 베트남 여성과 국제결혼을 한 한국인 남편들과 노숙자들이 돈을 받고 아이 아빠로 이름을 빌려주었다. 이들은 이주여성들을 모으기 위해 가짜 한국인 아빠에게 태어난 것으로 출생신고를 하면 아이가 자동으로 한국 국적을 취득할 수 있기 때문에 이다음에 아이가 한국에 들어와서 한국에서 무상교육을 받을 수 있다고, 이주여성의 왜곡된 모성애를 부추겨 이 일에 가담시켰다. 이들의 행각이 기만임을 드러낸 것은 송출담당이 아이를 베트남에 데려가서는 바로 여권을 회수해버렸기 때문이다. 신생아가 성장을 해 재입국할 것을 대비해서.

의도적이었든 브로커에게 이용당했든, 이번 사건에 가담된 이주여성들이 아이를 단지 본국에 보내려는 데서 끝내지 않고 한국 국적을 얻어

주기 위해 가짜 한국인 아빠를 통해 아이의 국적을 세탁하려 했다는 것은 한국의 법질서의 관점에서 보면 지탄을 받을 수밖에 없다. 그러나 이번 일련의 사건을 이주여성의 위법행위가 아니라 아이의 입장에서, 국제조약의 입장에서 조명하면 어떻게 될까? 이번 사건의 동기는 이곳 한국 땅에서 태어난 아이가 한국인이 아니고, 또한 부모가 합법적 등록자가 아니라는 이유로 출생 시부터 사회보장의 혜택에서 밀려나 이주아동의 인권이 침해되고 있어서 비롯된 것이다. 만일 한국국회가 1991년 비준한 UN 아동권리협약을 제대로 이행했다면 이번 사태와 같이 이주아동이 돈벌이 수단으로 전락되는 일은 생기지 않았을 것이다. 유엔 아동협약 제2조에 의하면 "자국의 관할권 내에서 아동 또는 그의 부모나 법정 후견인의 인종, 피부색, 성별, 언어, 종교, 정치적 또는 기타의 의견, 민족적 인종적 또는 사회적 출신, 재산, 장애, 출생 또는 기타의 신분에 관계없이, 그리고 어떠한 종류의 차별이 없이 이 협약에 규정된 권리를 존중하고 각 아동에게 보장하여야 한다"라고 선언하고 있다. 유엔아동권리협약은 당사국이 모든 아동이 사회보험을 포함한 사회보장제도의 혜택을 받을 권리가 있음을 인정하며, 이 권리의 완전한 실현을 위해 자국의 국내법에 따라 필요한 조치를 취해야 한다고 권고하고 있다. 뿐만 아니라 아동권리협약 24조 1항은 "당사국은 도달 가능한 최상의 건강 수준을 향유하고, 질병의 치료와 건강의 회복을 위한 시설을 사용할 수 있는 아동의 권리를 인정해야 하며, 건강관리지원의 이용에 관한 아동의 권리가 박탈되지 않도록 노력하여야 한다"라고 규정하고 있다. 이런 유엔아동권리협약에 따라 스페인과 이탈리아 등 국가에서는 미등록 이주아동과 임산부의 경우에 국민들과 같은 조건으로 공공의료제도를 무료로 이용할 수 있도록 제도화하고 있다. 따라서 제도적으로 무국적자가 되는 미등록 영아와 아동들의 인권침해를 방지하기 위해서는 국가가 2011년에 국가인권위원회가 작성한 이주인권가이드라인 핵심추진과제—출생한 모든 이주아동은 부모의 체류신분에 관계없이 출생증명서를 발급받고, 발달권, 건강권, 교육권을 보장받도록 해야 한다는—를 이행할 필요가 있다.

이번 '베트남 신생아송출사건'을 인권 사각지대에 있는 미등록이주아동의 인권을 살펴보는 계기로 삼자. 유엔아동권리협약에 따라 이주아동의 발달권과 건강권, 교육권을 보장하는 제도를 만들자. 차제에 태어나자마자 존재 자체가 부정되는, '불법 신생아'라는 말이 존재하지 않도록 우리의 속인주의 국적제도를 속지주의로 전환하는 논의를 시작해보자. 여기 한국 땅에서 태어나는 아이들에게 부모의 법적 지위와 상관없이 한국 국적을 부여하거나 정주권을 부여해 아동들의 인권을 보장하는 기틀을 마련할 때가 되었다.

_ 2012. 2. 26.

프로크루스테스의 침대

　요즈음 정가에서 '프로크루스테스의 침대'라는 말이 간간이 들린다. 자기만의 편견으로 사물을 판단하고 그 기준과 다른 것은 배척하는 사람을 가리키는 말이다. 프로크루스테스는 그리스 신화에 나오는 인물로서, 그 이름의 뜻은 '늘이는 자' 또는 '두드려서 펴는 자'다. 프로크루스테스는 아테네 교외의 케피소스 강가에 살면서 나그네가 지나가면 자기 집에 불러들여 쇠로 만든 침대에 눕게 하고는 그 침대 길이보다 짧으면 다리를 잡아 늘이고 길면 다리 길이에 맞춰 잘라버리는 방법으로 나그네를 죽인 악한이다. 프로크루스테스는 아테네의 영웅 테세우스를 이 방법으로 죽이려다 거꾸로 자기가 죽임을 당하였다. 이후 '프로크루스테스의 침대'라는 말은 모든 것을 자기가 정해놓은 틀에 따라 판단하고 그 틀에 맞지 않으면 배척하는 사람을 지칭하는 말로 쓰이고 있다. 사전적 의미는 "편견과 아집, 고정관념에 의한 횡포에 빗대는 관용구"로 인용되고 있다.

　그런데 이주민에게 '프로크루스테스의 침대'(Procrustean bed)를 적용하는 곳이 있다. 바로 출입국관리소다. 결혼 이주여성에게 적용되는 출입국관리소의 프로크루스테스의 침대란 바로 '정상적인 혼인생활유지'라는 잣대다. 정상적인 혼인생활이란 이유 여하를 불문하고 혼인관계를 유지한다는 것을 뜻한다. 최근 부산의 출입국관리국은 성폭력 피해자인 필리핀 출신 여성결혼이민자에게 법무부식의 '프로크루스테스의 침대' 원칙을 적용하여 체류연장을 불허하였다가 시민단체들의 항거에 직면한 후에야 입장을 바꾸어 이 여성에게 체류자격을 연장해주겠다고 하였다. 그 사건의 경과는 이렇다.

2006년 결혼해 남편 임 씨(43)와 함께 입국한 필리핀 여성 C 씨(가명·25)는 남편의 폭력을 견디다 못해 4개월 만에 집을 나갔지만 불법체류자로 붙들려 다시 남편을 만나게 됐다. 2008년 7월 남편 ㅇ 씨는 자신의 집에서 아내 C 씨에게 성관계를 요구했다. 아내가 생리 중이라는 이유로 성관계 요구를 거절하자 임 씨는 가스 분사기와 과도를 들고 그녀를 죽이겠다고, 신체 특정 부위를 잘라버리겠다고 협박했다. 협박에 못 이긴 그녀는 결국 강제로 남편과 성관계를 했고 이후 남편을 성폭력으로 고소했다. 이 사건에 대해 2009년 1월 16일 부산지법 제5형사부(재판장 고종주 부장판사)는 필리핀 여성인 아내를 흉기로 위협해 성폭력을 가한 혐의로 기소된 한국인 남편에 대해 징역 2년 6개월에 집행유예 3년을 선고했다. 재판부는 이 재판에서 먼저 형법상의 '부녀'에 '혼인 중의 부녀'가 제외된다고 볼 아무런 근거가 없다며 현행법으로도 부부강간을 처벌할 수 있다고 전제했다. 또 강간죄의 보호법익은 여성의 '정조'가 아니라 '성적 자기결정권'이며 아내 또한 이 권리가 있다고 판시했다. 재판부는 90년대 들어 영국과 독일도 아내에 대한 강간죄를 인정하는 추세이고, 1993년 48차 유엔총회가 아내에 대한 강간을 여성에 대한 중대한 폭력으로 규정하고, 유엔 인권위원회가 1999년 아내에 대한 강간죄를 인정하지 않는 한국에 유감을 표시한 점도 근거로 들었다. 재판장 고 판사는 "이번 사건처럼 국제결혼이 점점 증가하고 있는 점을 감안하더라도 강간죄 적용에 국제적인 기준을 적용하지 않을 수 없다"라며 유죄선고를 내렸다. 그동안 혼인 관계에 있는 사람은 민법상 동거의무, 즉 성관계 요구에 응할 의무가 있는 점을 감안해서 부부간에 강간죄는 적용되지 않는다는 게 판례였다. 2004년 서울중앙지법이 아내를 성폭행한 남편에 대해 강제추행 혐의를 적용한 경우는 있으나 부부관계에서 아내의 성적 자기결정권을 근거로 아내 강간을 인정한 첫 사례였다. 하지만 남편 ㅇ 씨는 재판직후 C 씨에 대한 성폭행 사실은 인정하면서도, "C 씨가 결혼생활에 충실하지 않아, 내가 국제결혼으로 피해를 본 피해자"라고 주장하며 즉각 항소장을 제출했다. 항소심을 앞두고 남편이 자살하는 바람에 C 씨는 주변으로부터 남편을 죽게 만들었다는 비난을 감수하며 살아야 했다.

C 씨는 지난 2013년 5월 29일 만료를 앞두고 출입국관리사무소에 체류연장허가신청을 했다. 남편 사망 이후 2012년까지 체류연장을 해 주었던 출입국은 조사를 한다는 명목으로 체류연장허가를 지체하였다. 그리고 갑자기 남편의 사망 책임이 C 씨에게 있다며 체류 연장을 해줄 수 없다며 구두로 불허통보를 했다. "왜 체류연장을 불허하느냐?"라는 질문에 담당자가 제대로 답변해 주지 않자, C 씨는 답답한 마음에 부산외국인 근로자지원센터(이하 지원센터)를 찾아 도움을 요청했다.

상담을 접수 받은 지원센터에서는 8월 21일, 출입국 담당자에게 연락하여 재차 불허 사유를 묻고, 본인에게 구두 통보가 아니라 불허통지서를 문서로 보내줄 것을 요청하였으나, 담당자는 "알려줄 수 없다"라고 답변하였다. 몇 차례 전화 통화 끝에 8월 27일 오후 C 씨와 지원센터 상담원이 함께 출입국을 방문하였을 때 담당자 K 씨는 출입국 직원이 할 수 있는 내용이라 생각하기 힘든 설명과 답변을 하였다. 부산출입국관리사무소(이하 출입국)는 부부강간 피해자 C 씨의 체류연장불허 결정에 따른 문의에 대한 답변으로 당사자 C 씨에게 다음과 같이 말했다고 한다.

정상적인 혼인생활이 아주 중요해요. 함께 사는 부분, 경제적인 부분, 함께 식사하는 부분, 그다음에 성관계 부분까지 다 포함되는 게 부부생활이에요. 일단 부부관계가 좋지 않았다면 이혼을 선택했어야지, 이혼을 선택하는 대신 남편을 특수강간(부부강간)으로 신고하고 남편은 그게 억울하다고 죽었어요. 그런 결과로 봐서 정상적인 부부로 보이지 않아요. … 요 앞에 이런 내용을 알았다면 불허했겠지만, 요 앞 담당자는 조사를 안 했어요. 이상하다 싶어 우리가 이번에 조사했어요.

이같이 출입국 직원은 C 씨의 체류연장 불허 사유를 밝혔다. 또 출입국 직원은 "최대한 빨리 출국했다가 한국 사람과 결혼해서 들어오든지 일하러 들어와요. 우리가 일을 안 했어요. 여자가 불쌍해서 그냥 둔 거예요. 조사를 해보니 가해자예요"라고 확인 사살까지 한 셈이다.

남편의 사망으로 심각한 정신적 충격 속에 지난 몇 년을 숨죽이며 살아온 C 씨에게, 법원에서도 분명히 피해자라고 판결한 C 씨에게 출입국 직원은 '가해자'라고 하며, 남편의 사망책임을 물어 체류연장을 불허하는 대단한 월권을 행사하였다. C 씨는 "최대한 빨리 출국했다가 한국 사람과 결혼해서 들어오든지…"라는 말에 지독한 수치심과 모멸감을 느껴 결국 아무런 대꾸도 하지 못하고 출입국을 나와야 했다. 이미 남편으로부터 성적 폭행을 당한 경험이 있는 C 씨와 같은 피해자에게 정부기관인 출입국직원이 심각한 성적 수치심을 느끼는 발언으로 한 번 더 피해를 준 것이다. 이처럼 출입국직원의 낮은 인권의식과 젠더 감수성(gender sensibility)은 가정과 가족 내에서 일어나는 다양한 폭력과 성폭력 피해 여성들에게 공공기관 공무원들이 한 번 더 피해를 주는 결과로 다가온 것이다.

부산에서 발생한 이번 사례는 그동안 얼마나 출입국관리국이 결혼 이민자의 체류권에 대해 '프로크루스테스의 침대'로 횡포를 일삼았는지를 단적으로 보여주는 사건이다. 남편이 죽은 책임을 아내에게 묻는 근대적인 발상법은 둘째 치더라도 죽은 남편과 정상적인 혼인관계를 유지하지 않았다는 이유로 체류연장을 해주지 않는 출입국관리국 직원의 태도는 그야말로 힘없는 이주여성에게 가해진 공권력의 횡포에 불과하다. 2005년 9월 25일 제정된 간이귀화법에 의하면 혼인의 귀책사유가 이주여성 본인에게 있지 않다는 것이 입증될 경우 체류는 물론 영주자격과 귀화를 허락하도록 되어 있다. C 씨 사건은 부산법원에서 엄연히 '아내 강간'으로 인정한 사건으로 남편을 가해자로 규정한 사건이기 때문에 혼인 파탄의 귀책사유는 당연히 남편에게 있는 것이다. 남편이 자살해 죽은 책임까지 아내에게 물어 체류권을 불허하는 것은 오히려 법무부의 직무유기요, 공권력 남용이다. 엄연히 규정에 명시되어있는 법조항 자체도 정상적인 혼인생활을 유지하지 않았다는 이유로 외면하는 출입국직원의 자세는 어떻게 평가해야 할까? 출입국직원이 만든 '프로크루스테스의 침대'에 의해 이주민의 체류권이 결정된다면 한국에서 이주민 인권은 반인권적으로 갈 수밖에 없다. 비단 C 씨의 경우만이 아니라 법무부 출입국관리사무소 직원이 휘두르는 '어떠한 경우라도 혼인생활유지'라는 '프로크루스테스의 침대'로 난관에 봉착한 이주여성들이 꽤 있다.

부산외국인 근로자센터로부터 정보를 접하고 외국인정책본부에 항의한 결과 부산출입국사무소측이 비자 연장 심사 과정에서 상황을 종합적으로 고려하지 못한 부분이 있었다며 "C 씨와 면담을 갖고 비자 연장을 허가할 계획"이라고 말했다고 한다. C 씨에게 체류연장이 허가되는 것은 반가운 일이지만, 차제에 출입국사무소직원들에 대한 성폭력방지 인식개선 교육과 아울러 '절대 혼인생활 유지'라는 '프로크루스테스의 침대'가 없어지는 계기가 되었으면 한다.

_ 2013. 6. 15.

어느 미등록 결혼 이주여성의 어이없는 죽음과 사회안전망

　세계 여성에 대한 폭력추방 주간에 연이은 결혼 이주여성의 살해사건이 발생하고 있다. 보험금을 노린 남편의 아내 살인사건에 이어 20대 여성이 한국인 남자에게 목이 졸려 죽임을 당한 사건이다. 앞서의 사건은 남편에 의한 살해사건이고, 뒤의 사건은 한국인 남자에 의한 살인사건이다. 그러나 두 사건에 공통점이 있는데 두 피해자 모두 국제결혼으로 이주한 여성들이라는 것이다. 전자는 결혼생활 중에 발생했고, 후자는 이혼한 후에 발생했다.

　우리가 제주에서 발생한 사건에 주목하는 것은 결혼으로 한국에 이주해 온 여성들이 혼인이 파기된 다음 겪는 삶의 질곡이 심각하기 때문이다. 이번에 제주에서 살해당한 베트남 여성 흐엉 씨는 2012년 4월 혼인 비자로 제주에 입국하였으며, 6개월 만에 이혼당했다. 법적으로는 본국으로 돌아가야 하지만 고향의 사정상 돌아가지 못하고 미등록상태로 소위 불법체류자로서 생존을 위해 닥치는 대로 일을 하며 악착같이 살다가 한 주점에서 관광버스 운전사에게 성관계를 거부한다고 무참히 목 졸려 죽은 것이다. 만일 이 여성에게 체류권이 주어지고 한국에서 취업할 자유가 있었다면 보다 안전한 일자리에서 일하며 살 수 있었을 것이고, 이토록 어이없는 변을 당하지 않았을 것이다. 누차 지적하지만 오늘 이 같은 참변의 원인은 국제결혼중개업의 알선에 의한 '인신매매성' 결혼과 한국인들의 인종차별적이고 성차별적 결혼관, 여기에 다문화가족이라는 이름의 '가족유지' 원칙에서 만들어진 통제와 규제 중심적인 체류법이 그 정점에 있다.

결혼이민자의 이혼은 통상 한국의 이혼과 같이 합의이혼과 재판이혼의 과정을 거치는데 결혼이민자의 경우 혼인생활을 중단하면 한국에 체류할 수 없다. 단 예외적으로 혼인 파탄의 귀책사유가 한국인 배우자에게 있을 경우 혼인이 중단되어도 한국에 체류할 수 있고, 체류연장과 국적신청이 가능하다. 예외적인 경우란 ① 한국인 배우자가 사망·실종한 경우 ② 한국인배우자에게 혼인 파탄의 잘못이 있는 경우, ③ 한국인배우자 사이에서 태어난 아이를 양육하는 경우다. 이 외의 경우는 본국으로 돌아가야 한다. 결혼 이주여성들의 체류권 문제에서 쟁점이 되는 것은 한국인 배우자의 귀책사유를 입증해야 한다는 것인데 그 귀책사유의 범위가 너무 협소하다는 것이다. 현행 가정폭력의 정의에 의하면(가정폭력방지법 2조) "가정폭력이란 가정구성원 사이의 신체적, 정신적 또는 재산상 피해를 수반하는 폭행, 상해, 유기, 학대, 체포, 감금 등의 행위"를 말한다. 즉 신체적 폭력만이 아니라 언어폭력, 정서폭력 등 모든 경우의 폭력을 가정폭력의 범주로 인정하고 있는 것이다. 그러나 결혼 이주여성에게는 이 가정폭력의 정의가 차별적으로 적용되어 신체폭력만을 인정하고 있는 추세이고, 가정폭력피해자를 지원하는 법률규조공단에서도 신체폭력 피해자만을 지원하고 있다. 가정폭력 정의 자체가 한국에서는 '가족유지'라는 이름하에 인종차별적으로 적용되고 있고 한국인 배우자의 귀책사유도 폭넓게 인정하지 않는다. 이런 차별적 법 적용으로 결혼 이주여성은 물리적 폭력으로 이혼한 경우나 한국인 배우자 사이에서 출생한 자녀를 양육한 경우가 아니면 체류권 얻기가 하늘의 별 따기다. 가정폭력방지법의 정의에 따라 귀책사유를 가늠한다면 많은 결혼 이주여성들이 안정적으로 체류권을 얻을 수 있을 것이고 취업의 자유를 누릴 수 있을 것이다. 이주민에게 체류권은 가장 기본적인 인권이다. 이혼 후 체류권을 보장받지 못한 결혼 이주여성이 겪는 어려움 해소를 위해서라도 결혼 이주여성의 가정폭력과 귀책사유 적용 범주를 가정폭력방지법 정의에 따라 넓혀야 할 것이다.

어떤 이들은 결혼 이주여성에게 이혼하고 자기 나라 돌아가면 되지 않느냐고 한다. 그러나 한국인과 달리 결혼 이주여성이 이혼하면 본국의 집으로 돌아가는 것이 쉽지 않다. 연애결혼도 아니고 중개업체의 알선에 의한 국제결혼을 결심하기까지, 그리고 결혼과정이 쉽지 않았던 것처럼 이혼해서 돌아간다는 것 역시 부모님의 걱정과 경제 상황, 이혼하고 왔다는 사회통념, 귀환 후의 삶에 대한 불안, 이런 것들 때문에 어렵다. 그러다 보니 이혼 후 귀환하지 못하고 미등록 상태에서 한국에 체류하고 있는 결혼 이주여성들이 많다.

2013년 말 한국에 거주하는 전체 미등록 체류자 183,106명 중 여성의 비율이 32%이며, 그 가운데 결혼 이주여성이 2.4%인 3,187명이다. 결혼 이주여성의 상황에서 살펴볼 통계 하나는 국제결혼의 이혼 통계다. 2013년 국제결혼은 국민 결혼의 8%를 차지하고 있으나 이혼의 경우 국민 이혼의 9.1%를 차지하고 있고, 한국인 남자와 외국인 여성의 이혼이 72.4%로서 한국인 여성과 외국인 남성의 이혼율보다 3배로 높다. 특히 눈여겨 볼 것은 국제결혼 가정 이혼의 경우 동거기간 1년 미만이 13.4%, 2년 미만

이 20.6%, 3-6년이 16.2%로서 5년 미만 동거가 50%라는 점이다. 대부분의 이혼 후 미등록자가 되는 경우는 5년 미만 동거자들로 이들 중에는 이혼 후 귀국하지 않고 미등록자가 되는 경우가 많다. 소위 불법체류자가 되면 아무런 법적 보호 즉 취업을 할 수 없고 건강이나 사회보장 등의 혜택을 받지 못할 뿐만 아니라 강제 출국의 대상이기 때문에 생존의 어려움은 물론, 개인 안보를 전혀 보장받을 길이 없다. 이들 중 많은 여성들이 한국에서 생존을 위해 고군분투하다가 한국인이나 자국민 브로커들의 꼬임에 빠져서 유흥업으로 유입되기도 한다. 미등록이라는 불안정한 신분 때문에 성폭력을 당해도 신고하지 못하고 임금착취를 당해도 고발할 수 없다. 제주에서 살해당한 베트남 여성 흐엉 씨의 경우도 결혼 6개월 만에 이혼당해서 고향으로 돌아가지 못하고 생존을 위해 전전하다가 살해당한 것이다. 저출산·고령화사회의 문제해결을 위한 동력으로서의 결혼 이주여성 도입과 가족유지 강화에만 관심할 것이 아니라 이혼 후 결혼 이주여성의 사회안전망 구축을 위한 정책을 도입해야 한다.

이렇게 어처구니없이 죽임을 당하는 결혼 이주여성의 사회안전망 구축을 위해 국제기구의 권고사항을 이행할 필요가 있다. 유엔여성차별철폐위원회는 유엔여성차별철폐협약 제9조에 부합하게 국적을 다루는 법과 제도를 개정할 것을 권고하고 자녀가 없는 경우 직면할 수 있는 어려움에 대해 우려를 표하면서 차별적 조항을 제거하고 법을 바꿀 것을 권고하였다. 유엔인종차별철폐위원회는 17조에서 위원회는 "한국이 국제결혼 여성의 권리 보호를 강화하기 위한 적절한 조치, 특히 한국인 남편의 전적인 귀책사유로 인하여 결혼이 파탄에 이르게 된 경우가 아니라고 하더라도, 국제결혼 여성이 이혼 혹은 별거하게 된 경우에 법적인 거주 자격이 보장될 수 있도록 하는 조치를 채택할 것"을 권고하였다. 유엔사회

권위원회는 한국 국민과 결혼한 외국인 배우자들이 아직도 거주자격 (F-2)과 관련하여 한국인 배우자에 의존한다는 것을 우려하면서(제2조) 한국정부가 한국인 배우자와 결혼한 외국여성들이 거주자격을 얻거나 귀화하기 위하여 한국인 남편에게 의존하지 않아도 되도록 이들 여성에게 자격을 부여함으로써, 그들이 받는 차별을 줄일 수 있도록 더 많은 노력을 기울일 것을 권고하였다. 이러한 국제기구의 권고안을 이행한다면 이혼 후 결혼 이주여성의 안전망 구축에 큰 도움이 될 것이다.

제주에서 비운의 죽음을 맞은 베트남 출신 이주여성 흐엉 씨의 죽음 앞에서 이혼 후 부평초처럼 떠도는 결혼 이주여성의 애달픈 삶에 대해 생각해본다. 이혼 후 이주여성의 안전한 삶을 위해 무엇을, 어떻게 할 것인가? 대안이 필요하다. 아울러 결혼 이주여성을 비롯해 미등록이주여성이 범죄 피해를 보았을 때를 대비해 필요한 제도는 무엇이며, 손해배상은 어떻게 해야 하는지, 장례는 어떻게 해야 하는지 등에 대한 대안도 역시 마련되어야 한다. 이주민을 도구적 관점에서가 아니라 사람으로 보고 공존할 수 있는 틀을 모색해야 할 것이다.

_ 2014. 12. 5.

아동성폭력으로 인한 출산과 혼인 취소,
과연 정당한가?

지난 3월 5일 국회도서관에서 이주여성 단체들과 공익변호사그룹, 여성폭력근절을 위해 행동하는 단체들이 모여 "아동 성폭력으로 인한 출산경험과 혼인취소: 법적 쟁점과 입법적 과제"라는 제목으로 토론회가 열렸다. 이 토론회의 동기는 한 베트남 출신 결혼 이주여성이 13세 어린 나이에 발생한, 납치에 의한 성폭력으로 출산한 사실을 은폐했다는 이유로 1심과 2심에서 혼인취소 판결을 받은 데서 비롯되었다. 이 사례의 발단은 이주여성이지만 선주민 여성들에게도 "성폭력에 의한 출산경험과 혼인취소"의 첫 사례로서 매우 중요한 의미를 지니고 있는 사안이다. 아동 성폭력에 의한 피해 결과인 출산 사실을 밝히지 않았다고 '혼인취소'의 판결이 내려진 것이 과연 정당한 판결인가 하는 것이 사건의 쟁점이다.

베트남 여성 A 씨가 혼인취소 판결을 받게 된 과정도 매우 무참하다. A 씨는 한국에 입국해서 남편과 열심히 살았는데, 6개월 만에 시아버지에게 성폭행을 당했고 시아버지는 7년 형을 선고받았다. 이 성폭력재판

과정에서 A 씨가 결혼하기 전 출산한 경험이 밝혀지자 남편이 혼인 무효 소송을 내었고, 재판부는 남편의 손을 들어 혼인취소판결을 내렸다. A 씨는 베트남에서 13세 때 놀러 갔다가 납치되어 성폭력을 당했고 그 결과 아이를 임신하고 출산한 약탈혼의 피해자였다. 그러나 재판부는 비록 아동 성폭력의 결과로 빚어진 임신과 출산이라도 결혼할 때 남편에게 고지하지 않은 것은 혼인취소의 사유가 된다고 판단했다. 아동 성폭력피해자인 A 씨에 대한 혼인 취소 판결은 A 씨가 시아버지에게 당한 성폭력을 무위로 만들었다. 혼인이 성립한 적이 없으니 시아버지가 있을 수도 없게 되었고, 이제 A 씨는 친족에 의한 성폭력 피해자가 아닌, 기만으로 혼인을 한 자로 벌을 받아야 할 사람이 되었다. 아동 성폭력으로 트라우마에 시달린 여성이 다시 시부에게 성폭력을 당해 트라우마가 중첩되고 있는데 이제 한국 사회가 아동 성폭력의 피해 책임을 성인이 된 여성에게 다시 묻고 있다.

A 씨의 경우 더욱 안타까운 것은 이혼이 아니라 혼인 무효가 되었기 때문에 혼인 비자가 성립되지 않고 그로 인해 A 씨가 추방될 위기에 처하게 되었다는 것이다. 남편 입장에서는 충분히 혼인 무효소송을 할 수 있다. 또 한국의 경우 출산 사실을 숨긴 것은 혼인취소 사유가 되기 때문에 단순 법 논리 적용을 하면 형평성에 입각해서 혼인취소 판결을 내릴 수 있다. 그러나 이 사례는 통상적 출산경력이 아니라 약탈혼에 의한 출산경험임으로 다르게 판단하여야 한다고 본다. 아동 성폭력피해로 인한 출산경험은 인권침해의 결과인데 그렇게 단순논리로 혼인취소 판결을 내릴 수 있는가? 아동권리협약에 의하면 아동은 범죄피해로부터 보호되어야하며, 따라서 그 아동의 정보도 보호되어야 한다. 여성차별철폐조약도 같은 맥락이다. 그런데 재판부는 이를 전혀 고려하지 않았다.

두 번의 성폭력경험이 혼인취소의 결과가 된 베트남 여성 A 씨의 경우 아동 성폭력, 여성에 대한 폭력과 성차별, 이주민에 대한 인종차별, 국제결혼 과정에서의 문제, 체류 등 다각적인 현안들이 얽혀져 있다. 이 사례를 통해 아동성폭력으로 인한 출산경력과 혼인취소의 법적 쟁점이 확립되고 아동성폭력 뿐만 아니라 성폭력으로 인한 출산경험 피해자를 위한 입법적 과제가 마련되기를 바랐다. 뿐만 아니라 한국의 중개업체 알선에 의한 국제결혼제도의 근본적인 문제도 함께 점검함과 동시에 재판과정과 판결에서 젠더관점의 결여나 인종차별적 요소가 없었는지도 반추해 볼 필요가 있다.

우리는 A 씨에 대한 '혼인취소' 판결이 부당하다고 판단되어 대법원에 상고하면서 이 문제를 부각하고 이주여성의 인권을 보호하기 위해 토론회를 열었다. 이번 '아동 성폭력으로 인한 출산경험과 혼인취소'라는 토론회는 이주여성에게 뿐만이 아니라 한국 여성에게도 매우 중요한 쟁점이 되는 토론회다. 성폭력 피해자가 그 피해 사실을 밝히지 않은 것이 과연 혼인 무효 사유가 되는지, 특히 아동 성폭력 피해자가 자기의 과거를 혼인한 배우자에게 밝히지 않는 것이 기만이 되는 것인지, 성폭력피해자의 권리보호는 어디까지 이루어져야 하는지, 입법적 과제의 기틀이 마련될 수 있기를 바란다. 또한 이 사건이 유엔에까지 가지 않고 대법원에서 '혼인취소' 판결의 무효가 선언되기를 희망했다. 이는 성폭력으로 고통받는 이들, 특히 이주여성들이 피해자에서 생존자로서의 권리를 보장받는 기틀로 이어질 것이기 때문이다.

마침내 대법원(제3부, 주심 김신 대법관)은 2016. 2. 18. 오후 2시 "아동 성폭력 범죄로 인한 출산 경험을 이유로 한 혼인 취소" 베트남 여성 사건에 대하여 혼인을 취소하고 손해배상책임을 인정했던 원심을 파기하고 전주지방법원 합의부에 환송하는 판결을 하였다. 대법원은 판결 이유에서 당사자가 성장 과정에서 본인의 의사와 무관하게 아동 성폭력범죄 등의 피해를 당해 임신을 하고 출산한 경우 이러한 출산의 경력이나 경위는 개인의 내밀한 영역에 속하는 것으로서 당사자의 명예 또는 사생활 비밀의 본질적 부분에 해당하므로 사회 통념상 당사자나 제3자에게 그에 대한 고지를 기대할 수 있다거나 이를 고지하지 아니한 것이 신의성실 의무에 비추어 비난받을 정도라고 단정할 수도 없다고 보았다. 따라서 단순히 출산의 경력을 고지하지 않았다고 하여 그것이 곧바로 민법 제816조 제3호 소정의 혼인취소사유에 해당한다고 보아서는 아니 되며, 국제결혼의 경우에도 마찬가지라고 판시했다. 아동 성폭력범죄 피해 결과 출산에 이르게 된 특수한 출산 경위에도 불구하고 피고 여성에게 고지의무를 부과하는 것은 헌법상 보장된 인격권 및 개인정보자기결정권, 사생활의 비밀과 자유를 현저하게 침해하는 것이고, 또한 성폭력 피해 아동을 보호하고자 하는 국내법과 국제법의 취지에도 반하는데, 우리 대법원이 이번 판결을 통해 원심의 법리 오해를 바로잡아준 것이다. 또한 그동안 혼인 전 출산 경력으로 인한 혼인취소는 생물학적으로 임신과 출산의 부담을 전유하는 여성에게 주로 적용되었는데, 대법원이 이번 판결을 통해 혼인 전 '출산경력'이 혼인취소 사유가 되기 위한 기준을 제시한 점에서도 그 의의가 있다.

이번 선고는 베트남 출신 이주여성에 대한 것이었지만 그 결과가 미칠 파장은 매우 크다. 단순한 출산 사실이 아니라 성폭력으로 인한 출산일 때, 성폭력으로 인한 출산 사실을 말하지 않을 권리가 있음을 대법원이 공식적으로 인정한 것이기 때문이다. 한국 사회에 그동안 없었던 판례가 만들어졌다는 점에서 이번 선고는 모든 여성들에게 영향을 미치게 될 것이다. 여성의 인권을 반영한 대법원의 온당한 파기 환송 선고가 전주 고법에서 적극 수용되기를 기대한다.

_ 2016. 2. 19.

다양함이 아름답다

　몇 해 전까지만 해도 크레파스에 살색이라는 것이 있었다. 분홍색에 흰색과 노랑을 가미하여 만든 색인데 백인들의 핑크빛 도는 하얀 피부를 원형으로 한 것이다. 언제부터인가 이 색이 인간의 피부를 뜻하는 원형이 되었다. 문제는 이러한 살색이 사람들에게 피부색에 대한 고정관념을 갖게 한다는 것이다. 아이들은 그림을 그리면서 소위 '살색'이라고 이름 붙여진 살색 크레파스로 사람의 얼굴을 그리고 칠하면서 어려서부터 자기도 모르는 새 '살색'이라는 색깔을 갖고 있는 피부만이 아름다운 피부라는 고정관념을 갖고 자라게 된다. 그 결과 살색이나 살색에 가까운 하얀 피부가 아닌 까맣거나 다갈색이나 노란 색의 피부를 가진 사람들을 보면 아름답지 않다고 느끼게 되며 어딘가 열등한 사람으로 여기게 되고 그 고정관념은 이런 피부를 가진 사람에 대한 차별로 이어진다.

　실제로 우리나라에 와서 일하고 있는 이주노동자들이 우리와 피부색이 다르다는 이유로 많은 차별을 받았다. 그래서 이를 직시한 한 이주노동자 인권단체 대표가 어느 특정한 피부를 '살색'이라고 규정하는 것은 '차별'이라고 국가인권위원회에 제소하였고 국가인권위원회에서 이를 일리가 있다고 받아들여 시정조치를 명하였다. 지금은 크레파스에서 살색이라는 색깔이 없어지고 살색이라고 부르던 빛깔은 살구색으로 부른다고 한다.

전 세계적으로 일 년에 1억 이상의 인구가 다른 나라로 이동을 하고 있고 우리나라에도 이주노동자로, 국제결혼으로, 유학생으로 다양한 사람들이 다양한 이유로 거주하고 있다. 그런데 우리나라 사람들이 외국인을 대하는 태도를 보면 매우 편견이 심하다. 단일민족이라는, 민족주의만으로는 설명하기 어려운 매우 이중적인 태도다. 다 같은 외국인이라도 제1세계에서 온 사람과 제3세계에서 온 사람을 대하는 태도가 다르고, 백인을 대하는 태도와 흑인이나 아시아인을 대하는 자세가 다르다. 백인에게는 말 한마디라도 더 붙여보려고 안간힘을 쓰는 반면, 개발도상국에서 온 사람들에게는 배타적이다.

어느 날 국제결혼 하여 한국에 살고 있는 한 여성이 쓰디쓰게 웃으면서 이야기를 들려주었다. 자기 아이가 초등학교에 다니는데 아이가 학교에서 적응을 잘 하고 친구들과도 잘 지냈다고 한다. 그런데 어느 날 자기가 학교에 갔다 온 다음부터 아이가 반 친구들로부터 따돌림을 당하기 시작했다는 것이다. 아이를 자기들과 같은 한국 아이라고 생각했는데 엄마가 동남아 출신의 외국인이라는 것이 밝혀지자 차별하기 시작한 것이다. 그래서 자기 아이가 학교 가기가 싫다고 한단다. 그 반 아이들의 인종차별은 어디서 시작이 되었을까? 어른들의 인종편견에 아이들이 물든 것이다. 지구화 시대, 이미 다인종, 다문화 시대에 접어든 한국사회에서 인종차별은 반드시 없어져야 할 고질병이다. 모든 사람이 하늘로부터 평등한 권리를 갖고 태어났음을 믿는 것, 이것이 지구촌 시대에 걸맞은 삶의 가치가 아닐까?

봄기운이 누리를 적시고 있다. 머지않아 봄꽃들이 필 것이다. 노란 개나리, 분홍빛 진달래, 하얀 목련, 그 사이에 돋아나는 신록들…. 자연의 다양함이 주는 아름다운 선물이다. 아무리 아름답다고 해도 온 천지가 모두 빨간 장미뿐이라면 얼마나 지겹고 식상하겠는가? 다양한 여러 빛깔이 어우러지는 게 자연의 질서고, 또 그 어울림이 아름답다고 하면서 왜 인간 세상은 한 가지 색깔만을 고집하고 다른 것에는 배타적인가? 다양한 빛깔들이 어우러지는 봄빛 속에서 인간 세계의 다양성을 존중하는 삶의 지혜를 터득해보자.

_ 2007. 3. 3.

이주여성의 지도력,
다문화사회의 바로미터다

2011년 새해를 맞는 지금 한국 사회는 바야흐로 결혼이주자 18만 명 시대를 맞고 있다. 그동안 결혼 이주여성은 코리안 드림을 갖고 한국인과 결혼해서 한국에서 살고 있지만 소위 정상 가족의 틀이 아니라 '다문화가족'이라는 별도의 호칭을 지닌 채 사회통합의 대상으로, 한국어와 한국문화 이해를 공부해야 하는 교육대상자로, 사회복지 수혜자로, 인권피해자로 자리매김되며 한국사회에서 주변부로 살아왔다.

그런데 이렇게 한국사회의 주변부에서 맴돌던 결혼 이주여성들이 시간의 흐름에 따라 이제는 한국사회 각계각층에서 지도자로 부상하며 중심부로 자리를 잡아가고 있다. 경찰관과 행정공무원을 비롯해서 도의원 등 정치인에 이르기까지 다양한 지도력을 배출하며 당당히 목소리를 내고 있다.

2010년 다문화사회를 말하는 한국사회에서 눈여겨볼 것은 이주여성의 지도력 진출이 눈에 띄게 가시화되었다는 것이다. 가장 큰 화두는 결혼 이주여성이 도의회 의원으로 진출한 것이다. 몽골 출신의 결혼 이주여성 이라(33살) 씨가 한나라당의 공천으로 귀화 외국인으로는 처음으로 지난 6월 2일 실시된 지방의회에서 경기도 비례대표 도의원으로 당선되었다. 귀화 외국인 1호 정치인이 탄생된 것이다. 이라 씨 말고도 지방선거에서 다섯 명의 이주여성이 도의회 의원으로 공천되었으나 당선권 밖으로 공천되거나 앞번호로 공천되었으나 추천해준 당이 득점투표율이 저조해서 당선이 안 되었다. 그렇지만 6명의 이주민이 정치권에 후보로 진출할 수 있었다는 것만으로도, 비록 실패했지만 지난 2008년 필리핀 출신 이주여성인 쥬디스 알레그로 씨가 창조한국당의 국회의원 비례대표로 공천된 것과 더불어 이주여성의 정치진출에 큰 상징적인 의미를 부여한다. 이라 의원은 당선 후 소감발표에서 "결혼이주자들이 모두 내 행동과 말을 지켜본다는 생각에 어깨가 무겁다"라며 앞으로 다문화가족을 위해 주도적인 역할을 하겠다고 포부를 밝혔다. 그는 경기도 도의회 가족여성위원회에 소속되어 '다문화가족지원조례안' 개정에 앞장서고 있다.

이렇게 정계진출뿐만이 아니라 이주여성의 관계진출도 한걸음 진전하고 있다. 필리핀 출신 아나벨 경장은 귀화인 첫 경찰관으로 안산단원경찰서 외사계에서 근무하면서 방송 공익광고에도 출연해 유명세를 타고 있다. 아나벨 경장은 한국이주여성인권센터가 실시하는 이주여성 당사자 훈련 프로그램에서 자신이 경찰이 되었다는 것 자체가 이주여성에게 도움이 된다는 생각에 힘이 솟는다고 말했다. 중국출신 김영옥(34살) 씨는 전남 해남군의 문화관광해설사로 활동하다 지난 2008년에 해양경찰의 중국어 특별채용으로 목포해경에 배치되어 우리 측 경제적 배타수역에서 불법 조업하는 중국어선을 단속하는 업무를 하고 있다. 이주여성긴급지원센터에서 상담원으로 활동하던 몽골출신 아리용 씨는 경기도 공무원으로 특채되어 다문화사업을 담당하고 있다. 이 밖에도 지방자치단체에서 문화 해설사로, 관광 안내자로 활동하는 이주여성들이 상당수 있다.

한편 2010년 이주여성 지도력의 진출에서 가장 폭넓은 영역은 이주 여성의 특성을 살린 지도력의 배출일 것이다. 통번역상담원으로 활동하는 이들, 갓 온 이주여성들에게 한국어를 가르치는 한국어 교사로, 유치원이나 어린이집 또는 학교에서 자국의 문화를 소개하는 다문화강사로, 일정 교육을 받고 학교에 배치되어 원어민교사나 다문화교육을 하고 있는 교사, 아동양육사 등 이주여성들이 다양한 영역에서 활약하고 있다. 또한 우즈베키스탄 출신인 이로다 씨(29세)와 베트남 출신 누곡푸응 씨(24세)처럼 은행에 정식직원으로 특채되어 이주민들을 대상으로 해외송금이나 환전 업무를 담당하는 이들도 있으며, 은행이나 기업에서의 이주여성 취업이 늘어날 전망이다. 이렇게 다문화 담지자로서의 특성을 살린 활동 이외에 요양보호사, 음식조리사, 제빵사, 미용사 등의 기능직 자격을 취득하여 자격증 시대인 한국 사회에 발맞추어 자기의 일자리 영역을 넓혀가는 이주여성들도 있다. 또한 취미와 적성을 살려 이주노동자방송국에서 기자나 아나운서로, 성우로 일하거나 연극, 영화, 비디오로 영상 만들기, 미술, 공예 등 예술방면에서 한국 사회와 소통을 증진하는 이주여성들도 있다.

한편 이렇게 이주여성의 지도력 배출에서 빼놓을 수 없는 것이 있다. 이주여성들의 자원봉사활동이다. <러브 인 아시아> 출연자들이 중심이 된 물방울회나 법무부의 이주여성네트워크에서 일하는 자원 활동 단체가 있는가 하면 개인적인 자원 활동도 꽤 활발하다. 중국출신 안순화 씨는 한국이주여성인권센터에서 무료로 한국어를 비롯한 인권교육 등을 받았고 복지시설의 도움을 많이 받았기에 한국 사회에 보답하고 싶어 자원봉사 활동을 한다고 피력하고 있다. 그는 후배 이주여성들을 지원하면서 '생각나무 BB센터'라는 동아리를 만들어 국제결혼가정 자녀들의 이중문화 교육을 위해 열정을 쏟고 있다. 안순화 씨처럼 자신의 경험을 거울삼아 어려움에 처한 후배 이주여성의 한국 생활에 도움을 주는 봉사활동을 하는 이주여성들도 적지 않다. 도움을 받던 사람들이 돕는 사람들로 변해가고 있다.

그런데 '상징성'과 '롤 모델'이라는 점에서 중요한 의미가 있는 이주여성 지도력의 한국사회 진입에서 살펴보아야 할 지점이 있다. 도의회 의원 배출 등 이주여성의 지도력이 가시화되기 시작했지만 이 현상은 한국사회에서 제2기 국제결혼이 전개된 지 20년이 경과한 시점이라는 것을 감안할 때 그리 괄목한 일이 아니라는 점이다. 사실상 한국사회에 표출된 이주여성 지도력은 일부 성공한 사람들의 예이며 이주여성이라는 특성에 의한 인센티브 때문이라는 한계를 갖고 있다. 이주여성의 지도력은 다문화사회의 바로미터다. 사회경제적 양극화로 인해 국제결혼이 대안이 되고 있는 한국 사회 현실에서 결혼 이주여성의 지도력 개발문제는 한국 사회의 미래를 위해서도 심각하게 고민해야 할 사항이다.

앞으로 30년 후면 국민 결혼 다섯 쌍 중의 한 쌍이 국제결혼을 하고 국민의 20%가 다문화가족이 된다고 예상되어 있는 상황인데도 결혼 이주여성들은 여전히 한국어와 한국문화를 배우는 피교육생이나 국민기초생활보장 등의 혜택을 받아야 하는 복지지원 대상으로 자리매김되어 있다. 며느리라는 존재로, 자녀를 출산하고 기르는 어머니로서의 역할이 강조되다 보니 지도력 개발이나 민주시민으로서의 역량 강화는 뒷전으로 밀려날 수밖에 없다. 이주여성의 지도력이 상징성으로 끝나지 않기 위해서는 이주여성을 저출산·고령화사회를 위한 출산이나 돌봄 노동의 도구적 존재로서가 아니라 미래 한국 사회의 주역으로서 세워지도록 전문 인력 양성과 역량강화를 위한 프로그램이 요청된다. 또한 이주여성의 지도력을 키우고 배치하기 위해서는 일정 기간 인센티브제도가 필요하다. 이주여성에게 인센티브를 부여하는 것에 대해 역차별당한다고 분노하는 선주민들이 있는데, '사회적 약자에 대한 배려'라는 말이 거북하거든 미래사회를 위한 투자라고 생각하고 이를 수용했으면 좋겠다. 이주여성이 선주민과 어깨를 걸 수 있을 때까지는.

_2010. 1. 7 〈여성신문〉 '여성논단'에 게재

이주민은 봉이 아니다

　한국 사회에 이주민이 증가하면서 이주민을 봉으로 알고 돈벌이 수단으로 삼는 사람들이 늘어가고 있다. 지원이라는 이름을 붙이지만 실제로는 브로커 역할을 하는 곳이 꽤 된다. 악덕 국제결혼 브로커들을 비롯해서 신생아송출 브로커에서 명의를 빌려 여권을 만들어 입국한 사람들을 합법화시켜준다며 등을 치는 사기범, 가정생활이 원만하지 못한 결혼이주여성에게 접근해 좋은 곳에 취직시켜 준다며 성매매업소에 팔아넘기는 못된 브로커들도 있다. 이들은 대개 불법으로 일을 자행하는데, 합법적으로 이주민을 억울하게 만드는 곳도 있다. 출입국 서류나 이혼 업무를 대행해주는 행정사서나 법무사를 포함해서 일부 변호사들까지 폭력 피해를 당한 이주여성에게 법률 지원을 해준다며 비싼 수임료를 부과하고 있는 실정이다.

　얼마 전 우리 센터에 중국출신 이주여성이 한 명 상담을 받으러 왔다. 남편에게 상습적인 가정폭력을 당해 더 이상 남편과 함께 살 수 없으니 이혼하고 싶으며, 우선 머물 곳이 필요하다는 것이다. 상담하는 과정에서 이 여성이 변호사를 찾아가 상담을 했고, 이미 3백5십만 원 수임료 중에서 150만 원을 계약금으로 지불했다는 사실을 알게 되었다. 결혼 이주 여성의 경우 혼인 파탄 귀책사유가 이주여성 당사자에게 없는 경우, 특히 가정폭력피해자인 경우 법률구조공단에서 무료로 지원받을 수 있는 제 도가 마련되어 있음을 뻔히 알고 있는 변호사들이 이 사실을 피해자에게 알려주지 않고 자신이 수임료를 챙긴다는 것은 이주여성을 지원하는 인 권단체의 입장에서 보면 이주여성 등치는 일로밖에 여겨지지 않는다. 이 여성은 지금 쉼터에 머물러 있으면서 폭력피해로 인한 이혼재판을 진행 중인데, 그 변호사를 대상으로 이미 낸 계약금을 환불받을 길을 알아보고 있는 중이다.

이런 사례는 비단 변호사만이 아니라 행정서사, 법무사에 이르기까 지 다양하다. 안타까운 것은 이주여성들이 무료로 지원받을 수 있는 시스 템에 대한 정보가 취약하다보니 문제가 터지면 급하게 접근할 수 있는 곳을 찾는다는 것이다. 이미 돈을 지불한 다음 우리 센터를 알게 되어 찾 아오는데, 어떻게 손을 써볼 수가 없는 경우가 많다.

이렇게 폭력피해로 인한 이혼 처리 말고도 이주여성들이 사기를 당 하는 경우도 있다. 합의이혼의 경우 한국인 배우자 사이에서 출생한 자녀 가 있는 경우가 아니면 체류연장을 하기 어려운데, 이런 경우도 체류연장 을 시켜준다고 하거나 국적취득을 가능케 해준다고 하면서 이주여성들 을 미혹한다. 심지어 가출한 여성들에게까지 이혼을 시켜주고 체류연장 을 해준다며 돈을 뜯어내는 이들이 있다. 돈만 꿀꺽하고는 나 몰라라 하 는 경우도 있고, 어이없게도 실제로 체류연장이나 국적취득을 하는 경우 도 있다. 전자는 이주여성 등을 치는 것이고, 후자는 서류를 위조하거나 우리가 모르는 또 다른 법망이 있는 경우로 여겨지는데, 어떻게 이런 것 이 가능한지 모르겠다. 아무튼 둘 다 문제인 것은 틀림없다. 이주여성들이 사법서사나 법무사를 찾는 경우 대부분 자국민들의 소개로 가는 경우가 많다. 아예 이주여성을 직원으로 채용해서 이주여성들을 끌어들이는 곳도 있다.

이렇게 이주민을 등치는 브로커들의 행태는 자못 다양하다. 그중에도 중국 동포들을 대상으로 한 사기 내지 갈취가 많은 듯하다. 중국 동포를 대상으로 친척 초청을 비롯해서 체류자격 변경이나 국적, 영주권 관계 등의 업무를 대행해준다는, 동포를 대상으로 하는 지원센터들이 있다. 그런데 이런 처리를 함에 있어 눈에 띄는 것은 입국규제로 한국에 입국하지 못하는 사람이나 국적이나 영주권 신청을 했으나 불허된 사람들, 체류가 거부된 사람들, 체류연장이 안 되는 사람들의 상담을 환영한다고 하는 것이다. 요컨대 자격이 안 되는 사람들을 상담 받아서 자격이 있도록 해주겠다는 것인데, 어떻게 이것이 가능한지 모르겠지만, 실제로 이런 일을 가능케 해준다고 해서 돈을 주었는데 떼어먹혔다, 이 돈을 받을 수 없느냐, 체류할 수 있는 길이 있느냐 하는 문의를 종종 받는다.

최근에 와서 화두가 되는 것은 소위 '위명여권'이다. 위명여권이란 다른 사람의 이름을 빌려 여권을 만드는 것이다. 그런데 이 위명여권으로 입국한 사람들을 대상으로 1천만 원가량의 돈을 내면 과거의 지문을 없애줌으로 문제가 없게 해주겠다거나 재외동포비자(F-4)로 바꿔주겠다고 사기를 치는 브로커들이 생겨났다. 아예 지원센터라는 이름을 걸고 버젓이 '위명여권 상담'이라고 광고를 하는 곳도 있다. 이미 오래된 이야기지만, 내가 아는 한 중국동포 여성은 시누이 여권을 빌려 한국에 입국했는데, 귀국하기 전에 시누이가 사망을 하는 바람에 중국으로 돌아갈 수가 없게 되었다. 그런데 브로커가 접근해서 돈을 내면 문제를 해결해주겠다고 해서 5백만 원을 주었는데 결과적으로 돈만 뜯기고 말았다. 그런데 동포방문취업제나 재외동포비자와 맞물려 다시 이 '위명여권' 사기가 중국 동포를 울리고 있는 것이다. 2012년 3월 14일자 노컷뉴스중국신문에 의하면 재입국이 힘든 중국동포들이 감언이설에 속아 돈만 뜯기는 피해사례들이 늘고 있다며 '위명여권'과 관계된 유언비어나 사기에 속지 말 것을 당부하고 있다. 위명여권과 관련한 유언비어들은 구체적으로 '위명여권으로 입국해 현재 한국에 체류하고 있거나 과거 위명여권으로 체류한 적이 있는 중국 동포', 'H-2방문취업비자 3-5년 만기 중 연장 못하는 중국 동포', '1년 연장 재입국에 문제가 있는 중국 동포' 등이라고 구체적으로 상담대상을 적시하고 있다. 이런 동포들을 대상으로 결혼비자를 받게 하거나 과거 지문을 없애준다거나 재외동포 비자로 바꿔 주겠다는 허위광고를 조심하라고 한다. 물론, 동포들이 모이는 식당이나 집회장소, 상담소 곳곳에 '위명여권 상담'이란 광고판이 나돌고 있는 현 시점에서 중국 동포들이 피해를 당하지 않도록 주의해야겠지만, 정부가 '위명여권'사기로 인한 피해가 일어나지 않도록 이에 대한 감시를 철저히 해야 할 것이다.

이주민은 봉이 아니다. 이주민을 대상으로 사기 치며 돈을 벌거나, 비록 정당한 수단이라고 하지만, 제대로 정보를 제공하지 않고 수임료를 취하는 것은 착취나 다름없다. '열린 다문화사회'를 비전으로 내걸고 있는 한국 사회에서 다급한 입장에 놓인 이주민의 처지를 이용해 이주민을 봉으로 알고 돈벌이 수단으로 삼는 자들은 설 자리가 없게 만들어야 한다.

_ 2012. 4. 5.

새로운 문해교육 현장으로서
이주여성 문해교육의 가능성

종종 문해교육교사 양성을 위한 교육에서 '새로운 문해교육의 현장-다문화사회'라는 강의를 할 때가 있다. 그때마다 "앞으로 문해교육의 비전은 이주민 문해교육이다"라고 강조한다. 왜냐하면 앞으로 고등학교까지 무상교육이 될 것이고 그렇게 되면 한국 국민의 비문해자 비율은 월등히 줄어들기 때문이다. 실제로 고등학교까지 무상교육인 나라의 경우 비문해자 비율이 점점 줄어 자국민 문해교육 예산은 줄어들고 있고 상대적으로 이주민을 위한 문해교육 예산이 증가하고 있다고 한다. 한국도 이 추세를 따라갈 것이다.

현재 한국에서 이주민을 위한 교육은 한국생활 적응을 위한 도구적 차원에서 이루어지고 있으며 문해교육 차원으로 접근하지 않고 있다. 유네스코 문해교육 정의에 의하면 문해교육은 기초문해, 비판문해, 문화문해, 가족문해 등 여러 단계의 문해교육이 있다. 문해교육이란 "일상생활과 직업생활을 영위하기 위한 기초능력을 기르는 문해력, 직무를 성공적으로 수행하는 데 공통으로 요구되는 지식, 기술, 태도를 기르는 직업기초능력, 시민으로서의 생활, 사회적 참여자로서의 생활, 가정구성원으로서 생활 등 삶의 모든 국면에 전이가 가능하도록 하는 핵심역량을 기르는 것(임언2009, "직업능력개발에서 문해교육의 의미")"이다. 이주민 특히 결혼 이주여성들은 이들이 한국어 기초를 모른다고 하더라도 성인이기 때문에 성인교육의 차원에서 교육이 이루어져야 하며, 교육의 최종 목표는 민주시민으로서의 역량을 강화하는 것이어야 한다. 이주민 특히 결혼 이주여성을 위해서는 단순히 한국생활 적응을 위한 기본적인 한국어교육을 넘어서 평생교육 개념으로서의 포괄적인 문해교육 관점에서 시행되어야 한다고 보기 때문이다.

문해교육을 문해력 증진, 직업기초능력 향상, 삶의 모든 국면에서의 역량 강화라는 큰 틀에서 이해하는 것은 이주민의 입장에서, 특히 결혼이주민의 측면에서도 꼭 필요한 개념이다. 특히 한국어를 모국어로 하는 비문해자들과 달리, 자국어로는 문해자이면서 한국어 비문해자인 이들의 기초문해로서의 한국어교육은 매우 중요하다. 이주민에게 있어서 한국어교육은 의사소통이나 생활상의 불편을 해소하기 위한 차원을 넘어 생존문제와 직결되어 있다는 점이다.

2006년 이후 실시되고 있는 정부의 결혼이민자 교육은 문해교육 관점에서 보면 다문화가족지원센터를 비롯한 결혼 이주여성의 교육이 기초문해교육에서부터 생활문해, 직업문해까지의 발전적인 단계를 거치고 있다. '문해'라는 이름을 사용하고 있지는 않으나 내용상으로는 문해교육의 틀로 진행됨을 볼 수 있다.

다문화사회로 진입하고 있는 한국 사회에서 이주민은 성인문해교육의 중요한 장이다. 이주민을 위한 문해교육에서 몇 가지 고려되어야 할 점이 있다. 첫째는 단계별 문해 교육이 고려되어야 한다. 귀환을 전제로 하는 이주노동자를 위해서는 읽고 쓰고 한국어로 셈하는 능력과 사회경제적인 활동을 하는 데 필요한 최소한의 능력(기능문해)으로 나아가는 문해교육의 단계가 필요하다. 그러나 결혼이민자나 한국에 영주권이나 귀화할 이주민을 위해서는 기초문해와 기능문해 단계를 넘어 국가의 주체적인 시민으로, 사회구성원으로서 존재하기 위한 기초적 능력으로 확대하는 '비판문해'로까지의 문해교육(박인종 2009, "2009년 성인문해교육의 정책 동향")이 설정되어야 한다. 이점은 이주민의 시민으로서의 자리매김을 목표로 하는 결혼이민자의 역량 강화를 위해서 매우 중요하다.

둘째로, 다문화사회로 진입하면서 '열린 다문화사회'를 비전으로 하는 한국사회에서 이주민의 문해교육을 위해서 새롭게 등장하고 있는 '문화문해(Cultral Literacy)'와 '가족문해(Family Literacy)' 개념(박인종 2009)을 적극 도입할 필요가 있다. 한국사회는 다문화사회를 주장하면서도 일반적으로 언어와 문화와 관련한 문해는 이주민들에게만 필요하다고 생각하는 경향이 있다. 그러나 한국사회가 진정한 다문화사회가 되기 위해서는 이주민들이 한국문화를 배우는 것 못지않게 한국인들이 이주민 문화를 배워야 한다. 이주민들이 한국사회에 사는 한 한국문화를 알아야 한다고 하면서, 정작 그들과 같이 한국인들은 이주민 문화에 대해 문맹에 가깝다. 한국인들도 문화문해교육이 필요하다. 또한, 문해교육에서 가족문해 개념을 도입할 때 평등가족으로의 결합력이 훨씬 높아질 가능성이 있다. 결혼이민자만 한국어를 배워 의사소통해야 하는 것이 아니라 한국 가족도 결혼이민자의 기본적인 언어를 배워 가족 간에 의사소통이 이루어지는 것이 바람직하다. 물론 이주민이 한국생활문화를 배우는 것은 기본이다. 그러나 양성평등문화를 가진 결혼이민자에게 한국의 가부장문화와 소통하게 할 것이 아니라 가부장문화를 가진 한국사회가 여성결혼이민자의 양성평등적 문화를 배워 소통하도록 하는 것이 중요하다. 다문화가정에서 양성평등문화와 가부장문화 사이의 충돌이 가정폭력으로 이어지는 것을 경험하면서 '문화문해', '가족문해'의 중요성을 절감하게 된다. 다문화가정에서 부모와 자식 간의 원활한 의사소통 및 사회통합을 위한 차원에서의 문해교육도 중요하지만, 부부간의 의사소통을 위해서도 문화문해, 가족문해는 매우 중요하다.

문해교육의 목적으로 한국어교사를 양성할 때 꼭 유념해야 할 사항이 하나 있다. "누구를 위한 한국어교육인가?" 하는 물음이다. 원래 한국어교사 교육은 한국 사람과 한국에서 공부하고자 하는 사람이나 특정한 목적에서 한국어가 필요한 사람이나 국외교포나 외국에서 한국어를 교육하고자 하는 사람을 대상으로 한 것이다. 이런 사람을 위해서는 한국어교육 능력 증진만 필요할 수 있다. 그러나 이주민을 위한 교육을 할 때는 앞에서도 말했지만, 이주민에 관한 특별한 이해와 관심이 필요하다. 따라서 이주노동자나 결혼 이주여성을 위한 한국어교사를 양성할 때는 꼭 그 교과 과정에 "세계화와 이주노동"의 문제, "내 안의 인종차별의식 깨기" 등 인권교육과 문화교육이 병행되어야 한다. 그렇지 않으면 이들이 이주교육 현장에 나갔을 때 이주민에게 배척을 당할 수밖에 없다.

이주노동자는 대부분 본국에서 고학력 출신들이 많다. 그러나 여성 결혼이민자는 초기에는 고학력 출신자들이 많았으나 점차 학력이 낮아지고 있거나 본국의 학력이 한국에서 인정되지 않는 예도 있다. 최근에는 무학 출신들의 결혼이민자들도 늘고 있다. 이들이 한국어를 습득한다 하더라도 검정고시를 쳐서 학력을 인정받기에는 많은 어려움이 따른다. 따라서 이런 결혼이주민의 현실을 참작해서 문해교육 시스템을 통해 한국어를 비롯한 영어, 수학 기초 등의 기본적인 과정을 학습한 다음 초등학력이나 중학교 학력을 인정받게 하는 정책이 필요하다. 특히 중학교까지 의무교육인 한국의 교육현장을 고려하여 결혼이민자가 평생교육시스템을 통해 중학교 학력을 인정받을 수 있게 된다면 결혼이민자의 미래를 위해서도 큰 힘이 될 것이라고 본다.

"이민자로서 한국에 적응하는 데 필요한 모든 학습 내용을 포괄할 수 있기 때문에 이주민의 교육에서 문해교육의 접근이 필요하다(전은경 2009, "다문화 관점에서의 문해교육의 의미")"라는 말처럼 이주민의 한국사회 적응과 통합을 위한 교육은 문해교육 차원에서 많은 가능성을 지니고 있다. 또한 "문해교육이 평생교육의 기본이자 핵심(이지혜 2008, "문해교육의 발전과 동향-문해교육의 비전과 과제")"이라는 점에서 이주민은 평생교육의 장으로서 엄청난 잠재력을 가진 셈이다. 이주민 문해교육은 단순히 한국사회 적응을 높이는 도구로서가 아니라 이주민의 역량을 강화하여 주변에서 중심으로 나아갈 수 있는, 시민으로서의 힘을 갖게 하는 가능성으로서의 문해교육이 되어야 할 것이다. 결혼이민자 문해교육을 통해서 가부장적 가족문화를 양성평등문화로 바꾸고, 시혜대상화 하고 있는 이주민을 한국사회의 주인으로 이끌어낼 수 있을 때, 이주민 문해 교육은 살아있는 문해교육이 될 수 있다. 이를 위한 제도와 여건이 마련되어야 한다.

_ 2012. 5. 10.

이주여성 정치 참여의 가능성과 딜레마

국제결혼을 통한 결혼 이주여성들이 증가함에 따라 유권자로서의 여성결혼이민자들의 입지나 여성 정치력의 한 장으로서의 여성결혼이민자의 위상 강화가 요구된다. 2006년 5월 31일 지방 선거에서 한국 국적을 취득하지 않은 외국인이 처음으로 투표에 참여한다는 점에서 적지 않은 의미가 있었다. 지난 2005년 8월 선거법이 개정되면서 영주권 취득 후 3년 이상이 지난 외국인은 지방선거에 한해 투표권을 행사할 수 있게 되어 현재 한국에 영주권 소유자인 6천 589명이 투표를 할 수 있게 되었다. 이렇게 정주권자에게 지방선거권을 준 것은 비록 피선거권의 제한은 있지만 외국인에게도 거주민으로서의 권리를 인정하고 지역사회 발전에 이바지할 기회를 부여한다는 점에서 의미가 있다. 마찬가지로 여성결혼이민자들이 선거권을 갖는다는 것은 권리행사의 단초가 되기 때문에 매우 중요하다. 여성결혼이민자를 유권자로 고려한다면 당연히 모든 선거에서 여성결혼이민자를 위한 정치적 공약이나 정책이 마련되어야 하기 때문이다.

이주여성들이 유권자로서 자기 마음에 드는 사람을 뽑아 그를 통해 자기 권익을 대변하게 하는 것은 매우 중요한 정치적 행동이다. 그러나

보다 적극적으로 이주여성이 정치지도자가 되는 것은 이주여성 당사자 이익을 위해서 매우 중요하다. 한국에서 영주권이 있는 이주민에게 선거에 참여할 수 있는 길을 열어놓았지만 이주여성이 정치 지도자로 나서는 정치 진입 가능성에 대해 회의적인 분위기였고 그 가능성도 바늘구멍만큼이나 좁다. 법적으로는 귀화 이주여성에게도 국회의원이나 지방의원이 되는 길이 열려 있다. 그러나 투표를 통해 의원이 되는 길은 낙타가 바늘구멍 통과하는 것만큼 힘들고, 비례대표제를 통해서는 어느 정도 가능하다.

결혼 이주여성이 의원이 된 역사는 2008년부터다. 2008년 총선에서 창조한국당이 헤르난데스 쥬디스 알레그레라는 필리핀 출신 결혼 이주여성을 비례대표 당선권에 전략 공천하겠다고 발표를 해 큰 반향을 일으켰다. 한국 정치사에서 처음으로 결혼 이주여성이 국회의원이 될 것으로 예상되었기 때문이다. 그러나 처음 발표와 다르게 당선권 밖의 후보로 이주여성을 배치함으로써 결혼 이주여성을 정당 홍보의 도구로 사용했다는 비난을 받았다. 그러나 이 여성결혼이민자 비례대표 추천은 문제도 노출시켰지만, 이주여성도 국회의원이 될 수 있다는 가능성을 보여주었다는 점에서 큰 의미가 있는 것이었다.

2010년부터 다문화사회를 주창하는 한국 사회에서 이주여성 지도력이 눈에 띄게 가시화되었다. 가장 큰 화두는 결혼 이주여성이 도의회 의원으로 진출한 것이다. 몽골 출신 결혼 이주여성 이라가 귀화 외국인으로는 처음으로 지난 6월 2일 실시된 지방의회에서 경기도 비례대표 도의원으로 당선되었다. 귀화 외국인 1호 정치인이 탄생된 것이다.

2012년 제19대 국회의원 선거에서 보수적인 새누리당이 다문화 상징으로 필리핀 출신 귀화 여성 이자스민을 비례대표 15위로 공천을 해서 국회의원이 되었다. 비록 정치적 쇼라는 평이 있긴 했지만, 영화 '완득이 엄마'에서 잠시 나온, 인지도가 전무하여 지명도도 없던 이자스민이 국회의원이 되자 한국 사회의 반응은 충격 그 자체였다. 결혼이민자가 국회의원이 되었다는 것은 다문화사회 지표로서 받아들여졌으며, 결혼 이주여성에게는 희망의 상징이 되었다. 본인이 이주민이기 때문에 다른 사람들보다 이주민 애로점을 잘 알고 있어 이주민을 위한 입법 활동에 적극적일 수밖에 없다. 이자스민은 국회의원이 된 이후 국회환경노동위원회, 여성가족위원회, 외교통일위원회에서 활동하였고 북한이탈주민이나 이주민 제도 개선을 위한 의정활동을 활기차게 벌였다. 2012년 12월 18일 '일본군위안부피해자 법률상담비용지원법안'을 발의해 제1회 대한민국 입법대상을 수상했다. 2014년에는 입법과 의정활동이 우수한 의원에게 주는 제6회 공동선 의정 활동상을 수상하기도 했다. 다문화와 이주민 관련해 이주아동권리기본법안, 난민법 일부 개정안, 다문화가족지원법 일부개정안 등 입법 활동을 활발히 했다. 이주단체와 협력하여 다문화정책과 관련한 10회 토론회와 간담회를 실시하였고, 정부 11개 부처에서 각각 진행되고 있는 다문화관련 정책을 일원화하여 이민정책이라는 큰 틀 안에서 수립되게 하는 컨트롤 타워 설치에도 관심을 보였다. 이주민 권익신장을 위해서는 당사자만한 대표가 없음을 보여주었다.

결혼 이주여성들이 정치 무대에 등장하는 것에는 가능성도 있지만 딜레마도 있다. 과연 한국 사회가 정치 지도자로서 이주여성을 용납하고 있는가? 2011년 8월 19일-21일에 대만 타이페이에서 아시아 결혼이주 관련 국제 워크숍이 있었다. 이 워크숍이 끝나고 대만 민간단체가 주최한 오픈 포럼에서 이주민 정치적 권리를 주제로 대만, 홍콩, 한국 사례 발표가 있었다. 포럼을 시작하기 전에 이 포럼을 주관한 대만국제가족협회(Taiwan International Family Association)에서 "대만에 결혼 이주한 인도네시아 출신 여성, 직접선거 참가기" 다큐멘터리를 방영했다. 인도네시아 출신 주인공 이주여성은 대만 남부 농촌 남성과 결혼하여 대만에 온 지 18년 되었다. 그 인도네시아 출신 이주여성은 대만에 온 후 시골 마을에서 궂은일을 도맡아 하며 봉사활동을 열심히 하여 지역사회에서 인정받았다. 말벗이 되어 주었고, 동네일에 적극적으로 나섰다. 언어도 대만사람처럼 완벽하게 구사했다. 이런 이주여성이 마을 대표를 뽑는 선거에 출마하고 선거운동을 시작하자 지역 사람들의 태도가 달라졌다. 평소 그 이주여성의 보살핌을 받았던 독거노인 할아버지는 인터뷰에서 "만일 그 여자가 마을 대표가 되면 다른 곳으로 이사를 가버리겠다"라고 말했다. 마을 사람들이 이주여성이 마을의 대표가 되는 것을 반대한 이유는 "어떻게 이주민이 대만 사람을 통치할 수 있는가?"라는 것이었다. 평소 선거참여율이 낮았던 마을에서 투표율이 매우 높아졌다. 이주민이 마을 대표가 될까 봐 마을 사람들이 뭉친 것이다. 투표 결과 상대 후보는 5백 표를 얻었는데 그는 2백 40표를 얻어 낙선했다. 결과적으로 이주민이 단순 봉사자일 때는 지역사회의 인정과 칭찬을 받지만 정치 지도자가 되려고 할 때는 거부를 한 것이다.

이 다큐멘터리는 우리 실상과 다르지 않다. 국회의원 이자스민에 대한 거부감도 바로 이런 국민의식의 표출이며, 결혼 이주여성이 국회의원은 고사하고 지방의원으로 직접 출마하면 모두 낙선할 것이다. 그러기에 비례대표 제도가 소수자에게 열려 있어야 하는 이유이기도 하다. 이주민들이 변두리가 아닌 중앙으로 나오기 위해서는, 이주민 정치 지도자에 대한 거부감을 없애고 직접 투표로 당선되도록 국민인식 개선작업과 더불어 이주민의 역량 강화가 필요하다.

_ 2015. 4. 16.

가정폭력 가해자와 면접교섭권

이 해의 마지막 달에 또 한 명의 베트남출신 이주여성이 살해당해 한 줌의 재가 되었다. 올해는 무사히 넘어가나 했는데 작년에 이어 결혼 이주여성의 추모제를 지내게 되었다. 그것도 뱃속에 든 채 채어나지도 못한 아기와 여섯 살짜리 딸과 함께. 불과 31세의 나이에 전남편의 자녀 면접권 이행 과정에서 무참히 살해당했다.

베트남출신 이주여성 아라 씨(가명)는 2008년 4월 결혼해서 남편과 서울에서 살았다. 이듬해에 딸을 낳았다. 남편은 툭하면 폭력을 휘둘렀다. 그래서 2010년부터 3년 동안 세 차례나 가정폭력피해 이주여성을 보호하는 쉼터에 입소했다. 남편은 번번이 다시는 안 그러겠다고 약속했고 딸아이의 미래를 생각한 아라 씨는 남편의 약속을 믿고 다시 집으로 돌아갔다. 그러나 남편은 한동안은 잠잠하다가 다시 폭력을 휘둘렀고, 아라 씨는 폭력을 피해 다시 집을 나오게 되었다. 결국 상습적인 남편의 폭력을 견디다 못한 아라 씨는 쉼터에서 남편과 조정이혼을 하였다. 양육비는 받지 않는 대신 다섯 살 난 딸아이의 친권과 양육권은 아라 씨가 갖기로 하고. 남편에게는 한 달에 두 번 면접교섭권을 이행하는 조건으로 이혼이 조정되었다. 1년 후에는 한 달에 한 번으로 조정되었다.

그런데 이혼을 해서 서로 남남임에도 불구하고 이혼 후 몇 주 후부터 남편이 아라 씨를 찾아와 폭력을 행사하려고 해 아라 씨는 도망쳐서 경찰에 신고한 일도 있다. 혼자 살면 또 언제 봉변을 당할지 몰라 불안한 아라 씨는 이주여성 그룹홈으로 피신을 하였다. 이곳까지 추적해 와 괴롭히자 그룹홈에서는 전남편을 대상으로 아라 씨와 딸에 대한 접근금지 신청을 해 임시로 접근금지조치가 행해지기도 있다. 이후 진주에서 일자리를 얻게 된 아라 씨는 딸과 함께 진주로 이사를 했고, 이곳에서 지금의 베트남 이주노동자를 만나 재혼을 하였다. 이혼한 지 2년 후였다. 전남편은 진주로 와서 아이를 면접하였다. 불안했지만 법원의 조정이었기 때문에 어쩔 수가 없었다.

지난 12월 6일 아라 씨의 전남편이 딸을 만나러 진주에 왔다. 아라씨는 집 근처에서 딸을 아빠에게 보냈다. 얼마 후 딸을 데려가라는 연락을 받고 아라 씨가 나갔는데 나간 지 몇 시간이 되어도 돌아오지 않았다. 아라 씨의 현 남편은 전남편의 폭력성을 알고 있던 터라 걱정이 되어 동네 지구대에 신고했다. 지구대에서는 베트남 출신 남편이 전남편의 폭력성에 대한 우려를 말하고 전남편의 차번호와 전화번호를 알려주고 찾아달라고 호소했음에도 불구하고 단순 가출신고로 처리하여 아무런 대응을 하지 않았다. 그런데 그 다음날 아라 씨와 아이가 병원에 있다는 소식을 경찰에게서 듣게 되었다. 다쳐서 입원한 줄 알았는데 가보니 이미 시신이 되어 있었다. 경찰이 신고를 받고 조기대응을 했더라면 세 목숨을 구할 수 있었을지도 모르는데 안타깝기 그지없다. 경찰에게도 책임을 물을 수밖에 없다.

전남편은 일가족을 서울로 납치해서 오금교 근처에서 살해하고 자살해버렸다. 전남편은 자살하면서 "전 부인이 한국 국적을 얻기 위해 위장 결혼을 했다"라고 쪽지를 남겼다. <머니투데이> 12월 17일자 기사에 의하면 경찰은 "유가족 진술과 유서내용 등에 비추어 볼 때 전 부인과 수년간 이혼한 조씨가 6개월간 무직으로 지내는 등 어려움을 겪다 이들을 살해하고 목숨을 끊는 극단적 선택을 한 것으로 보고 있다"라고 보도하고 있다.

남편의 폭력성은 모른 채 남편이 남긴 위장 결혼이라는 쪽지에 의해 위장 결혼을 부각시킨 언론에 의해 아라 씨는 또 한 번의 죽임을 당했다. 아라 씨는 한국인 남편과 결혼해서 아이를 낳고 6년 동안이나 살았다. 남편의 상습적인 폭력에 세 번씩이나 폭력피해 이주여성쉼터 입소를 반복했다. 아이는 아버지가 있는 게 좋지 않겠느냐며 집으로 돌아갔다고 한다. 이런 부인에 대해 자국출신과 재혼했다고, 그것도 이혼 후 2년 후에야 재혼했는데도 위장 결혼이라는 말을 남긴 남편의 행동을 보면서 아라씨의 결혼생활이 얼마나 힘들었을까 미루어 짐작하게 된다. 흔히들 남편이 아내를 죽이고 자살한 경우 '오죽했으면 그럴까?' 하는 동정론에 이주여성의 죽음은 뒤로 묻혀버리는 게 한국의 현실이다. 하물며 위장 결혼의 피해자로서 자신의 살인을 정당화하니 살해당한 이주여성과 아이만 무참해진다.

이번 아라 씨와 아이의 죽음을 대하면서 또다시 어떻게 하면 이주여성과 그 자녀들이 안전하게 살 수 있는 사회를 만들 수 있는가 고민하게 된다. 아라 씨의 죽음은 생명존중의 결여, 자식은 내 마음대로 해도 된다는 부모의 잘못된 가치관, 아내에 대한 남편의 폭력성이 일차적인 원인이다. 그러나 이번 아라 씨의 죽음에는 경찰의 대응양식과 더불어 가정폭력의 범죄자에게 자녀면접이행권을 주는 가정법원의 판결에도 일정부분 책임이 있다고 본다. 면접교습권은 특별한 사유가 없는 한 제한되지 않는다고 한다. 그러나 민법837조의2에서 가정법원은 "자녀의 복리를 위하여 필요한 때에는 당사자의 청구 또는 직권에 의하여 면접교섭을 제한하거나 배제할 수 있다"라고 규정되어 있다. 이런 규정이 있음에도 법원이 부인에게 상습적인 폭력을 행사한 남편에게 단지 아버지라는 이유로 면접교섭을 행하도록 한 것은 문제가 없는지 살펴보아야 할 것이다. 만일 아이에 대한 면접교섭권 이행이라는 것이 없었다면 아라 씨는 물론이고 여섯 살 난 딸과 뱃속의 아이 세 사람이 죽임을 당하는 일은 모면했을지도 모른다. 인정주의적 면접교섭권이 서른 한 살의 젊은 아라 씨와 여섯 살 아이, 그리고 뱃속에 있던 아이의 죽음의 동기가 되었다.

이번 아라 씨 일가의 죽음을 계기로 법원이 가정폭력으로 이혼한 부부의 경우 가정폭력 가해자의 면접교섭을 면밀히 검토해서 면접권을 제한하거나 배제할 것을 촉구한다.

_ 2015. 12. 19.

개발과 여성이주에 관한 젠더적 고찰 필요하다

지난 11월 11일 여성단체연합이 주최하는 "젠더관점에서 본 한국사회 변화-걸어온 길 그리고 가야 할 길"이라는 주제로 심포지엄이 열렸다. 이 심포지엄은 1995년 북경에서 열렸던 세계여성대회에서 제정한 '베이징여성행동강령' 20주년을 맞아서 2005년부터 2013년까지의 한국정부와 민간단체가 이행한 베이징행동강령을 평가하고 2015년 이후 무엇을 어떻게 해야 할지를 모색하기 위해 마련된 자리였다. 사실상 베이징 여성행동 강령에 이주여성노동자에 대한 사항은 있어도 결혼 이주여성에 대한 언급이 없듯이 현재 전 세계적으로 결혼이주는 이주의 주제로 다루어지지 않는다. 왜냐하면 국제결혼이라는 것은 결혼의 한 양태일 뿐이다. 국제사회에서는 국제결혼중개업의 알선을 통한 결혼은 우편신부와 마찬가지로 인신매매 문제로 다루고 있기 때문에 이주의 형태로 인정하지 않고 있다. 따라서 베이징행동강령을 평가하기 위해서는 이주여성노동자를 중심으로 평가를 해야 한다. 그런데 한국의 경우 국제결혼 이주여성을 위해서는 많은 사업을 했어도 이주여성노동자나 난민, 유흥업이주여성을 위해서는 한 일이 없기 때문에 이 부분에 대해서 평가할 여지도 없었다. 그러나 한국, 대만의 상황은 중개업 알선에 의한 결혼이 집중적으로 일어나고 있고 저출산·고령화사회를 겨냥한 대안정책으로 작용하고 있는 특수상황이라는 점에서 결혼이주가 분명한 이주의 한 형태이기 때문에 결혼 이주여성도 함께 평가하기로 했다. 이주여성에 관한 북경여성행동강령을 평가하는데 있어 12개의 주요관심분야 중 최소한 빈곤, 교육과 훈련, 건강, 폭력, 경제, 권력과 의사결정 과정, 발전을 위한 제도와 기구, 인권, 미디어 등에 관한 전략적 평가가 중요하다. 그런데 이주여성을 명시적으로 언급하고 있는 항목은 빈곤과 경제, 교육과 훈련, 폭력과 인권 5개영역이다.

한국에서 베이징여성행동강령 이행사항을 평가할 때 핵심은 젠더관점이다. 이주문제를 평가할 때 유념해야 할 사항이 하나 더 있는데, 그것은 젠더의 관점뿐만 아니라 인종의 관점에서도 살펴보아야 한다는 것이다. 베이징여성 행동강령은 제46조에서 "여성이 인종, 연령, 언어, 민족성, 문화, 종교 또는 장애, 토착민 여성이기 때문에 혹은 기타 지위 때문에 완전한 평등 및 향상에 대한 장애물에 직면하고 있다는 것을 인정"하고, 32조에서 "인종, 연령, 언어, 종족, 문화, 종교와 장애로 인하여 혹은 그들이 토착민이라는 이유로 힘의 증진이나 발전을 가로막고 있는 다수의 장애에 직면한 모든 여성과 여아를 위하여 모든 인권과 기본적인 자유의 동등한 향유를 도모하려는 노력을 강화한다"라는 행동강령을 채택하고 있다. 이주 여성과 관련한 이 행동강령은 '유엔여성차별철폐조약', '유엔인종차별철폐조약, 유엔이주민과 그 가족에 관한 협약, 국제노동조합협약(ILO)'을 비롯한 각종 국제기구와 기본정신을 같이 하고 있다. 따라서 이주 이슈와 관련해서 유엔의 각종 협약에 보고서를 제출하여 심사를 받도록 되어있다. 이런 지점이 베이징 여성행동강령에서 이주여성 분야가 강력한 이슈로 제기될 수 있는 것이다.

2013년 말 현재 한국에 거주하는 외국인은 약 150만 명으로 이중 여성이 60만 명이다. 분야별로 본다면 노동이주여성이 유흥업 종사자를 포함해서 150,000명, 결혼 이주여성의 경우 국적취득자를 포함해서 19만 명, 여기에 재외동포 약 25만 명으로 약 59만 명의 이주여성이 한국에 거주하고 있다. 고용허가제 하에서 일하고 있는 이주여성노동자의 인권실태는 고용허가제의 3대 독소조항인 고용주 중심의 제도와 장소이동의 제한, 3년 로테이션 단기 순환제도 속에서 3D업종에서 어려움을 겪고 있었다. 고용허가제가 되었든 동포방문취업제가 되었든 이주여성노동자들은 차별적 임금을 비롯한 열악한 근로조건과 작업환경, 모성보호의 부재, 성폭력에 노출, 열악한 주거환경과 건강에 직면하고 있었다. 한편 예술흥행 비자를 통해 한국에 유입된 이주여성들은 전체 예술 흥행비자 이주민 4,662명 중 3,515명으로 여성이 75%다. 유흥업소에서 일하는 이주여성들의 인권 침해 문제 중 가장 심각한 것은 인신매매 피해에 대한 호소다. 성산업에 갇힌 연예흥행비자 소지 이주여성들 중 상당수는 취업사기에 걸려 유입된 경우다. 이렇게 성 매매업에 유입된 이주여성들은 노동권 침해, 폭언, 협박 등의 정서적 학대, 이동권 박탈, 신체권 침해 등의 인권문제에 직면하고 있다. 열악한 작업환경과 귀환하기 힘든 사정 등으로 미등록 체류자가 된 이들은 남녀 합해서 현재 18만 명이 넘고 있으며 이중에는 고용허가제로 들어왔다가 미등록이 된 이주민이 30.1%나 되었다. 결혼으로 입국했으나 체류권을 확보하지 못하거나 기타 비자의 경우 초과체류로 미등록이 된 이주민들이 생겨났다.

이주여성노동자나 재외동포를 위해 한국정부가 취한 정책은 노동도입정책은 있으나 인권정책은 없고, 단속과 규제정책이 주를 이루었다. 성희롱예방교육이 의무화되어 있으나 감독이 제대로 되어 있지 않아 한 곳도 실시된 적이 없다. 성폭력에 노출된 이주여성노동자의 경우 신고해도 제대로 조사도, 보호도 받지 못했다. 미등록노동자의 경우는 성폭력의 타깃이 되었으나 강제 출국이라는 정책 때문에 신고도 못 하고 있다. 예술흥행비자의 경우 성매매업으로 유입되어 탈출할 경우도 성매매방지법의 보호를 받아 쉼터 등에서 머물 수 있으나 조사 기간이 끝나면 출국으로 조치되기 때문에 이주여성에게 대책이 되지 못하고 있다. 사실상 이주여성노동자나 예술흥행비자 이주여성들은 통제대상은 될지언정 보호할 정책 대상이 아니다.

그러나 결혼 이주여성의 경우는 한국 정부의 관심과 주요정책 대상이다. 한국 정부의 이주정책은 이주민의 분리와 차별에 기반해 다문화 정책이라는 이름으로 혈통주의에 입각해서 주로 결혼이주민에 대한 예산과 정책에 편중되어있다. 이주여성 중에서 한국정부가 관심 갖는 대상은 주로 한국 남성과 결혼한 결혼 이주여성이다. 1988년 시작된 한국 남성과 아시아여성간의 국제결혼은 한해 국민 결혼 10쌍 중의 한 쌍이 국제결혼하는 추세다. 2013년 현재 국제결혼 중 여성결혼 이민자는 18만 명을 헤아리고 있다. 국적별 분포를 보면 중국 국적자 60%, 베트남 국적자자가 27%, 그 외 필리핀, 일본, 태국, 캄보디아, 몽골, 구 소련계 등 나라들이 차지하고 있다. 이렇게 국민결혼 10%가 국제결혼인 추세에 비례하여 국제결혼가정의 이혼도 국민 이혼 10%를 차지하고 있다. 국제결혼가정의 이혼 중 한국 남성과 외국인 여성간의 이혼이 70%를 차지해 한국 여성과 외국인 남성 이혼의 이혼율보다 2.3배가량 높다. 이혼의 주된 사유는 가정폭력의 비중이 크다. 2010년 여성가족부의 가정폭력 실태조사에서는 47.7%로 선주민 가정폭력 40.3%보다 높다. 유형별로는 선주민의 경우 정서적 폭력이 33.1%로 높은데 비해 결혼 이주여성의 경우 신체적 폭력이 39.1%

로 높다. 폭력의 경우 중증 폭력이 선주민 보다 3배가량 높다. 폭력피해의 유형은 구타, 강제낙태, 아내강간, 언어폭력, 추방의 위협, 취업갈취, 방기, 체류와 국적을 위한 비협조, 시댁가족에 의한 성폭력 등 다양하다. 이렇게 폭력피해에 노출된 결혼 이주여성을 위해서는 여러 가지 정책과 제도가 마련되어 있다. 22개소의 쉼터, 긴급전화, 등. 그러나 상담센터는 서울시가 마련한 이주여성상담센터가 한 곳 있을 뿐 중앙차원에서 마련한 상담센터는 한 곳도 없다.

베이징여성행동강령에서는 폭력과 인권 못지않게 빈곤과 경제 문제가 중요관심사다. 이 빛에서 볼 때 국제결혼가정의 빈곤 문제도 심각한 상황이다. 2006년 보건복지부 실태조사에 의하면 52.9%가 최저생활 대상이며, 2010년 조사에서는 40% 이상이 차상위계층이다. 결혼 이주여성이 호소하는 어려움은 의사소통의 부재, 문화차이로 인한 갈등, 경제문제, 육아 문제로서 빈곤 문제가 심각한 이슈로 제기되고 있다. 결혼 이주여성의 폭력 중 경제적 폭력도 선주민 가정의 3배가 높을 정도로 나타난다. 무엇보다도 결혼 이주여성의 인권에서 문제가 되는 것은 법적 지위 취약성이다. 일 년마다 체류자격을 연장해야 하고, 2년 후 신청할 수 있는 국적 신청의 경우도 신원보증의 일차적 주체가 한국 남편이기 때문에 한국에서 안정적으로 체류하는데 문제가 있다(2011년 12월 23일자로 유엔의 권고안을 수용해서 한국인배우자신원보증 서류를 요구하지 않는다는 시행령이 제정되었으나 일선 출입국관리국에서서는 여전히 이 서류를 요구하거나 가족의 동의를 요구하고 있다). 또한 국적을 취득하기까지는 외국인의 신분이기 때문에 인권이 유보된다. 더욱 큰 문제는 법적 제도와 현실적용의 괴리문제다. 법으로는 명백히 체류권을 부여하게 되어 있는데도 현실에서 출입관리국 담당자의 재량에 의해 체류권이 보장되지 않는 경우가 발생하고 있다.

북경행동강령과 유엔총회 제23차 특별회의 결의채택에서 중요한 초점은 '여성의 세력화'다. 한국의 경우 베이징여성행동강령의 한 대상인 이주여성노동자에 대한 정책은 노동부에서는 도입정책과 작업장 이탈방지 정책만 있을 뿐이고 법무부에서는 단속과 추방정책만 있을 뿐이다. 그러나 결혼 이주여성과 관련해서는 이들이 '저출산·고령화사회'를 위한 대안기제로서 일정 부분 가시화되어 많은 정책이 개발되고 필요한 조치들이 마련되었다. 폭력피해를 입은 결혼 이주여성들을 위한 보호조치, 빈곤극복을 위한 일자리 창출, 국제결혼중개업의 규제 등. 그러나 이러한 정책과 조치들이 성평등 측면이나 여성의 세력화 기반에서 마련된 것이 아니라 한국사회의 가족유지를 위해 채택된 조치라는데 문제가 있으며, '가족 유지'라는 틀을 벗어날 경우 한국사회에서 배제·소외시키는 통제정책이다. 결혼 이주여성은 소위 '다문화가족'의 범위 안에서만 한국사회의 일원이 될 수 있는 맹점을 갖고 있다. 이러한 시각에서 결혼 이주여성의 성 평등과 세력화는 한국 풍토에서 그 용어 자체가 성립될 수 없다. 이주여성과 관련된 정책을 마련할 때 정부 차원에서 한 번도 '베이징행동강령'이라는 언급된 적도 없으니 '이주여성의 세력화'를 위한 정책이 나올 수가 없다. 한국 남성과 결혼해서 그 남성의 아이를 낳는다는 이유로 잠정적 한국민으로 포섭되는 결혼 이주여성의 입지가 이러한데 이주여성노동자나 성 매매업으로 인신매매되는 유흥업 이주여성들의 경우 베이징행동강령이나 새천년 여성개발정책은 연결조차 되기 어려운 것이 현실이다.

이번 심포지엄의 목적은 베이징 여성행동강령 이행을 평가하면서 향후 무엇을 할 것인가를 모색하는 것이다. Post-2015를 앞에 두고 여성단체들과 정부가 해야 할 과제는 성 평등 관점에서 새로운 틀을 짜는 작업을 해야 한다. 그런데 한국의 여성운동이 젠더차별을 지지하는 불평등과 젠더에 기반한 차별에 대응하기 위한 보편적인, 권리에 기반한 변혁적 접근을 추구한다면, 이주여성운동은 한 걸음 더 나가야 한다. 빈곤의 세계화, 빈곤의 여성화로 인해 여성의 이주가 촉진되고 있다. 자연히 여성이주의 프레임은 '빈곤과 경제'일 수밖에 없다. 이런 현상에서 여성이주자들이 어떻게 이주를 떠나는 본국과 이주한 나라에서 젠더에 기반한 차별에 대응할 수 있는가? 여기에서 한 걸음 더 나아가 어떻게 이주한 나라에서 젠더 차별과 더불어 인종차별, 계급차별에 대응할 수 있는가? 이러한 여성이주자의 과제에 이주단체들이 응답해야 할 과제가 있다.

새천년 선언문의 내용 중 제20절의 빈곤, 기아, 질병에서 벗어나서 지속가능한 발전을 위하여 양성평등과 여성의 권한 강화를 도모함이나 제25절—여성에 대한 모든 형태의 폭력을 근절하고, '여성차별철폐협약(the Convention on the Elimination of All Forms of Discrimination against Women, CEDAW)'을 이행—은 모든 여성의 일상을 위해 중요한 과제다. 그런데 여성들 모두 개인과 국가 모두 개발의 혜택을 받을 수 있는 기회로부터 차단당하지 않아야 한다는 부분은 여성의 이주에서 매우 중요한 의미가 있다. 이주가 여성에게 개발의 한 장이기도 하지만 개발 소외의 결과가 이주로 나타나기도 한다. 여성이주자들은 종종 본국의 개발에서 소외당한다. 아시아에서 이주의 70%가 여성이라는 사실은 여성이 개발의 혜택을 입는 것이 아니라 이주로 몰려나는 형태이기도 하다. 따라서 개발원조에서 여성에게 이익이 되는 형태로 원조를 해 여성들이 이주로 내몰리지 않도록 하는 길도 모색되어야 할 것이다. '개발과 여성이주'에 관한 젠더적 고찰과 응답이 필요하다.

_ 2014. 11. 13.

무지개 세상을 꿈꾸며

　하늘의 무지개는 일곱 빛깔이 한 하늘에서 자기 고유의 빛깔을 드러내며 조화를 이루어 아름답다. 마찬가지로 이주여성들과 선주민들 역시 한국이라는 하늘과 땅에서 자기 고유의 특색을 드러내며 서로 어울려 조화를 이루어 아름답게 살았으면 좋겠다. 선주민들은 '갑'이고, 이주민이 '을'이 아니라 이주민들이 선주민의 '갑질'을 넘어 기를 펴고 사는 세상이 되기를 바라는 마음에서 이해인 수녀님의 '무지개빛깔 새해엽서*'를 응용해서 이주민들의 무지개 세상을 꿈꾸어 본다.

　빨강, 그 아름다운 빨간 장미처럼
　이주여성들이 자기의 에너지를 불태우며 열정적으로 살아
　그 열정으로 주위에 기쁨을 선사하는 한 해가 되기를….

　주황, 그 동터오는 아침 해처럼
　아무리 어두운 밤이라도 그 밤이 지나면

---

* '무지개빛깔 새해엽서'의 응용은 저자 이해인 수녀로부터 허락을 받은 것입니다.

동녘에서 불타는 해가 떠오름을 믿고

이주여성들이 좌절하지 않고 희망을 안고 사는 해가 되기를….

노랑, 그 부드럽고 평화로운 병아리처럼

암탉이 포근히 품어 노란 병아리가 태어나듯

이주여성들이 한국 사회의 품안에서 평화롭게 사는 해가 되기를….

초록, 그 담을 오르는 담쟁이 넝쿨처럼

이주여성들이 벽 앞에서 좌절하지 않고 그 벽을 넘어서기를,

초록빛 생명력으로 더 이상 죽임을 당하지 않고 삶을 노래할 수 있기를,

혼자가 아니라 서로 손잡고 생명의 삶을 사는 해가 되기를….

파랑, 그 드높이 파란 하늘처럼

이주여성들이 감추었던 꿈을 드러내고

자기의 이상을 드높이며 사는 해가 되기를….

남색, 모든 종류의 물고기를 품는 그 짙은 바다처럼

한국 사회가 짙은 바다가 되어

이주여성들이 살고 싶은 만큼 자유롭게 살 수 있는

체류의 자유가 있는 해가 되기를….

보라, 그 고난과 승리라는 이중적 의미를 담은 색깔처럼

이해의 끝에는

고통이 고통으로가 아니라 승리로 이어지고,

고통이 나이테가 되고 거름이 되어
새로운 내일을 이어갈 힘으로 승화하기를…….

이 땅에 사는 모든 이주여성에게 빨주노초파남보 무지개 세상이 되기를 기원합니다.

_ 2015. 1. 1.

II부

차별을 넘어 형제자매애(愛)로

_ 최정의팔 칼럼

성탄절에 나에게 오는 이는?

톨스토이가 쓴 "사랑이 깃든 곳"이라는 작품이 있다. 그 작품 내용은 다음과 같다.

어느 마을에 마틴 아브제이치라는 구두 수선공이 있었다. 그는 아내와 자식을 다 잃고 하나님을 원망하며 자포자기하고 살아가다가 한 순례자를 만나게 되었다. 그 순례자의 권고로 성경을 읽으면서 하나님을 받아들이게 되었고 삶이 변화되기 시작했다. 어느 날 저녁 일을 끝내고 밤늦게까지 성경을 읽었다. 누가복음 6장을 읽고 있었다. "내 말을 듣고 실행하는 자는 반석 위에 집을 지은 자와 같다. 그렇지 않은 자는 모래 위에 집을 지은 것과 같다." 이 성구를 읽으면서 마틴은 "내 집은 어떨까? 반석 위에 세워졌는가, 아니면 모래 위에 세워졌는가?" 하고 자신을 돌이켜 보았다. 그리고 7장을 읽어나갔다. 죄인이라고 불리는 한 여인이 예수께 향유를 붓고 발을 머리털로 닦자 바리새인이 비판한 이야기이다. 이 이야기를 읽으며 마틴은 "하나님께서 나에게 오신다면 나는 어떻게 대할까?" 하고 생각에 잠기다가 잠이 들었다. 그때 마틴은 누군가가 부르시는 소리를 들었다. "마틴아, 내일 창 너머로 길을 내다보아라. 내가 올 터이니…"

다음 날 마틴은 난로에 불을 피우고 아침부터 예수님이 나타나기를 기다렸다. 밖을 내다보니 (옆집 가게 주인이 인정상 저택관리인으로 데리고 있는) 한 늙은 퇴역 군인이 청소를 하고 있었다. 추운 날씨에 빗자루질을 하고 있는 그 노인이 안쓰러워 자기 구두 수선소에 불러들여 뜨거운 차를 대접했다. 그 퇴역 군인은 덕분에 마음도 따뜻해졌다고 하며 일어서서 나갔다. 어두워지는데 웬 여자 하나가 다 해진 신을 신고 얇고 초라한 옷차림에 갓난아기까지 데리고 벽에 기대어 떨고 있었다. 아이는 계속 칭얼대었다. 마틴은 그 여인을 데리고 들어왔다. 아침부터 아무것도 먹지 못해서 젖이 나오지 않는다는 이야기를 듣고 빵과 수프를 데워서 주었다. 마틴은 집을 뒤져 낡은 외투를 꺼내 아기를 감싸라고 하고, 전당포에 맡긴 목도리를 찾을 수 있도록 돈을 약간 주었다. 여자가 나가자 마틴은 간단히 저녁을 먹고, 일을 하기 시작했다. 일하면서도 창밖을 내다보았다. 그러나 특별히 눈여겨 볼만한 사람이 없었다.

잠시 후 사과 장수 할머니 모습이 보였다. 그 할머니가 사과 광주리를 어깨에 메려는 순간 한 사내아이가 사과 한 개를 집어 들고 도망가려고 하다가 할머니에게 잡혔다. 아이는 도망치려고 하였으나 할머니는 아이 머리카락을 움켜쥐었다. 아이가 대들자 할머니는 아이를 경찰에 끌고 가겠다고 하여 실랑이가 벌어졌다. 마틴이 나서서 할머니에게는 아이를 용서하여 주라고 하고, 아이에게는 할머니에게 사과라고 하였다. 아이는 울면서 사과를 하였다. 할머니는 그렇게 하면 아이 버릇이 나빠진다고 고집하다가 자기 손자를 생각하고 아이를 용서하였다. 할머니가 사과 부대를 메고 가려고 하자 아이가 자기가 메고 가겠다고 하여 두 사람이 나란히 길을 떠났다.

이 모습을 보고 수선소로 돌아온 마틴이 램프에 불을 켜고 성경을 펼쳤다. '예수님이 오늘 안 오시려나 보다.' 그때 조용히 소리가 들렸다. "마틴, 나는 오늘 세 번 너를 방문하였다." 마틴이 놀라자 "마틴, 너는 나를 모르 겠니? 네가 오늘 만난 사람이 나다." 그러자 퇴역 군인, 갓난아기를 안은 여인, 사과 장수 할머니와 소년의 환영이 차례차례 나타났다 사라졌다. 마틴은 너무 기뻐 성경 펼쳐진 곳을 읽기 시작했다. 그 말씀은 바로 마태 복음 25장 말씀이었다. "내가 굶주릴 때 먹을 것을 주었고, 목마를 때 마실 것을 주었으며 나그네 되었을 때 영접하였고, 벗었을 때 옷을 입혔으 니…." 그리고 끝부분에는 이렇게 쓰여 있었다. "내 형제 중에 지극히 작 은 자 하나에게 한 것이 곧 내게 한 것이니라."

이 말씀을 읽으면서 마틴은 깨달았다. 확실히 예수님이 자신을 찾아왔 고, 마틴은 가난한 자의 모습으로 자기에게 찾아온 구세주를 대접했다 는 것을….

오늘 나는 성탄절을 맞는다. 나는 어떤 예수를 기다리며, 어떻게 맞으 려 하는가? 마틴이 읽은 마태복음 25장 31-46절 말씀은 '최후 심판' 때 일어 날 일들에 관한 것이다. 최후 심판은 어떤 이들에게는 은총의 기회가 되 지만 어떤 이들에게는 위기로 다가온다. 마태복음 25장 최후 심판에서 우 리가 기다리는 예수가 어떤 분으로 오시고, 또 그가 어떤 분이신지 분명 히 하고 있다. 예수는 잘나고 힘 있는 사람이 아니라 지극히 작은 자로 오 신다. 즉 형제자매 가운데, 지극히 보잘것없는 사람 하나로 오신다. 그리 고 이 지극히 보잘것없는 하나에게 한 것이 곧 주님께 한 것이라고 선언하 신다. 구체적으로 지극히 보잘것없는 한 사람이 주렸을 때 먹을 것을 주 고, 목말랐을 때 마실 것을 주고, 나그네 되었을 때 영접하고, 헐벗었을 때 입을 것을 주고, 병들었을 때 돌보아주고, 감옥에 갇혔을 때 찾아주는 것이 바로 주님을 영접하는 것이라고 선언한다. 반대로 "지금 여기 있는 지극히 보잘것없는 이들에게 하지 않는 것이 곧 내게 하지 않은 것이다"라고 심판한다.

나는 지금 여기 있는 지극히 보잘것없는 이들에게 무엇을 하고 있을까? 이 질문을 하면서 얼마 전에 죽은 로빈을 생각했다. 그가 서울대병원 응급실에 실려 갔을 때 병원에서는 우리에게 보증을 설 것을 요구했다. 그의 형이 있었지만, 병원에서는 형은 외국인이라 경제적 능력이 없다고 판단하고 우리에게 보증을 요구하는 것이었다. 대략 병원비를 물어보니 심장수술을 하는데 1천여만 원이 든다는 것이었다. 이 돈은 우리에게 무척 큰돈이며, 틀림없이 우리가 다 갚아야 할 터인데 얼굴도 본 적이 없는 외국인을 위해 보증을 선다는 것이 주저되었다. 나는 보증을 서지 못 한다고 했다. 그러나 나는 밤새 괴로웠다. 10여 년 동안 외국인 이주노동자를 위해 일해 온 내가, 그것도 생명을 살리는 직책인 목사가 돈 때문에 죽어가는 생명에 대해 보증을 서지 않는다니…. 결국 다음날 보증을 섰고 로빈 씨는 입원하여 심장 수술을 받았다. 그러나 그는 4천 3백만 원이라는 병원비를 남긴 채 하늘나라로 가버렸다. 주위 여러 사람들의 도움으로 병원비를 일부 갚고 시신을 고국에 보냈지만 그동안 마음고생이 참 많았다. 지금 생각하면 모든 것이 하나님의 도움으로 해결되었다고 고백하지만….

세상에는 지극히 보잘것없는 이들이 너무 많다. 힘이 없고 돈이 없는 나로서는 그들의 아픔을 함께한다는 것이 너무나 부담스럽다. 그런데도 이번에 홍콩에 가서 또다시 사고(?)를 쳤다. 함께 갔던 이○○은 심한 소아마비로 목발을 짚고 어렵게 이동했다. 그가 홍콩에서 너무나 움직이기 힘들어서 나는 그에게 휠체어를 빌려주었다. 이 휠체어 덕분으로 그는 홍콩 구석구석을 누비면서 취재활동을 할 수 있었다. 뿐만 아니라 그는 나와 함께 시위대 선봉에 서서 수없이 많은 보도진들의 카메라 세례를 받았다. 심지어는 텔레비전 보도를 본 홍콩 사람들이 지하철에서 반갑다고 인사를 하였다. 그의 아픔을 본 참석자들이 귀국하면 그에게 성탄 선물로 전동 휠체어를 사주자고 하였다. 가난한 생명선교연대 회원이나 농촌목회자들로서 6백만 원이나 드는 전동 휠체어를 마련해준다는 것은 어려운 결정이었다. 다행히 그는 귀국하여서 정밀 진찰을 받은 결과 전동 스쿠터를 사용하면 원활히 생활할 수 있다는 진단을 받았다. 그럼에도 성탄절에 전동 휠체어를 기증받아 신나게 취재활동을 하는 그를 보니 기분이 좋다.

어려운 결정을 해야 할 때마다 죽어가는 사람, 고아 등 4만여 명의 생명을 살린 마더 테레사 이야기가 생각난다.

난 결코 대중을 구원하려고 하지 않는다. / 난 다만 한 개인을 바라볼 뿐이다. / 난 한 번에 단지 한 사람만을 사랑할 수 있다. / 한 번에 단지 한 사람, 한 사람씩만……. / 따라서 당신도 시작하고 나도 시작하는 것이다. / 난 한 사람을 붙잡는다. / 만일 내가 그 사람을 붙잡지 않았다면 / 난 4만 2천 명을 붙잡지 못했을 것이다. / 모든 노력은 단지 바다에 붓는 한 방울 물과 같다. / 하지만 만일 내가 그 한 방울의 물을 붓지 않았다면 / 바다는 그 한 방울만큼 줄어들 것이다. 당신에게도 마찬가지다. / 당신 가족에게도 / 당신이 다니는 교회에서도 마찬가지다. / 단지 시작하는 것이다. / 한 번에 한 사람씩….

_ 2005. 12. 24.

새로운 법은 제정되었지만 우울한 이주노동자

　외국인 근로자고용법이 국회에서 통과된 후 처음으로 지난 8월 3일 선한 이웃 클리닉에서 이주노동자들에게 새로운 법을 소개하고, 함께 그에 대한 대책을 논의하였다. 언론에서는 대체로 그동안 사회적 문제로 야기되었던 중소기업의 인력난 부족과 불법 체류자*의 문제를 동시에 해결할 수 있는 기쁜 소식이라고 하였지만, 이날 모인 200여 명의 외국인 이주노동자들은 결코 환한 표정이 아니었다. 자신들의 거취가 결정되는 중대한 문제이기 때문에 모두가 진지한 표정으로 질문과 답을 하였고, 모임이 끝난 후에는 대부분 불안한 표정을 짓고 있었다.

　이날 모인 사람 중에 거의 반수는 체류 기간이 4년이 넘는 장기 체류 이주노동자였다. 정부에서는 이들이 자진 출국 후에 불이익을 받지 않고 고용허가제로 다시 입국할 수 있다고 발표하였지만, 그에 대해 별로 믿음

---

*법무부에서는 불법 체류자라는 용어를 사용하지만, 이주운동진영에서는 '불법 체류자'라는 단어가 '범죄를 저지른 자'라는 차별적 용어이기 때문에 '미등록 이주노동자', '초과체류자'라는 용어를 사용한다. '미등록 이주노동자'는 유엔에서 제정한 '모든 이주노동자와 그 가족의 권리'에 관한 국제조약에 근거한 것으로 '이주노동자로 등록되지 않은 노동자'란 의미이고, '초과체류자'는 주로 일본에서 사용하는 것으로 '비자 기한을 초과한 자'라는 뜻이다. 여기에서는 당시 글에 썼던 용어를 그대로 고치지 않고 두었다.

을 갖고 있지 않았다. 이들은 대부분 한국에 입국할 때 브로커를 통해 막대한 돈을 들여서 왔기 때문에 또다시 본국에 갔다가 한국에 재입국하는 것이 그렇게 용이하지 않다는 사실을 잘 알고 있었다. 그래서 앞으로 어떻게 하겠느냐는 질문에 대해 대부분 자진 출국하지 않고 그냥 숨어서 일하겠다고 답하였다. 그리고 강제 단속에 걸리면 그 때는 어쩔 수 없이 출국하겠다고 말하였다. 그러면서 이번에 자신들도 4년 이하의 다른 이주노동자처럼 고용허가제에 편입되기 위해서는 어떤 모험(?)도 감수하겠다고 다짐하였다. 이러한 입장은 이날 참석한 이주노동자뿐 아니라 현재 4년 이상 체류한 이주노동자 8만여 명의 공통된 입장일 것이라고 판단된다.

이러한 이주노동자의 입장에 대해 정부에서도 어느 정도 예상을 하고 있다고 본다. 정부에서도 대부분 한국어와 한국 지리에 익숙한 이주노동자들이 전국 각지의 산업 현장에 숨어버릴 경우 적발하는 것이 용이하지 않음을 인식하고 있다. 그래서 정부에서는 이주노동자에 대한 강력한 단속뿐만 아니라 불법 체류자를 계속 고용하는 업주들에게도 엄격한 제재를 가하려고 하고 있다. 정부는 출입국관리법에 따라 불법 체류자를 사용하는 사업주는 3년 이하의 징역이나 금고 또는 2천만 원 이하의 벌금에 처하겠다고 발표했다. 그러나 이들을 고용하고 있는 사업주들은 "이제 한국말도 알아듣고 숙련돼 일의 효율도 높아졌는데, 한국 문화에 잘 적응한 이들을 내보내고 새로 낯선 외국인을 도입하고 싶지 않다"라고 하면서 적극적으로 호응할 의사가 없음을 보이고 있다. 새 법은 명확한 이론적 근거 없이 '체류 기간 4년'으로 기한을 설정해 4년 이상 불법 체류자에 대해 무조건 강제 출국하도록 규정하고 있지만, 이러한 현실을 감안하여 4년 이상 체류한 이주노동자들에게도 고용허가제를 통한 재취업에 응모할 수 있는 융통성을 발휘하는 게 바람직하다고 본다.

　4년 이하의 불법 체류자들도 새로운 법 제정에 대해 내심으로는 안심하며 반기지만, 여전히 얼굴 표정이 밝지 못하다. 자신들이 합법적인 신분을 갖게 될 수 있다는 가능성에 안심을 하지만, 실제로는 이들이 새로운 제도에 편입되기에 적지 않은 어려움이 있기 때문이다. 우선 이들 중에 3년 이상 불법 체류한 사람들은 사업주의 취업 확인서가 필요하고, 게다가 일단 본국에 돌아갔다가 다시 와야 하는데 이것이 결코 쉬운 일이 아니다. 사업주의 입장에서는 겨우 길어야 2년(짧으면 1년) 동안 고용할 이주노동자가 본국에 돌아갔다가 올 확실한 보장이 없는데, 이들을 위해 기계를 쉬면서 기다릴 여유가 없기 때문이다. 또한 이주노동자의 입장에서도 본국에 들어갔다가 나올 보장이 없는데(이것은 본국 사정으로 우리가 어떻게 할 수 없음), 비행기 표를 부담하면서까지 출·입국하는 것이 쉽지 않다고 본다. 또한 3년 이하의 불법 체류한 이주노동자들에게도 여전히 어려움은 있다. 불법 체류 이주노동자를 고용하고 있는 적지 않은 수의 사업주들은 사업등록증이 없을 정도로 열악하다. 또 사업주가 고용하는 것에 해당되지 않는 가정부(이들은 주로 중국동포임), 건설업계의 일일고용자 그리고 간병인 등 일용직에 근무하는 이들에게는 이러한 조처가 해당되지 않기 때문이다.

　이번에 외국인 근로자 고용법을 제정한 것은 그동안 인력난으로 인해 외국 인력을 불법으로 고용할 수밖에 없는 중소기업들의 어려움을 해소하기 위한 것이다. 또한 이주노동자들이 불법 체류 상태에 있음으로 인해 야기된 각종 인권유린은 물론이고 노동자로서 권리를 보장받지 못한 것을 해결하기 위한 것이다. 새로운 법을 통해 우리의 경제적 어려움도 해결하고, 인권유린국이란 국제적 비난도 해소하고, 또한 법질서도 회복

하기 위해서는 무엇보다도 이러한 법이 잘 정착될 수 있도록 시행령이
현실적으로 제정되어야 한다고 본다. 외국인 근로자 고용법은 내년 8월
이 되어야 시행된다. 그동안 새 법이 연착륙하여 잘 정착될 수 있도록 다
양한 의견이 수렴될 수 있기를 바란다.

_ 2003. 8. 6.

이젠 모든 짐을 내려놓고 편히 가소서!

그동안 얼마나 힘들었습니까?

17일부터 시작되는 강제 단속으로 인해

얼마나 마음고생이 심했으면

달리는 전동차에 스스로 목숨을 던져야 했습니까?

이젠 모든 짐을 내려놓고 편히 가소서.*

7년 동안 단 한 번도 가보지 못한 고국에 가고 싶지 않았습니까?

사랑하는 가족, 무엇보다 당뇨병을 앓고 있는 어머니를 간호하고 싶지

않았습니까?

누나와 동생 그리고 아버님의 얼굴과 손을 만져보고 싶지 않았습니까?

다라카 님을 좋아하는 사장이 한국에 다시 오면 고용한다고 했는데,

왜 여기에 이렇게 다시는 돌아올 수 없는 길을 택했습니까?

그동안 너무 두려웠습니까?

---

* 11월 15일 스리랑카 이주노동자로 이 땅에서 7년 동안 있다가 전동차에 몸을 던진 고 다라카
님의 장례식에서 전체 이주노동자 단체를 대표하여 이 조사를 바칩니다.

고국에 가서 취직이 되지 않으면 어떻게 가족을 먹여 살릴까?

네팔의 한국공장에 취직해도 겨우 월급은 20만 원

그것으로는 어머니의 약값도 마련하기 어렵고 동생의 학비나 가족의 생

활비….

더 이상 어떻게 할 수 없었겠지요.

처음 한국에 올 때는 얼마나 희망에 부풀었습니까?

비록 1천만 원을 브로커에게 주었지만

곧 코리안 드림을 이룰 것이라고 설레며 왔지요.

그러나 연수생 한 달 월급은 28만 8천 원.

그것으론 브로커에게 준 빚도 갚기 어려워

결국 1년 만에 연수생 업체를 이탈하여 불법 체류의 삶을 살 수밖에 없었

지요.

마음씨 좋은 사장을 만나

동료들과 함께 일하면 새 힘을 얻게 되었죠.

한 달에 115만 원을 받아 매달 80만 원을 부치게 되었죠.

이제 빚도 갚고 동생들도 대학에 다니게 되고

조금만 더 열심히 하면 살 만할 터인데,

강제 추방이라니 병상에 누운 어머니는 어떻게 하란 말입니까?

언제나 다른 친구들에게 힘내라며 보호해준 다라카 님,

우리는 다라카 님을 보호해주지 못했습니다.

힘도 되지 못했습니다.

12일에도 또 방글라데시 이주노동자 비꾸 씨가

소형화물을 들어 올리는 기계에 목을 매 숨졌습니다.

너무나 죄송합니다. 너무나 미안합니다.

우리가, 한국 사람들이 잘못했습니다.

사람은 누구나 일하고 정당하게 대우받을 권리가 있는데,

우리는 사람을 사람으로 대하지 않았습니다.

필요하면 일을 시키고,

너무 많으면 강제 단속하고.

그리고 7년 동안 이 땅에서 묵묵히 일한 님을 이제 가라고 위협했습니다.

갈 수가 없는 다라카 님을 가라고 하면서 죽음으로 내몰았습니다.

이제 다라카 님은 그동안 무심했던 우리의 양심에

죽음으로 경종을 울렸습니다.

더 이상 이런 죽음과 공포의 세력이 없도록

우리가 님과 함께 고통과 아픔을 나누겠습니다.

"강제 추방 반대한다."

"미등록노동자 사면하라."

_ 2003. 12. 17.

이주노동자 명동 농성 1년을 넘기면서

2003년 11월 14일부터 시작된 이주노동자들의 농성이 이제 1년이 넘어섰다. 처음 명동성당에서 농성을 시작할 때에는 1백 50여 명이 참여했지만, 이제는 30여 명이 자리를 지키고 있다. 지난 1년여간 지속된 정부의 대대적인 단속과 강제 출국에 의해 대부분 뿔뿔이 흩어지고 만 것이다. 그리고 그때 함께 농성을 시작했던 전국 여러 곳의 농성장도 모두 농성을 끝낸 지가 오래되어서 이들의 투쟁은 더욱 외롭게 보였다. 필자도 그때 함께 명동성당에서 농성을 시작하였다가 상호 견해 차이로 인해 성공회 성당으로 농성장을 옮겼고, 그 후 싸움의 전략과 전술의 선택으로 85일 만에 농성을 해산하였기 때문에 1년이 넘게 고생한 이주노동자들에게 미안하고 죄송한 마음이 들어서 18일 명동 농성장을 찾아갔다.

농성장에 있는 이주노동자들은 대부분 안면이 있는 얼굴이라 반갑게 맞는다. 서울센터와 관계를 맺었던 몇몇 네팔 노동자들과 방글라데시 노동자들, 특히 성공회성당에서 함께 농성을 하다가 이곳으로 자리를 옮긴 민수 씨*가 무척 반가워하면서 잡은 손을 놓을 줄 모른다. 민수 씨의

---

* 네팔 출신 티벳인 민수 씨는 올해로 결혼 9년 차의 성실한 가장이다. 자녀 셋을 키우고 있고, 현재 티베트 음식점 '포탈라'를 하고 있다. 2011년 이 음식점이 명동재개발로 인해 강제 철

목소리가 이상해서 물어보니 감기로 며칠째 고생을 하고 있다고 한다. 하긴 명동성당 앞 보도에 설치된 허름한 천막 속에서 1년을 넘게 생활하였으니 몸이 약해질 수밖에 없었겠지…. 몇 년 동안 일하던 공장에서 하루아침에 쫓겨나 강제 단속 위협에 시달리면서 시위를 하다 보면 몸도 마음도 병들 수밖에 없다고 생각하니 마음이 아팠다.

네팔과 방글라데시에서 온 이주노동자들만 남아 있다는 것은 시사하는 바가 있다. 이들은 귀국하면 다시 올 수 있는 기회가 전혀 불가능해 가능한 최대한도로 이곳에 머물 수밖에 없다. 이날 만난 민수 씨를 포함하여 대부분의 이주노동자들은 한국에 온 지 벌써 10여 년이 됐지만, 애초 꾸었던 코리안 드림은 멀기만 하다. 이들은 한국에서 10대, 20대를 노동하면서 살아 제2의 고향으로서 정도 많이 들었지만, 그동안 돈은 많이 벌지 못하였다. 송출 브로커 비용으로 빚을 지고 입국하고, 사기당하고, IMF 때문에 놀고, 또 허리 다쳐서…. 그들이 고국으로 돌아가더라도 방글라데시나 네팔에는 일자리가 거의 없어서 가족들도 그들의 귀국을 바라지 않는다.

그러나 명동성당에서 농성하고 있는 이주노동자들은 자신만의 이익을 위해 싸우는 것은 아니다. 이들은 인간다운 대접을 받지 못하며, 노동자로서 대접을 받지 못하는 모든 이주노동자의 권익을 위해서 싸우는 것이다. 또한 이러한 싸움은 사람을 사람으로 대접하지 않고 단순히 돈을 버는 기계로 생각하는 잘못된 한국 사회를 바꾸기 위해 외치는 것이다. 그래서 이들의 농성을 어느 방송에서 보도했듯이 "그들만의 외로운 싸

거될 위기에 내몰리게 되자 민수 씨는 가족을 지키고자 했고, 이 과정에서 업무방해와 공무방해 등으로 벌금 480만 원을 선고받았다. 이로 인해 부인이 한국인임에도 불구하고 귀화불허 판결을 받았다. 현재는 장소를 이전해 무교동에서 티벳 음식점을 운영하면서 귀화불허 판결 취소를 위해 행정소송을 제기하고 있다.

움"은 아니라고 본다. 수많은 이주노동자들이 신변의 위협으로 함께 하지 못하지만 투쟁 기금을 모아 전달하고 있고, 또한 양식 있는 시민들이 이들과 함께하고 있다. 이러한 연대로 인해 이들이 "국제폭력조직인 알카에다와 연결되어 있다"라느니, "반한단체"라느니 하는 터무니없는 왜곡 선전으로 받은 마음의 아픔을 달랠 수 있었다.

1년여 동안의 농성은 한국 사회에 커다란 메아리를 울렸다고 본다. 고용허가제를 도입했지만, 이주노동자의 권리에 대해서는 아직도 소극적인 한국 사회에 대해서 "강제 추방 반대, 노동허가제 쟁취" 등을 외치면서 지속적으로 이주노동자 문제를 알리는 역할을 담당해왔다. 그래서 애초 강제 추방 반대라는 소정의 목적은 달성하지 못했지만, 그동안의 농성 성과는 대단히 크다고 평가할 수 있다. 이들은 11월 말에 농성을 해산하겠다고 한다. 이들은 자신들이 농성장을 떠나면 그동안 농성한 것으로 인해 표적 단속이 될 것을 각오하고 있다. 그래서 표적 단속과 강제 추방을 피하기 위해 도망치거나 숨는 것이 아니라 이주노동자의 권익을 본격적으로 주장하기 위해 노동조합 건설을 추진하겠다고 한다.

자기 나라로 돌아갈 수 없었기 때문에 항의 표시로 자살한 동료들의 빛바랜 영정이 걸려 있는 차디찬 천막을 나오면서 독일에서 일했던 광부와 간호사들을 생각하였다. 독일에서도 6년이 지난 한국인 노동자들을 본국으로 돌려보내려고 하였으나 당시 한국 사회가 광주학살사건 등 귀국시킬 수 있는 여건이 조성되지 않았다는 이유로 모두 특별 체류 허가를 주었다. 네팔에서는 귀환한 이주노동자들은 돈을 많이 벌었다고 하면서 모택동주의자들이 괴롭히고, 미얀마에서는 독재정권이 귀국하는 이주노동자들에게 엄청난 벌금을 매기고, 방글라데시는 인구의 반이 실업자라 취업 자리가 거의 없는 등 수많은 이주노동자들이 한국에서 본국으로 돌아가기 어려운 형편이다. 이들을 마구 단속해서 귀국시키는 것은 생명을 위협하는 처사이다. 이런 이주노동자들에게 특별 체류 허가를 줄 수 있는, 인간을 먼저 생각하는 한국 사회가 되기를 간절히 바란다.

_ 2004. 2. 1.

차별을 넘어 형제자매애(愛)로

　최근 국가인권위원회에서 각종 차별을 법적으로 금지하는 차별방지법을 제정토록 노력하겠다고 발표하였다. 아직 법안 초안이 나오지 않아 정확히 그 내용을 알 수는 없지만, 현재 자행되고 있는 영역별 차별을 구체적으로 명기하고, 여기에 어긋나는 행위를 한 사람들을 강제적으로 규제한다는 것이다. 이렇게 되면 성에 의한 차별, 장애에 의한 차별, 국적에 의한 차별, 피부에 의한 차별, 학력에 의한 차별, 나이에 의한 차별 등 제반 차별 행위가 처벌의 대상이 된다. 그동안 이러한 차별반대운동을 펴왔던 필자는 차별을 받는 소수자의 입장에서 이런 입법 노력을 적극적으로 환영한다. 또한 입법의 과정을 통해 이제까지 소홀히 해왔던 차별에 대한 사회적 관심이 더욱 고조되어 차별 없는 평등사회가 이루어질 것을 기대해본다.

　그러나 이러한 입법만으로 이 사회의 큰 병폐인 차별 행위가 근절되리라고 믿지는 않는다. 이러한 차별방지법의 입법은 단지 그 단초를 놓는 것뿐이다. 이러한 입법과 아울러 우리 사회에 만연한 차별적 문화가 관용의 문화로 바뀌지 않는 한 진정한 의미에서의 차별 방지는 이루어질 수 없을 것이다. 서로 다른 차이를 인정하지 않는 사회, 모두가 획일적인 가치관을 요구하는 사회에서는 아무리 법이 차별 방지를 강제한다고 해도 그것은 가시적인 효과만을 거둘 수밖에 없다. 차별을 방지하는 것이 아니라 한 걸음 나아가서 우리 사회가 소수자의 권리를 보장하는 사회, 약자를 먼저 배려하는 사회, 장애인을 중심으로 사고하는 사회, 이주노동자도 인간으로 함께 거주할 수 있게 상생의 문화가 정착되도록 나아가야 한다고 본다. 이러한 차별방지법 제정이 논의되는 와중에서도 차별을 극심하게 받는 이주노동자의 죽음이 안타깝다.

며칠 전 방글라데시에서 온 알롬 샬롬이 공장에서 죽었다. 그와의 만남은 3년 전 서울대학병원에서 그를 우리 센터로 보내면서 시작되었다. 그는 우리 센터에 구급차를 타고 왔다. 당뇨가 극심해서 거의 기다시피 할 정도로 몸을 가누기가 어려운 상태였다. 그러나 그는 우리 센터에서 약을 먹고 음식 조절과 운동을 통하여 건강을 회복하였고, 다시 공장에서 일하게 되었다. 그런데 어느 날 부인 코데자와 함께 인천 모 공장에서 일을 하다가 갑자가 다시 쓰러졌다. 부인은 아침에도 일을 열심히 하던 남편이 갑자기 쓰러져 죽었으니 회사에서 산재보험을 받을 수 있도록 해달라고 호소하였다. 그렇지만 본인의 당뇨 경력으로 인해 그는 산재보험을 받지 못하였다. 그가 한국인이었다고 하면 산재 보상을 받을 가능성이 높았을 터인데…. 결국 그는 아무런 보상도 받지 못하고, 회사에서 준 몇 시간 동안의 입원비(1백 60여만 원)와 밀린 월급(5백여만 원)만 받아 본국으로 돌아가게 되었다. 돈을 벌려고 한국에 온 그가 돈도 벌지 못하고 시신으로 본국으로 가야 했으니….

국적에 의해 한국에서 차별을 받던 알롬 샬롬과 그의 가족은 또다시 종교에 의한 차별을 염려해야 했다. 평소에 필자를 "화더"(아버지)로 부르면서 어려움을 호소하고 함께 고통을 나누었던 코데자는 남편이 죽자 눈물로 도움을 호소했다. 여러 사람의 협력으로 병원비 마련, 회사와의 타협, 장례 준비, 비행기 문제 등 시신의 귀국을 위한 모든 절차가 해결되었다. 그녀의 제안대로 모슬렘 식의 입관예식도 하기로 하였다. 이미 회사와 모든 것이 정리되어서 우리는 그녀에게 쉼터에 와서 출국을 대기하자고 제안하였다. 그러나 그녀는 놀랍게도 우리의 따뜻한 제안을 거부하였다. 그와 그의 남편이 기독교로 개종하였다고 알려지면 그의 고향에서 시신을 받아들이지 않기 때문이다. 결국 그녀는 센터에 들리지 못하고 남편이 죽었던 회사의 기숙사에서 쓸쓸하게 출국하기로 하였다. 혹시나 우리 센터에 자주 드나들어서 모슬렘에서 기독교로 개종하였다고 방글라데시 마을에 알려져 그의 남편 시신이 받아들여지지 않을까 두려워하면서….

국적에 의한 차별, 종교에 의한 차별 등 모든 차별을 근본적으로 해결할 길은 없을까? 며칠 전 만났던 문동환 박사와의 이야기가 생각난다. 문박사는 신자유주의 팽창으로 인한 자본의 지나친 집중화, 미국의 일국 중심적 패권주의, 지나친 물질문명의 발달로 20-30년 후에 인류에게 불어닥칠 화석 문명의 위기 등을 벗어날 길은 오직 인류가 형제자매 의식을 회복하는 길뿐이라고 믿고 있다. 더 많이 갖기보다는 나누어 함께 누리기, 더 많이 소비하기보다는 필요한 곳에만 사용하기, 세계 모든 나라가 서로 경쟁하기보다는 상호 도와주기, 무한한 발전 경쟁보다는 지구가 수용할 수 있는 최소한의 발전 등 전 지구적 문명 전환이 이루어져야 한다는 것이다. 문 박사는 도저히 일어날 수 없는 이러한 문명전환도 위기에 닥치게 된 인류 스스로가 찾게 될 것이라고 믿고 있다. 결국 모든 인류가 서로 경쟁하는 타인이 아니라 형제자매 의식으로 타인을 존중할 때만이 모든 차별을 근본적으로 해결할 수 있을 것이다.

_ 2004. 7. 5.

아기를 살릴 수 있는 희망

7월 31일 찜통더위로 모두가 서울을 떠나는 날, 까페 '린'에서는 우리 센터 자원활동가 모임인 '터다짐'의 주관으로 베트남 아기 레공티안의 병원비 마련을 위한 후원 까페가 열리고 있었다. 이날 시작부터 자리를 함께한 엄마 레티롱은 오신 손님들과 조용히 이야기를 나누다가 드디어 눈물을 흘렸다. 저녁 8시경 아이를 돌보려고 귀가하기 직전 CBS의 요청으로 여러 사람 앞에 선 그녀는 고맙다는 인사를 하다가 결국 캠코드 앞에서 말을 잇지 못했다. 무더운 여름에 땀 흘리는 자원활동가에 대한 고마움, 타국 땅에서 자신의 아기 때문에 신세져야 하는 미안함, 앞으로 아기를 건강하게 키울 수 있을지 하는 두려움 등등 그녀의 마음은 참으로 착잡했을 것이다. 그녀의 눈물로 인해 갑자기 분위기는 엄숙해졌고, 참석자 모두가 그녀에 대한 안쓰러운 마음이 생겼다.

처음 그녀의 아기 문제를 상담했을 때 참으로 난감한 기분이 들었다. 출산 예정일보다 두 달이나 앞서 태어난 그녀의 아기는 겨우 1.36kg, 인큐베이터에 들어가 생명력을 키울 수밖에 없었고, 두 달이나 입원할 경우 병원비가 3천만 원이 넘게 들기 때문이다. 이미 첫 번째 아기를 조산해서 잃어버린 그녀에게 또다시 좌절을 겪게 할 수는 없기 때문에, 우리는 병원비를 염려하지 말고 몸조리를 잘하라고 위로할 수밖에 없었다. 한국 사람들도 그럴 경우 힘든데, 생명을 살리지 않을 수도 없고…. 자원활동가 모임 '터다짐'은 이런 상황에서 용기 있는 결단을 하고 무더위 속에서 후원 까페를 열고 모금활동을 벌이기로 하였다.

사실 이런 결정은 결코 쉬운 것이 아니었다. 이미 5월에 센터 후원의 밤을 열었고, 모두가 휴가를 떠나는 휴가철이기 때문에 후원행사를 한다는 것 자체가 무리일 수 있었다. 그러나 우리는 정성을 기울이고, 경비를 최대한 줄여서 하기로 마음을 정했다. 다행히 외노협(외국인이주노동운동협의회 Joint Committee with Migrants in Korea) 공동대표인 최준기 신부님의 소개로 까페 '린'을 무료로 임대하고, 초대장도 자원활동가 한 분이 무료로 제작해서 주었다. 주위에 부담을 줄이고 자발적 참여를 유도하기 위해 티켓은 판매하지 않기로 하였다. 이런 정성이 모여서 무더위를 무릅쓰고 한 우리의 행사는 성황은 아니었지만, 그래도 나름대로 좋은 결실을 얻어 3백만 원 정도의 수익금을 얻었다.

아기는 인큐베이터에서 나와 퇴원을 하게 되었다. 그러나 우리가 모은 돈은 병원비로 턱없이 부족했다. 아기를 퇴원시키는 날 8월 2일, 다행히 동신교회에서 거금을 준비하여 주셨고, 무엇보다도 병원 측에서 아기의 병원비를 대폭 삭감해주셨다. 병원 측은 가뜩이나 어려운 재정 상황으로 인해 이사회까지 열어서 그런 삭감 결정을 하였다고 한다. 다행히 이 문제를 몇몇 신문에서 보도해주어 낯모르는 분들이 따뜻한 마음을 계속 보내주셨다. 아직 우리 사회가 누가 무엇이라고 해도 따뜻하고 희망이 있다는 증거를 보게 되었다.

아기가 퇴원한 다음 날 아기 엄마는 사무실에 음료수를 사갖고 와서 고마움을 전했다. 이런 후원활동을 주도적으로 해온 김지예 님에게는 예쁜 베트남 옷도 선물해주었다. 어려움 가운데도 고마움을 표시하는 아름다운 장면이었다. 이런 고마운 인사를 접하면 그동안 쌓였던 피로나 스트레스가 모두 사라진다. 그리고 엄마는 아기를 건강하게 키울 것을 다짐했다. 사실 고마움의 인사를 받을 분은 사무실 직원이 아니다. 더위에 휴가를 반납하고 애쓴 모든 자원활동가들, 고귀한 성금을 보내주신 낯모르는 후원자들 그리고 병원비를 대폭 삭감해준 병원이다.

아기 후원비는 우리의 예상보다 많이 들어왔다. 이제 레공티안의 병원비는 모두 계산되었기 때문에 아기를 건강하게 키울 수 있도록 후원금의 일부를 레공티안의 부모에게 전하였다. 그리고 아기 부모와 협의해서 남은 돈은 다른 인큐베이터에 있는 아기들 그리고 생명의 위협을 받고 있는 이주노동자를 위해 진료 기금으로 사용하기로 했다. 가칭 "생명을 살리는 레공티안 기금"은 어떨지. 지금도 일산에서는 아기가 비정상으로 태어나 인큐베이터에 있다는 소식, 서울대 병원에서는 튀니지아 부부가 위독한 아기 때문에 고통을 받고 있다고 한다. 이제 이런 아기들의 생명을 살릴 수 있는 희망이 생겼다.

_ 2004. 8. 9.

이주민의 살 권리가 보장되는 나라

관광안내서(World Travel Guide Book)에 보면 태국 관광객에게 권하는 것이 북쪽 지방의 트레킹이고, 그 트레킹에서도 뺄 수 없는 부분이 고산족 방문이다. 고산족(Hill Tribes)은 태국 북부와 서부를 비롯하여, 미얀마 북부와 동부, 라오스 북부, 베트남 서북부 등지에 흩어져 살고 있는 것으로 되어 있다. 고산족들은 확연히 구분되는 자기들만의 독특한 언어와 풍습, 의상을 갖고 있다. 종족에 따라 산꼭대기나 등성이, 또는 계곡 근처에 마을을 이루고 살고 있다. 산을 개간하거나 화전으로 농작물을 경작하고 가축을 기르며 살아간다. 관광지역이 된 몇몇 마을을 제외하고는 대부분 전기나 도로 등의 문화적 혜택 없이 문명과는 동떨어진 생활을 하고 있다. 또한 대부분 빈곤한 생활을 하고 있으며, 마약과 질병에 많이 노출되고 있는 상황이다. 태국에는 여러 고산족이 있는데 대표적으로 카렌, 라후, 아카, 몽, 미엔, 미수족 등이 있다.

고산족에 대해 설명을 들으면서 놀란 것은 이들이 태국 국적을 갖고 있지 않다는 점이다. 처음 고산족이라고 들었을 때는 의례 이들이 태국 국민일 것이라고 생각했기 때문에 이들이 국적이 없고 자기가 살고 있는 지역에서 마음대로 떠날 수 없다는 말을 도저히 이해할 수 없었다. 이들은 자기가 살고 있는 지역 자치제에서 발행하는 증명서를 갖고 있는데, 태국 정부에 세금을 내지 않긴 하지만 교육도 받을 수 없을뿐더러 태국 정부로부터 어떤 혜택도 받지 못한다고 한다. 왜 그럴까? 아무리 산에 산다고 하여도 국민은 국민일 텐데 하는 의아심은 카렌족을 방문하면서 겨우 풀렸다.

카렌족은 동남아시아 내륙부의 고산 지역에 있는 소수민족 중에서 가장 인구수가 많다. 카렌족은 다시 세분화하여 많은 종족으로 나누어진다. 카렌 족 중에서 규모가 가장 작은 종족이 목 긴 부족, 빠동족이다. 인구수도 적고 고산 오지에 살지만, 목에 철사를 감고 다니는 풍습으로 관광객들이 많이 찾는다. 빠동족 여자아이는 대략 여섯 살이 되면 목에 놋쇠로 된 고리를 감기 시작한다. 전에는 모든 여자아이들이 그렇게 목에 놋쇠 고리를 달기 시작했지만, 지금은 선택사항이다. 그러나 적지 않은 여자아이들이 그런 선택을 하는데, 그 이유는 예뻐지기 위해서란다. 놋쇠 고리는 대략 굵기가 1cm, 무게가 300g이라서 착용하고 다니기가 쉽지 않다. 그래서 두어 해 지난 후 본인이 불편을 느끼면 착용을 중지할 수도 있다.

빠동족 입구에 들어서면서 왜 이들이 주민등록증을 발급받지 못하는지를 곧 알 수 있었다. 안내서에 보면 이들은 정치적 이유로 12년 전에 버마에서 태국으로 망명해서 정착한 피난민이라고 소개되어 있다. 그들은 난민이기 때문에 어떤 직업을 구할 수도 없고, 또한 합법적으로 이 나라에서 일할 수도 없다. 그래서 입구에서는 이들을 돕기 위해 개인당 250 바드를 여행안내소에 지불하도록 요청하고 있다. 이러한 기부금은 빠동족의 일용품(쌀과 커리 등), 의료 진료, 자녀교육 등 마을의 다양한 필요를 위해 사용된다고 한다.

카렌족 정착촌은 두 곳으로 갈라져 있었다. 한 곳에는 주로 코야유(목이 긴 사람)과 후야유(귀가 긴 사람)들이 관광객을 끌면서 살고 있고, 다른 지역은 이런 장식을 전혀 달지 않고 농사를 지으면서 살고 있다. 우선 빠동족이 살고 있는 지역으로 향하였다. 마을 입구 내를 건너는 곳에는 로이(32세)라는 장애인이 그림을 그리고 있었다. 태어나면서 양손에 장애가 있어 어렵사리 한 손가락으로 붓을 사용하여 유화를 그리고 있었다. 그의 그림은 너무 상투적인 것이어서 그림으로서는 가치가 없을지 모르겠지만, 열심히 그리는 모습이 감동적이다. 그는 고국인 미얀마에서는 그림이 팔리지 않아 할 수 없이 이곳으로 왔다고 사실대로 이야기한다.

빠동족을 만나면서 그들의 긴 목이 계속 가슴을 아프게 한다. 전혀 몸을 자유롭게 움직이지 못하도록 하는 쇠사슬(?)을 걸고 있는 그들에게 할 말이 별로 없었다. 마웨(20살)이라는 젊은 여자에게 불편하지 않느냐고 물으니 본인은 이제 습관이 되어서 전혀 불편을 느끼지 못한다고 하였다. 놋쇠 목걸이 속으로 목을 씻는 등 그녀는 잠잘 때도 그대로 장식을 하고 잔다고 하면서 자기의 자녀도 원한다면 그대로 장식을 하도록 하겠다고 한다. 다섯 살 어린아이가 무슨 판단력이 있어서 놋쇠 고리를 할지 말지 판단을 하도록 할까? 40개 넘게 놋쇠 고리를 한 여자(무게 12㎏)도 그것을 예쁘다고 하면서 있으니 세뇌의 무서움을 새삼 절감한다.

빠동족과 달리 일반 카렌족이 사는 마을을 올라가다 정착촌을 관리하는 정부 공무원을 만나게 되었다. 그 공무원의 설명대로 하면, 태국 정부가 마음이 넓어서 이웃 나라에서 국경을 넘어 살려고 온 사람들을 그냥 내보내지 않고 정착촌을 만들어 살도록 한다면서 자기 나라에 대한 자부심을 표한다. 정부에서는 이들이 살도록 허락해주고 그 입구까지 길을 닦아주면서 많은 혜택을 주고 있다는 설명이다. 물론 태국 정부도 재정이 넉넉지 못해 빠동족 스스로 살아나가야 하지만, 독재정권을 피해 와서 살도록 하는 것만 해도 얼마나 좋은 일이냐고 되묻는다. 대부분 정착촌 사람들은 실제로 태국 정부가 쫓아내지 않는 한 이곳에서 계속 살기를 원하고 있다. 고국에 한 번쯤 가보고 싶지만, 이제는 너무 긴 세월이 흘러서 이곳이 살기에 더 익숙해졌기 때문이다.

피난한 난민들을 나름대로 살도록 해주는 나라, 태국이 정말 마음이 넓은 나라라는 생각도 든다. 물론 태국 정부에서도 이들을 통해 관광 수입, 물자 생산 등 나름대로 이익이 발생하겠지만, 그래도 함께 더불어 사는 마음이 없으면 이것이 과연 가능할까? 젊은이들이 들어와서 불법으로 일하도록 내버려 두다가 더 이상 이들이 필요치 않다고 판단되면 강제 출국시키려는 우리나라와 많이 비교된다. 되돌아가려야 갈 수 없는 이들에 대한 최소한의 배려는 결국 그 나라 국민들의 양심 수준에 달려 있다고 본다.

_ 2004. 10. 16.

사람답게 살도록 하는 이주노동운동의 중요성
— 아시아이주노동자포럼을 마치면서

한국에서 주관한 제9차 아시아이주노동자포럼이 지난 13일부터 14일까지 감리교여선교회관에서 아시아 19개국에서 160여 명이 참석한 가운데 성대히 막을 내렸다. 이번 대회는 이주노동자의 권리와 존엄성을 증진하고, 아시아네트워크인 아시아이주노동자포럼 10주년을 기념하는 역사적인 회의였다. 회의의 주제는 인권과 안보 그리고 여성의 권리, 존엄과 개발의 상충이었으며, 이런 주제 자체만으로도 국제적 노동 이동의 복잡성을 충분히 이해하게 되었다.

그동안 아시아이주노동자포럼이 이룩한 중요한 성과는 모든 이주노동자와 그 가족의 권리 보호를 위한 유엔 이주민협약 비준 캠페인 조직, 국제이주노동에서 발생하는 인종주의, 외국인혐오주의에 대한 관심 고조 그리고 이주노동자들의 송금을 활용한 이주노동자 본국 귀환프로그램을 시도한 것 등이다.

"아시아에서 이주노동자와 함께 살며, 일하며, 투쟁"해 온 아시아 여러 참가자들이 서로 다양한 관점을 존중하면서 상호 협력을 확대하고 심화하기 위해 모인 이번 회의에서는 이주와 개발, 세계화와 지속가능한 개발, 국가안보에 우선하는 인간 안보, 인신매매와 이주노동, 이주의 여성화, 이주노동의 여성문제, 노동의 비공식화, 귀환과 송금, 이주노동자의 건강과 복지 그리고 국제인권기준 등을 중점적으로 논의하였다. 그러한 결과로 (1) "반테러법(테러방지법), 적법한 재판 절차 없는 구금, 강제 HIV/AIDS와 임신테스트 등"을 포함한 이주노동자 차별적 법령 폐지할 것, (2) 미등록 이주노동자의 합법화와 연수제도를 철폐할 것, (3) 외국인 가사노동자와 연예인들을 노동자로 인정하고 노동법을 적용, 보호할 것 (4) 이주노동자의 존엄성을 존중하고 옹호하며, 가족과 함께할 권리, 결혼하고 가정을 꾸릴 권리, 모든 이주노동자와 가족이 건강 보호와 사회 서비스를 받을 권리, 모든 이주노동자와 그 가족의 권리 보호를 위한 유엔협약에 명시된 이주노동자와 가족의 권리를 보호할 것 등 10여 가지 중요한 과제를 발굴하였다.

이러한 과제 발굴에 따라 세부 권고사항도 마련되었는데, 이 가운데 특히 한국 이주노동운동과 관련하여 우리의 관심과 노력을 기울여야 할 것에 대해 몇 가지 언급하고자 한다.

첫째, 이주노동자 문제에 대해서는 항상 인권 측면에서 다양하게 접근해야 한다는 점이다. 흔히 이주노동 문제에 관련하여 언급할 때 국가안보체계와 연관시키는 경향이 짙다. 물론 국가안보도 중시해야 하지만, 그렇다고 이주노동자의 인권까지 침해하면서 지키는 국가안보가 과연 진정한 의미에서 그 나라 자국민을 위한 것인가 되물어야 할 것이다. 어느 나라에서든지 이주노동자의 인권이 보장받을 수 있는 사회 풍토에서는 그 나라 국민의 인권은 자연히 보장될 수 있다고 본다. 그런 면에서 국가안보를 우선시하는 국가 권력에 대항하여 이주노동자 권리 보호를 위한 민간단체와 시민사회를 강화하는 것이 대단히 중요하다고 본다. 이를 위해 이주노동자 인권 캠페인을 적극적으로 전개하고 이주에 관해 다양한 인권에 기초한 접근이 필수적이다.

둘째, 이주의 여성화에 관한 성 인지적(gender-sensitive) 응답을 강화시켜야 한다는 점이다. 여성 이주노동자가 빠르게 늘어나고 있는 추세에서 여성 이주노동자의 존엄성과 기본적인 인권 옹호 그리고 이들이 공정하고 공평한 임금을 통해 여성의 일에 대한 가치를 부여하게 하는 것은 시급한 과제이다. 여성 이주노동자에게 성 인지적 교육을 통한 권리 주장, 직업적 성별 분업에 따른 고정관념 타파, 노조 조직을 통해 노동권 보호를 위한 여성 능력을 강화해야 한다. 특히 여성이기 때문에 겪어야만 하는 여성 이주노동자들의 어려움을 극복하기 위해 결혼을 포함한 다양한 형태의 인신매매 방지를 위한 교육캠페인에 착수해야 하고 이주노동자 가족 재회 보장을 요구하는 유엔이주노동자협약 비준을 촉구하는 것이 중요하다. 또한 국제결혼가정 자녀 문제와 관련한 국내 정책과 법제화를 촉구하는 것도 필요하다.

셋째, 계속 늘어가고 있는 이주노동에 대한 근본적인 대책을 세워야 한다. 무엇보다도 현재 각 나라가 펼치고 있는 무한한 경쟁체제를 지양하고, 지구가 지속가능한 범위 안에서 개발하도록 방향을 전환시키는 것이 중요하다. 그리고 국가 간 불평등을 해소하여 각 나라가 상호협력하면서 개발할 수 있도록 이주노동자와 그들의 송금을 적극 활용할 수 있는 방안이 모색되어야 한다. 이런 점에서 이주노동자들의 정착과 그들의 귀환을 지원할 수 있도록 국가 간에 방안을 모색하는 것이 필요하다. 이를 위해 지속가능한 개발과 송금 관련 이슈에 대한 정보와 교육캠페인 제공, 이주와 귀환 이슈 등에 관련하여 대사관과 영사관들의 의식 향상과 능력 제고를 통한 이주노동자 저축과 대안투자(MSAI) 프로그램 참여 유도, 이주노동자와 그 가족들에 대한 대안투자 캠페인 강화, 대안투자 프로그램 지원과 출국 전 교육에 대안투자 프로그램이 포함될 수 있도록 지방정부에 대한 로비가 중요하다.

금번 아시아이주노동자회의를 마치면서 함께 공유한 것은 이주노동자의 문제가 어느 한 나라에서 해결할 수 없다는 점이다. 상호 유기적 협력을 통해 다양하고 정확한 정보를 공유하고 함께 노력할 때만이 이주노동자 문제를 근본적으로 해결될 수 있다. 특히 송출국과 수입국의 상호협력은 무엇보다도 중요하다. 각 이주노동자 지원단체들이 열악한 상황으로 인해 연대, 특히 국제적 연대를 소홀히 하기가 쉬운데, 이번 회의에서는 오히려 국내 및 국제적 연대만이 이러한 열악한 상황을 극복할 수 있는 가장 중요한 매개체가 될 수 있다는 것을 절실하게 느끼게 해주었다. 앞으로 이주노동자의 노동권문제뿐만 아니라 그들의 건강권, 복지권, 자녀 문제 등 다양한 인권적 측면을 고려할 때 이번 아시아포럼은 한국 이주노동자운동에 제시한 의미가 크다고 본다.

_ 2004. 10. 10.

자이드 강제송환을 안타까워하면서

12월 1일 새벽에 전화가 계속 울렸다. 마침 기독교연합회관에서 금식 기도 중이라 핸드폰 소리를 듣고도 몸이 무거워 누워 있다가 6시가 넘어서 겨우 일어났다. 핸드폰을 보니 낯모르는 전화번호가 계속 몇 번 찍혀 있었다. 무슨 급한 일이 있는 것 같아서 전화를 해보니 자이드가 잡혀갔으니 급히 와달라는 것이었다. 자이드는 명동성당에서 오랫동안 농성을 하던 이주노동자였는데, 왜 그랬을까? 마침 네팔 이주노동자 민수가 집에까지 찾아갔다가 기독교회관으로 와서 함께 중구경찰서로 향했다. 그곳에는 이미 민주노총에서 몇 분이 나와 기다리고 있었다. 모두가 당황하고 초췌한 모습이었다.

사건의 내용인즉 지난주에 농성단 해산식을 갖고 해산 준비를 하던 중, 자이드가 마음이 뒤숭숭해서 술을 약간 마셨는데, 한국인이 와서 시비를 걸어서 서로 싸움이 벌어졌다는 것이다. 그래서 이웃 사람들이 112에 신고하여 두 사람이 모두 붙잡혀 왔다는 것이다. 사정을 이야기하고 두 사람이 화해를 하여 일단 싸운 것은 해결되었다. 경찰서 담당자에게 자이드의 사정을 이야기하고 강제 출국되는 입장을 설명하니, 담당자는 사정은 이해하나 현행범이기 때문에 풀어줄 수 없다는 것이었다. 결국 자이드는 출입국관리소로 넘겨지고 본국인 방글라데시로 강제 송환될 날을 기다리는 처지가 되었다.

자이드가 술을 먹은 것은 그의 답답한 처지를 생각하면 이해할 수 있다. 380여 일간을 농성했어도 자신들의 농성 목적인 강제 추방 문제는 해결되지 않았고, 농성 해산 후 언제 붙잡혀 강제 출국될지 모르는 상황에서 마음이 무거웠을 것이다. 그가 고국인 방글라데시로 돌아갈 수 없는 상황이라는 어려운 처지는 이해하더라도 그의 행동을 결코 옹호할 생각은 없다. 아무리 술을 마셨다고 하더라도 그렇게 싸움을 하는 것은 마땅히 처벌을 받아야 된다고 본다. 그런데 싸운 당사자끼리 서로 화해한 결과로 한국인은 풀려나고 외국인 이주노동자는 강제 출국이라는 너무나 엄청난 대가를 치르는 것은 불공평하다는 생각이 든다. 물론 자이드가 불법 체류인 상태에 있기 때문에 아무런 사고를 치지 않았다고 하더라도 경찰이 아닌 출입국관리소 직원에게 단속이 되었다면 강제 출국되겠지만, 이런 경우는 전적으로 그 의미가 다르다고 본다.

작년에 매를 맞고 왔던 네팔 이주노동자 판초라마의 경우가 생각난다. 그는 밤중에 집에서 자다가 주위가 무척 시끄러워서 창문을 열고 조용히 해달라고 하자 한국 사람들이 그에게 밖으로 나오라고 하여 무자비하게 구타를 하였다. 그 결과로 그는 얼굴이 시커멓게 멍들고 코뼈가 부러져서 얼굴에 칭칭 붕대를 감고 센터로 찾아왔다. 너무나 심하게 얼굴에 멍이 들어 우선 병원에 가서 진료를 받게 하고, 그다음에 경찰서에 찾아가서 고발을 하여 조서를 받도록 했다. 우리가 아는 경찰서 외사계 직원이 신분을 보장한다고 하여 판초라마는 치료 후 경찰서로 가겠다고 하였는데, 치료가 끝난 후 아무런 이야기도 없이 도망갔다. 아무리 우리가 안심을 시켜도 그의 불안이 해소되지 않았기 때문에 코뼈 치료도 제대로 받지 않고 도망간 것이다. 그가 만약 경찰서에 붙잡혀서 강제 추방된다면, 실상 코뼈 치료가 중요한 문제가 아니기 때문이다.

이런 문제로 모든 이주노동자는 두려움에 떨고 있다. 그래서 회사에서나 사회생활에서 어느 정도의 인권 침해는 각오하면서 살게 된다. 사소한 문제라도 일단 그것이 사건화되면, 자신에게 엄청난 불이익을 가져오기 때문이다. 현재 정부 방침에는 정부 관리가 불법 체류자의 신원을 파악하게 되면 모두 법무부 출입국관리소에 알리게 되어 있지만, 이렇게 되면 수많은 이주노동자가 자신의 인권을 지키기가 어렵기 때문에 재고해야 된다고 본다. 이주노동자들이 자신의 인권 침해를 정당하게 해결할 수 있도록 도움을 주기 위해서는 이런 정부 방침이 바뀌어야 한다. 현재 노동부에서는 불법 체류자라도 임금 체불 등 인권 문제가 발생할 때, 그것으로 인해 이주노동자에게 불이익이 생기지 않도록 하고 있지 않은가! 인권을 신장시켜야 할 법무부에서도 비록 불법 체류자라고 하더라도 그들의 인권을 지킬 수 있도록 세심한 배려를 해야 할 것이다.

_ 2004. 12. 12.

"다시는 쉼터에 들어오지 마세요"

— 디스크 수술 마치고 일터로 떠나는 함자 씨에게

지난 일요일 우즈베키스탄 이주노동자 함자(35) 씨가 우리 쉼터를 떠났다. 지난 3월 말에 쉼터에 들어왔으니 거의 9개월 동안 함께 생활했는데, 그가 떠나는 모습을 보면서 만감이 교차하였다. 아직 몸이 완쾌된 것은 아니지만 가정 형편상 더 이상 쉼터에 그냥 눌러있기 어려웠다. 여기저기 취업 자리를 부탁한 뒤 친구가 소개하는 대구 어느 공장으로 불편한 몸을 이끌고 일을 하기 위해 떠난 것이다. 아직도 허리가 다 낫지 않았는데 그가 과연 공장에서 잘 견딜지, 허리디스크가 악화되지는 않을지 걱정이 된다.

함자 씨는 처음 우리 센터에 거의 기다시피 하면서 찾아왔다. 그는 2000년 9월 연수생으로 입국하여 부산 삼성 카데트 모터스 사에서 근무하였다. 회사에서 무거운 상자(35㎏)를 옮기다가 그해 11월 22일 허리를 다쳤다. 회사 근처에 있는 병원에 통근치료를 하였으나 한 달이 지나도록 차도가 없자 회사에서는 그를 귀국시키려 하였다. 그러나 연수생으로 입국할 때 정부에서 빌려준 2천 불을 갚을 수 없는 함자 씨는 결국 사업장을 이탈하였고, 그 후 아픈 몸으로 이곳저곳에서 일을 하였다. 부산 안동 가스, 김해 플라스틱 공장 등을 전전하는 동안 그의 몸은 더욱 망가졌지만, 그는 아픈 몸으로 계속 아르바이트를 해야 했다.

설상가상으로 그보다 일찍 1999년 1월 입국하였던 그의 부인 에글도 디스크에 걸려 지난 1월 19일 수술을 받아야 했다. 본국에 약간의 돈을 보내 빚을 갚았지만, 그동안 일거리가 없어서 쉬기도 하고 또 강제 출국 문제로 인해 제대로 돈을 벌 수 없었기 때문에 이들 부부는 주위에서 돈을 빌려 수술을 해야 했다. 수술 후 제대로 물리치료를 받지 못해 그의 부인도 다리를 절룩거리며 다녔다.

함자 씨의 친구들은 이런 함자 씨와 그의 부인을 우리 센터에 데리고 온 후 소식을 끊었다. 친구들도 이미 4백만 원을 빌려주었기 때문에 함자 씨 부부가 이들에게 무거운 짐이 되었던 것이다. 백방으로 알아본 결과 다행히 연세병원 재활의학과에서 이 소식을 듣고 지난 5월에 먼저 부인을 입원시켜 무료로 치료해주었고, 남편 함자 씨도 8월에 수술해 주었다. 수술 경과가 대단히 좋아서 부인은 움직이는 데 지장이 없게 되자 일자리를 구하려고 나갔다. 에글은 김포에서 일자리를 구해서 열심히 일했다. 부인이 첫 월급을 타면 함자 씨도 쉼터에서 나가서 함께 살기로 하였다. 그러나 이러한 꿈은 그 회사에서 월급을 주지 않아 물거품이 되었다. 이렇게 되자 함자 씨도 일자리를 찾을 수밖에 없게 된 것이다.

돈 벌어 잘살아 보고자 한국에 온 함자 씨 부부는 돈은커녕 빚을 지고 몸도 망가졌다. 이제 쉼터에서 여러 사람의 도움으로 겨우 디스크 수술을 받고 건강을 회복하고 있지만, 언제 이들이 온전한 몸을 회복할지 또 과연 직장에서 잘 적응할지 염려가 된다. 몸이 망가지면 걱정하지 말고 다시 오라고 하였지만, 이들이 다시는 센터에 돌아오지 않기를 바란다. 무엇보다도 건강한 몸으로 귀국하여 사랑하는 가족들과 행복한 삶을 누릴 수 있기를 간절히 기원한다. 그동안 함자 씨를 도와준 연세대 재활의학과 교수 등 많은 분들에게 진정으로 감사를 드린다.

_ 2004. 12. 27.

'앉은뱅이병' 걸린 태국노동자 재입국을 보면서

'다발성 신경장애'(일명 앉은뱅이병)에 걸려 출국했다가 1월 17일 밤 인천공항으로 휠체어에 앉아 재입국한 태국 노동자 일행의 사진을 보면서 참으로 마음이 착잡했다. 이들 세 명은 그동안 본국에서 치료도 받지 못하다가 한국에 재입국하여 치료를 받게 되었으니 참 다행이라는 생각이 들었다. 만약 이들이 언론의 주목을 받지 못하여 불편한 몸으로 일생을 휠체어에서 고통 가운데 지냈다면 얼마나 한국을 저주했을까 하는 생각이 들었다. 이들을 포함하여 노말헥산에 의한 '다발성 신경장애' 집단 발병을 한 여덟 명은 앞으로도 2년이 넘는 긴 시간 동안 고통을 감내하면서 치료를 받아야 하니 참으로 미안한 마음이 든다. 이들은 다행히 산재 판정으로 치료비 걱정을 하지 않게 되었으니, 몸의 건강은 물론이고 그동안 받은 정신적 피해도 온전히 회복되기를 바란다.

이번 집단 발병 사건은 우연히 발생한 '사고'가 아니라 이미 예측되고 지적돼 온 '인재'(人災)라는 점이 우리를 분노하게 한다. 그것은 몸이 점점 마비되는 것을 느끼면서도 하루 평균 15시간씩 일하며, 불법 체류자라는 신분 발각을 우선 걱정해야 했기에 아무런 조치를 취할 수 없어서 생긴 병이기 때문이다. 이들의 모습이야말로 바로 오늘의 한국에서 일하고 있는 이주노동자의 인권 현실이다. 외국인 이주노동자를 사람이 아니라 상품처럼 그저 부족한 노동력을 메워주는 인력으로 바라보는 현 정부의 정책 철학, 불법 체류 신분을 악용해 '창살 없는 감옥'처럼 참혹한 노동 조건을 강요하는 사용자의 비양심, 또 이러한 현실에 애써 눈감는 일반인들의 무관심…. 이 모든 것이 바뀌지 않는다면 이러한 인재는 계속 발생할 수밖에 없을 것이다. 때문에 우리는 이번 사태를 계기로 좀 더 냉철하게 이주노동자가 부딪치는 문제들을 근본적으로 재검토하여 대책을 수립해야 할 것이다.

경기도 화성시에 있는 엘시디 디브이디(LCD DVD) 부품 제조업체 공장인 동화디지털에서 근무했던 태국 여성 노동자 여덟 명이 하반신이 마비되는 '다발성 신경장애'를 일으킨 것은 세척제로 쓰이는 유기용제에 무더기로 중독되었기 때문이다. 이들을 '다발성 신경장애'로 몰고 간 '노말헥산'은 냄새와 색깔은 없지만 독성을 지닌 유기용제로 세척제나 공업용 접착제의 소재로 사용되고 있다. 따라서 이 유기용제를 사용하기 위해서는 일정한 보호 장비가 반드시 필요하다. 보호 장비를 사용하지 않을 경우 호흡기를 통해 신경조직으로 독성이 침투해 신경장애의 원인이 된다. 하지만 밀폐된 검사실에서 하루 평균 15시간씩 마스크나 장갑, 안경 등 일체의 보호 장비 없이 출하 직전 제품을 유기용제로 세척하는 작업을 시키고도 산재가 나지 않기를 바랐다니 상식을 무시한 사람의 욕심이 엄청난 비극을 가져왔다고 말할 수밖에 없다.

"노말헥산이 인체에 이런 악영향을 가져오는지 몰랐다"라는 회사 측의 발언은 무책임함을 넘어 이윤을 위해서는 이주노동자들의 인권과 노동권이 무시되었던 그간의 관행을 극명하게 드러내줄 뿐이다. 이미 세 명의 이주노동자가 똑같은 증세로 귀국까지 했는데도 불구하고 계속해서 일을 시켰기 때문에 추가로 다섯 명의 이주노동자가 하반신 마비를 일으 켰는데 "몰랐다"라고 발뺌하는 게 말이나 되는가? 더군다나 회사 측에서 이주노동자들이 발병한 후의 대처를 보면 과연 인간으로서 이렇게 비양 심적일 수 있는가 되묻게 된다. 2003년 9월 30일 관광비자로 입국해 ㄷ사 검사실에서 일해 온 인디 싸라피(30)가 다리 마비 증세를 보인 것은 지난 해 10월께였다. 그는 "다리가 아프다고 하니 회사에서 한 번 병원에 데려 가 주사를 맞도록 했다"라고 말했다. 그러나 통증은 가라앉지 않았고 병 원에 데려다 달라고 다시 호소했으나 거절당했다. 결국 그는 자신의 돈을 들여 모두 세 차례 병원을 더 찾아갔다. 이들이 잇따라 하반신 마비 증세 를 보였지만 회사 쪽은 이들을 별도의 컨테이너 기숙사에 몰아넣고 거의 한동안 외부인의 출입을 막았다고 했다. 씨리난은 "밥은 누군가 넣어주 었고 동료 태국 노동자들은 방안에 들어오지 못했다"라면서 "볼일을 볼 때만 동료들에게 업혀 나갈 수 있었다"라고 했다. 이들은 이렇게 한 달을 보낸 뒤 지난 12월 11일 태국으로 보내졌다.

이들이 근로한 작업 환경은 매우 열악하고, 노동 시간은 아주 길었으 며, 임금은 적었다. 방콕에서 2년제인 아시아 비즈니스 대학을 다녔던 싸 라피는 제품을 닦을 때면 나쁜 냄새가 많이 났다며, "냄새가 난다고 하면 작업 감독하는 한국인 오빠가 '괜찮아, 그냥 해'라고 말했다"라고 근무 당 시 상황을 설명했다. 싸라피는 아침밥을 먹고 오전 8시 30분부터 일을 시 작하면 어떤 때는 새벽 1~2시에 끝났다며, "의자가 있으면 일이 늦어진 다며 검사실에는 의자 하나 갖다놓지 않아 일하면서 늘 서 있어야 했다" 라고 말했다. 2004년 1월 1일 입국해 다음 날부터 ㄷ사 검사실에서 일했던 씨리난은 휴일은 거의 없었다며, "한국에 있는 11개월 동안 거의 바깥 구경을 하지 못했다"라고 말했다. 이들이 이렇게 밤낮없이 일할 수밖에 없었던 이유는 하루 8시간 기준으로 받는 기본급이 46만 5천 원 정도였기 때문이다. 이들은 한국에 올 때 낸 빚을 갚고 돈을 벌기 위해 정상 근무 시간에 육박하는 초과근무를 해야 했다. 이렇게 죽도록 일해서 번 돈은 한 달 100여만 원 남짓이었다.

이번 집단 산재를 발생시킨 이면에는 정부의 책임도 적지 않다. 그것은 이주노동자들의 작업 환경에 대해서 정부가 별다른 조처를 취하지 않고 있기 때문이다. 지난해 초 산업안전공단이 실시한 연구용역 결과에 따르면 외국인 노동자 근무 사업장의 건강검진 실시 비율은 45.6%로 전체 평균에 비해 절반에도 못 미쳤다. 또 일반건강검진과 함께 특수건강검진(120종 유해물질을 사용하는 사업장에서 6개월~2년 단위로 실시 의무화)을 함께 실시했다고 답한 사업장은 전체의 27%에 불과했다. 사고가 발생한 경기도 화성 ㄷ업체도 6개월 단위로 받는 작업환경 측정에서 노말헥산 노출이 기준(50ppm)보다 높다고 지적돼왔으나 후속조치는 없었던 것으로 드러났다. 여기에 불법 체류자를 사용하는 대부분의 사업장은 그러한 건강검진도 받지 않고, 또한 통계에도 잡히지 않는 것을 감안할 때 전체 이주노동자의 근무 상황은 더욱 열악할 것이라 예상할 수 있다.

노동부는 경기도 화성시 전자부품공장 태국 여성노동자 '다발성 신경장애'(앉은뱅이병) 발병과 관련된 조사에서 외국인 근로자들이 모두 특수 건강검진을 받지 않은 것으로 나타났다고 15일 밝혔다. 이들 중 유일한 합법체류자인 여성 근로자는 일반검진을 받았으나 다른 불법 체류 동료들과 마찬가지로 특수검진은 받지 않았다. 그러나 내국인 근로자들은 정상적으로 건강검진을 받은 것으로 확인됐다. 사건이 확대된 후에야 겨우 노동부는 치료 중인 근로자들의 정확한 질병 경로를 추적하기 위한 역학조사와 함께 17일부터 내달 5일까지 근로감독관, 산업안전공단 전문가, 검찰 등으로 합동 단속반을 구성해 전국 367개 노말헥산 사용 사업장에 대한 특별 점검을 벌인다고 밝혔다. 사후약방 처리식으로는 사건이 발생한 후에 대책을 수립하고 근본 원인을 제거하지 못하기 때문에 이번 특별검진에 대해서도 필자는 별다른 기대를 하지 못한다.

외국인 이주노동자들이 건강검진을 받지 않은 것은 한편으로 정부의 안일한 대책, 회사측의 극단적인 비양심 문제도 있지만, 외국인 이주노동자 자신이 불법 체류자 신분이어서 불법 사실이 탄로날까봐 건강검진을 받지 못하고 있는 것도 큰 요인이다. 이번에 앉은뱅이 병에 걸린 수말리는 자신의 몸에 대한 걱정보다 불법 체류자이다 보니 곧 쫓겨나는 것은 아닌가 두려워하고 있다. 태국에서 나올 때 400만 원을 브로커에게 주고 왔다는 그는 "아직 빚도 갚지 못했다"며 울먹였다. 그는 "몸이 아파 지난해 12월부터 송금을 하지 못해 걱정이 크다"고 말했다. 남편과 3년 전 이혼한 뒤 친정에다 아들(초등 4학년)과 딸(초등 2학년)을 맡기고 왔지만 친정 부모는 80살이 넘어서 노동력이 없는데다 자기가 돈을 보내지 않으면 과자를 들고 노점상을 나가야 한다고 했다. "회사에서 몸이 너무 아팠지만 고향에다 편지해서 약을 보내달라고 해서 먹으며 참았어요. 제가 한국에서 돈을 벌어야 가족들을 먹여 살릴 수 있는데, 이렇게 불법 체류자로 밝혀졌으니… 어떻게 되나요."

국제인권선언에 의하면 인간의 건강권은 가장 기본적인 권리의 하나로서, 어떤 경우에도 침해되거나 차별받지 않고 보호해야 할 중요한 권리로 규정하고 있다. 더욱이 여성노동자는 유해하거나 위험한 사업에서 특별한 보호를 받도록 명시되어 있다. 여성노동자는 생리적인 특성과 모성의 보호를 이루기 위하여 보호되어야 할 가치가 인정되기 때문이다. 이

것은 외국인이라고 해서 예외가 되어서는 안 된다. 뿐만 아니라 1995년 제4차 세계여성대회에서 채택된 북경선언 32조항과 관련된 행동 조항에 의하면, "정부는 외국인여성노동자를 포함한 모든 여성이주자에 대한 차별과 폭력, 착취로부터 인권을 보호하고 그 완전한 실현을 보장한다"고 명시, 이주여성노동자들의 인권을 보호할 것을 권고하고 있다.

이번 사태를 보면서 이제까지 정부가 추진해왔던 이주노동자들에 대한 무차별적인 단속과 강제 추방을 전면 재검토할 것을 요구하고자 한다. 불법 체류 이주노동자나 이들을 고용하고 있는 업체에서도 건강검진을 미리 받았다면 이번 사태는 예방할 수 있었다. 그런데 현 정부의 정책으로는 이들이 강제 추방되어야 대상이기 때문에 회사에서는 이들에게 건강검진을 받게 할 수 없었다. 이번에 산재를 당했던 이주노동자 대부분이 불법 체류 상태이기 때문에 산재를 당하고도 호소조차 제대로 하지 못했던 점을 감안한다면 한국 정부의 이주노동자에 대한 무차별한 단속이 회사 내에서 불법 부당노동행위를 자행하게 한 직접적 원인이 되고 있다는 것은 결코 과장된 표현은 아닐 것이다. 현 정부의 강제 추방 정책으로 빚어진 이러한 비극적 상황을 면하기 위해서는 이주노동자 강제 추방 정책을 중단해야 하고 합리적인 대안을 마련해야 할 것이다.

_ 2005. 1. 20.

어떠한 정책도 사람의 목숨을 위협하면서 시행할 수는 없다

카자흐스탄 동포인 니나 씨(여, 1962년생)가 지난 7월 31일 새벽, 스스로 목을 매어 자살한 사건이 일어났다. 고국이라고 찾아온 낯선 땅에서 고인이 된 분에게 진심으로 명복을 먼저 빌고 싶다.

니나 씨의 유서에는 '다른 사람을 원망하지 않으며 모든 것이 자신의 사정'이라고 밝히고 있지만, 실제로는 임금 체불과 강제 출국으로 인해 빚어진 자살이라는 점에서 우리를 분노케 한다. 니나 씨는 체류기한이 만료되는 7월 31일 이전에 체불 임금을 받고 출국하기 위해 6월 초 몇 차례 노동부 민원실을 방문하여 상담을 진행하였다. 근로감독관의 출석 요구에 사장이 응하지 않으면서 시일은 지연되었고, 니나 씨 부부는 직접 수차례 사업장을 방문하였으나 사장은 아무런 확답도 주지 않았다. 사장은 근로감독관을 통해 니나 씨가 출국해야 하는 것을 알고 있으니 비행기 표만 주겠다는 의사를 전달해왔을 뿐이다. 다른 동포 같으면 일시 출국하여 6개월 후에 다시 입국하여 밀린 임금과 퇴직금을 받을 수도 있었으나, 이렇게 니나 씨가 자살이라는 극단적인 선택을 한 것은 자신의 급박한 사정이 있었기 때문이다.

니나 씨는 2002년 남편과 함께 입국하여 천안의 모 금형회사에서 근무하였으며, 2005년 1월 2개월의 휴가를 받아 자식을 보러 카자흐스탄을 다녀온 후 3월에 회사 사정이 어렵다는 이유로 임금 200만 원이 체불된 상태에서 해직되었다. 남편도 2005년 6월에 두 달 반의 임금이 밀린 가운데 해직되었고, 퇴직금 5백만 원도 받지 못하였다. 노동부의 출석 요구에 불응하던 사장이 같은 직장에서 일하던 우즈베키스탄 사람에게 임금은 물론 퇴직금까지 다 주었다는 사실을 알게 되자 이들은 더욱 절망하게 되었다. 우즈베키스탄에서는 자녀가 초등학교 입학 때와 대학교 입학 때에 반드시 부모가 동행하여 입학을 축하한다. 올해에 이 부부의 자식이 대학에 입학하게 되었다. 밀린 임금과 퇴직금을 받으면, 고국에 돌아가 아들의 대학 입학식에 참석하려던 이들은 대학 입학금(2백만 원)을 부치기는커녕 비행기 표도 없어 심한 좌절감을 겪게 되었다. 임금을 못 받고 체류만료 기간이 지나면 불법 체류가 되기 때문에 신경은 더욱 날카로워졌다. 사랑하는 아들의 대학입학금을 보내지 못하고 자랑스러운 입학식에 참석할 수 없게 된 니나 씨는 결국 남편이 외출한 사이 유서를 쓰고 목숨을 끊었다.

니나 씨의 죽음을 막을 수는 없었을까? 관계된 몇 사람이 좀 더 사려 깊은 배려를 했다면 충분히 예방할 수 있는 죽음이었다고 보기에 더욱 안타깝다. 또한 고용허가제가 도입된 당시 2003년도에 14명이 죽었던 것처럼 출국 유예기간이 만료되는 올해 8월에 또다시 이러한 죽음의 행렬이 재연되지 않을까 하는 우려에서 몇 가지를 짚고 넘어가고자 한다.

우선 지방노동사무소 민원실의 안일함과 무책임함을 지적하지 않을 수 없다. 니나 씨는 체류기한 마감 전에 체불 임금을 해결하고 출국하기 위해 6월 초부터 수차례 지방노동사무소 민원실을 방문하였다. 니나 부부의 체불 임금 해결 요청에도 불구하고 담당 근로감독관은 이들의 민원을 체류기한 만기일이 임박한 7월 25일에야 정식으로 접수를 받았다고 한다. 왜 담당 근로감독관이 그렇게 하였는지 그 이유를 정확히 알 수 없으나 결과적으로 이러한 늦장 접수로 근로감독관은 사장이 고의로 체불 임금 지급을 계속 지연하도록 방조하였다고 본다. 6월초 처음 상담을 한 때부터 적극적으로 사건을 해결하였다면, 이들 부부는 정상적으로 체류 기간 내에 임금 체불을 해결하고 출국할 수 있었을 텐데⋯. 니나 씨가 자살한 것을 알게 된 근로감독관은 8월 3일 사업장을 방문하여 사장을 만났고 600만 원에 합의하도록 남편에게 독려한다고 하니, 이것은 소 잃고 외양간 고치는 식이다. 진작 사업장을 방문하여 사장에게 합의를 이끌어냈다면 얼마나 좋았을까.

사람이 죽어서야 밀린 임금과 퇴직금을 주겠다고 하는 사장의 몰상식한 태도를 지적하지 않을 수가 없다. 대부분 외국인 노동자를 고용하는 사업체는 영세하다. 그러다보니 임금을 체불하는 경우가 비일비재하다. 회사가 잘 되면 임금을 주고 영업이 잘 안되면 안 주어도 된다는 식의 비양심적인 태도가 문제의 시발점이다. 임금은 어떠한 채무보다 우선적으로 변제해야 된다는 것이 근로기준법에 명백하게 적시되어 있음에도 불구하고 임금 체불에 대해 죄의식이 없다. 이번에 니나 부부가 더 절망한 것은 같이 일하였던 우즈베키스탄인은 퇴직금과 체불된 임금을 모두 받았는데 자신들은 못 받은 것도 한 가지 요인으로 볼 수 있다. 보통 우즈베키스탄 사람들은 임금이 체불될 경우 심한 횡포를 부리기 때문에 고용주들이 가급적 이들의 임금은 체불하지 않는다고 한다. 후환이 두렵기 때문에 체불 임금을 주는 사장의 작태는, 돈이 없어서 임금을 못 준다더니 니나 씨가 죽은 후에 6백만 원에 합의하자고 제안하는 모습에서도 나타났다. 체류기한 만료를 앞두고 출국해야 하는 상황을 악용하여 고의로 임금 지급을 회피하려는 사업주의 악덕 행위는 더 이상 용납되어서는 안 될 것이다.

인권 옹호에는 관심이 없고 강제 출국에만 심혈을 기울이는 현 정부의 무책임한 정책 방안을 지적하지 않을 수가 없다. 현재 정부가 무차별적인 단속 추방 정책을 실시하면서 현장의 업주들이 체류기한 만료를 앞둔 외국인 이주노동자들의 임금 및 퇴직금 등을 고의로 체불하는 사례가 급증하고 있으며, 정부는 이러한 체불 임금 및 퇴직금 등에 대한 명확한 해결방법이 없이 단속 추방에만 몰두하는 행태를 보여주고 있다. 이는 단순히 사업주 개인의 악덕행위일 뿐만 아니라 합리적이고 이성적인 정책 수립에는 무관심한 채 성과 위주의 단속 추방 정책에만 몰두하는 정부의 정책이 불러온 결과이다. 결과적으로 정부의 성과 위주 단속 추방 정책은 체불 임금을 받지 못한 상태에서 체류기한 만료에 몰린 외국인 이주노동자들이 자살, 자해 등 극단적인 선택을 할 수밖에 없도록 몰아가고 있다. 사람의 목숨을 빼앗아가는 정책은 어떠한 명분으로도 정당화될 수 없다. 니나 씨의 죽음을 계기로 정부에서는 인권이 존중되도록 좀 더 유연한 이주노동 정책을 수립하고 추진할 것을 촉구한다.

_ 2005. 7. 31.

이주의 악순환 고리를 끊는 귀환과 통합 프로그램

국제이주기구(International Organization on Migration)보고에 의하면, 2000년도에 전 세계에서 자기가 태어난 곳에서 살지 못하는 이주민이 대략 1억 7천 5백만 명으로 추산되며, 이것은 전 세계 인구의 약 2.9%에 해당한다. 이러한 수치는 1985년 수치보다 약 67%가 늘어난 것으로서 동일한 기간(1995-2000)의 인구증가율인 26%에 비교해볼 때 엄청나게 높은 증가율이다. 이러한 이주민 증가의 가장 중대한 이유는 신자유주의 정책으로 인해 전 세계가 자본의 자유로운 이동을 통한 이윤 추구를 극대화하기 위해 시장경제체제로 편재되었기 때문이다. 이로 인해 제1세계는 값싼 노동력의 수입을 통해 자국의 인력 부족, 특히 자국 노동자들이 취업하기를 꺼리는 소위 3D 업종에서 인력 문제를 해결하고, 저개발 국가의 정부는 이주노동을 통해 외환 수입의 극대화를 꾀하게 되었다. 이렇게 수입국에서 부족한 노동력을 해결하고 많은 송금을 통하여 본국 정부를 유지하는 이주노동자들은 삶은 어떠한가?

이주노동자 개인적으로 볼 때, 때로는 보다 나은 삶을 향한 욕구에서 이주노동을 선택하기도 하지만, 대부분은 본국의 빈곤과 실업, 구직 기회의 부족으로 인해 가족의 생계를 위해서 고향을 멀리하고 다른 나라로 일자리를 찾아 나선다. 처음에 다른 나라로 떠날 때는 길게 잡아 5년, 그동안 열심히 일하고 저축해서 돈을 모으면 자기 나라로 돌아가 가게를 얻어 장사를 하든지, 조그만 사업을 하나 할 수 있으려니 기대를 하기 마련이다. 그러나 막상 수입국에 와보면 처음 생각처럼 돈이 모아지지 않는다. 수입국에 나오기 위한 브로커 비용을 갚아야 하고, 본국의 식구들이 먹고 살 것이 없으니까 생활비를 보내고, 자기 용돈 조금 쓰고…. 이제는 저축해야지 하는데, 집에서 아이가 아프다, 어머니가 아프다 하면서 돈을 보내라 재촉한다. 고향 집에서는 보낸 돈으로 집을 짓고 가전제품 사고 생활비로 쓴다. 대부분의 아시아 나라들은 여전히 대가족제라 식구들이 다 이렇게 보낸 돈만 바라보고 사니, 이들이 귀국하는 게 쉽지 않다. 큰마음 먹고 귀국할 경우, 처음 한두 달은 환영을 받지만 가져간 돈이 다 떨어지면, 가족들은 다시 외국에 나가서 돈을 벌어오기를 바라며 압력을 넣는다. 결국 이들은 다시 이주노동을 떠날 수밖에 없다.

우리나라에서 3년 순환정책*으로 인해 이주노동자들이 이곳에 장기간 거주하는 것이 불가능하여 귀환은 필연적으로 발생하게 마련이다. 이러한 강제 추방이 아니더라도 직업의 불안정성, 해고, 고령화, 질병, 가족과의 단절, 외로움 등 여러 요인으로 귀환을 하는 이주노동자들이 적지 않다. 또한 고용국에서 근로 및 생활조건이 아무리 좋더라도 이주노동자는 결국 이방인이다. 한 이주노동자의 삶을 통해 귀환문제로 고민하는 입장을 살펴본다.

건천은 네팔 여성으로 한국에 7년 동안 살다가 귀국한 이주노동자이

---

* 고용허가제가 입법될 당시 정부는 3년 순환정책으로 이주노동자는 3년 근무하고 귀국해야 했다. 그러나 이후 이 제도는 많은 변화를 거쳐야 했다. 현재는 4년 10개월을 근무할 수 있되, 3년 전후해서 한 번 본국에 다녀와야 한다. 1차 고용허가제로 입국하여 귀국한 이후 고용허가제로서 또 한 번의 재입국은 가능하나 그 후에는 노동자로서 입국할 수 없다.

다. 그녀의 아버지는 공사장에서 일하다 다친 후 일을 못하고, 어머니가 시장에서 작은 가게를 운영하여 가족을 부양하고 있었다. 그녀는 5남매 중 맏이로 어려서부터 카펫 짜는 일을 해 가계에 보탰다. 결혼을 한 후에도 카펫 짜는 일로 시가의 생계를 책임지다가 1997년 12월 15일에 산업연수생으로 한국에 왔다(비자 형태: D3). 그녀는 일곱 살 된 아들을 두고 병든 남편을 대신하여 한국에 돈을 벌려고 왔다. 몇 년 동안 열심히 일해 고향에 돈을 부쳐서 가족들이 생활하였고, 연수 비용으로 꾼 돈도 다 갚았다. 그러나 그녀가 한국에서 불법 체류자로 사는 것이 매우 힘들게 되었다. 한국 정부가 고용허가제를 실시하면서 5년 이상 된 사람은 강제로 출국시키고 있기 때문이다. E-9 비자를 취득하지 못한 그녀는 불법 체류자로서 일자리가 없어 간간이 아르바이트를 하면서 살아갈 수밖에 없었다.

건천은 아들이 보고 싶어 집으로 가고 싶다. 문화방송 "아시아, 아시아"란 프로그램을 통해 그녀의 어머니와 아들을 한국 땅에 데려와 본 후로 더욱 가족이 보고 싶다. 그러나 집으로 가는 것이 그렇게 단순하지 않다. 그녀가 벌어 보낸 돈은 친정과 시집에서 다 쓰고, 모아놓은 것이 없어 돌아가더라도 살 일이 막막하다. 몸이 아픈 남편보고 들어가도 되겠냐고 물으면 '네가 알아서 해라'라는 식으로 시큰둥하게 대답한다. 그녀가 돌아오는 것보다 돈을 벌어오기를 바라는 마음일 게다. 설상가상으로 최근에 아들이 아프다는 이야기를 듣고 난 후로 그녀의 마음은 고향에 가 있다. 한두 달이라도 돈을 더 벌어 작은 돈이라도 갖고 가고 싶은데, 언제까지 일자리가 나오기를 기다릴 수도 없고…. 그녀는 한국에서 언어 문제로, 인종편견 문제로 당한 고통보다 돌아갈 수도, 머물 수도 없는 이러지도 저러지도 못하는 지금이 더 고통스럽다. 결국 그녀는 두어 달 전에 네팔행 비행기를 타고 떠났다. 네팔 카트만두에서 남동생이 일하고 있는 자그마한 가게에서 일할 꿈을 안고….

2004년 7월 1일자로 유엔에서 제정한 '모든 이주노동자와 그 가족의 권리 보호를 위한 국제협약'이 국제조약으로서 정식 발효되었다. 이 국제협약은 점차 증가하고 있는 이주노동자들도 인간답게 살 수 있는 권리를 보장하는 것을 국제적으로 함께 약속한 것이다. 그렇지만 전 세계적으로 이 조약을 비준한 나라는 겨우 27개국으로 아직 우리나라를 포함한 대부분의 이주노동자 수입국에서 비준하지 않음으로 인해 그 조약이 국제조약으로 효력을 정상적으로 발휘하기에는 험난한 앞길이 예상된다. 여하튼 이 조약은 이주노동자들이 그 가족과 더불어 행복하고 인간답게 살 권리를 존중해야 한다는 국제적인 약속으로 앞으로 우리나라도 그러한 조약 정신을 존중할 수밖에 없게 될 것이다.

유엔에서 이렇게 이주노동자와 그 가족의 권리를 함께 포함시켜 국제협약을 제정한 것은 이주노동이 단순히 본인뿐만 아니라 가정 해체의 문제를 심각하게 야기하기 때문이다. 이주노동을 떠나는 여성들은 대부분 한국에 올 때 어린 자식을 두고 오는 경우가 많다. 그런데 3년, 5년 아이들이 엄마와 떨어져 있다 보니, 엄마 얼굴도 잊어버리고 아예 엄마의 존재 자체도 기억 못 하는 경우가 생긴다. 남편과 장기간 떨어져 있다 보니 남편의 애정도 식고, 부인에 대한 그리움보다는 돈을 기다리게 되고, 부인이 돌아갈 의사를 밝혀도 반갑지가 않다. 부인이 돌아오면 부쳐오는 돈이 없어 편한 생활을 할 수 없기 때문이다. 일부다처제 문화에서 사는 남자는 심지어 부인이 뼈 빠지게 벌어 부치는 돈으로 다른 부인을 얻는 경우도 생겨난다. 집안의 가난을 해결하기 위해 이주노동을 떠났는데, 가족 해체 위기에 부딪힌다.

이주의 악순환 고리를 끊고 이주노동자들이 인간답게 살고 그 가족의 해체를 막기 위해서는 새로운 방안이 모색되어야 할 것이다. 그 하나는 이주노동자들이 본국에 돌아가서 일자리를 마련할 수 있도록 귀환정착 프로그램을 개발하는 것이고, 다른 하나는 이주노동자들이 수입국에서 가족과 함께 살 수 있도록 영주권이나 시민권을 주는 것이다. 현재처럼 대부분의 나라들이 이주노동자를 단순히 노동력으로만 간주하여 도입하는 상황에서 영주권이나 시민권을 부여하여 정착할 수 있도록 하자는 제안은 현실에 맞지 않는 이상처럼 보인다. 더구나 우리나라에서는 단일민족이란 허구 이데올로기로 인해 이주노동자에게 3년 순환정책을 강제하고 있는 상황이어서 이 점은 더욱 불가능한 것처럼 보인다. 그렇다고 하더라도 현재 장기체류한 이주노동자들을 아무런 대책 없이 본국에 강제 추방한다는 것은 더불어 살아가는 공생 사회를 꿈꿔야 할 국제화시대에 있어서 심사숙고해야 할 사항이다. 미화 500만 달러 이상 투자 외국인에 대해서는 국내 체류 기간에 관계없이 영주 자격(F-5)을 부여하면서 10년 이상 우리나라 3-D 업종에 종사하면서 우리나라 경제에 이바지한 이주노동자들은 강제 추방한다는 것은 인권의 차원에서 앞뒤가 맞지 않는 정책이다.

그렇기 때문에 귀환 프로그램을 제안하는 것 자체가 본국으로 귀환할 형편이 되지 못하는 이주노동자들의 권익을 오히려 축소시킬 우려가 적지 않다. 이런 우려로 인해 귀환 정책 프로그램은 이미 한국 땅이 제2의 고향이 되었고 본국에 돌아갈 수 없을 경우에 이들에게 영주권이나 시민권 부여하는 운동과 함께 전개해야 한다. 영주권이나 시민권을 일부 장기 체류 이주노동자들에게 부여하는 것과 귀환하고 싶은 이주노동자들에게 그에 적절한 귀환 대책을 제공하는 것은 서로 모순되는 것이 아니다. 이 둘을 동시에 전개해서 이주노동자의 인권을 위해 상호보완적으로 영향을 미치도록 해야 할 것이다. 이주노동자들이 귀환하게 될 여건 조성을 위해서는 무엇보다도 귀국하여서 일할 일자리가 필요하고 이에 대한 사전 준비가 중요하다. 따라서 귀환을 준비하고 정착을 도와줄 프로그램 개발은 매우 중요하다고 본다.

돼지 농장을 꿈꾸는 네팔 참 타파

참 타파는 1997년 한국에 이주노동자로 왔다가 2001년도에 귀국하였다. 한국에 먼저 들어온 그의 형, 장 타파 씨의 도움으로 한국 농장에서 일하다가 그의 동생도 한국에 오면서 부모를 모시기 위해 다시 네팔 포카라로 돌아갔다. 그의 아버지는 용병으로 일하다가 은퇴하였고, 그의 세 형제가 모두 한국에서 일하였기 때문에 그의 집안은 비교적 생활이 넉넉하였다. 그의 집은 대가족이어서 한국에서 보내온 돈으로 우선 집을 건축하였다. 현재는 2층으로 되어 있지만, 조만간 한 층을 더 올려 모든 가족이 그곳에서 살려고 한다. 그의 형인 장 타파는 현재 동대문에서 조그마한 네팔가게를 운영하고 있지만 불황으로 힘들어하고 있고, 그의 동생은 경기도 안산에서 일하고 있다.

참 타파는 부모를 모시면서 한국에서 일하여 모은 돈으로 영업 택시를 하고 있다. 그렇지만 참 타파의 계획은 농장을 운영하는 것이다. 한국에서 일할 때 돼지농장에서 일한 경험이 있고 또 그동안 모은 돈으로 이미 농장을 할 땅도 사 놓았다. 네팔의 풍습에서 돼지를 기르는 것은 그가 속한 계급에 맞지 않는 것이지만, 그는 그런 것은 무시하기로 하였다. 참 타파는 한국의 돼지 농장에서 일한 경험이 있기 때문에 농장 운영에 자신감이 차 있다. 또한 택시회사를 개인적으로 운영한 경험도 농장경험에 많은 도움을 줄 것으로 생각한다. 이런 그의 꿈이 가능한 것은 식구들의 동의로 그가 한국에서 모은 돈을 토지 구매에 사용했기 때문이다. 다른 이주노동자들처럼 대가족의 생계유지를 위해 한국에서 번 돈을 다 써버렸다면 토지를 구입할 수 없었을 것이다. 한국에서 번 돈을 저축한 것, 농장에서 쌓은 경험 그리고 그의 용기가 그의 꿈을 가능하게 한 것이다.*

필리핀 다바오의 국수 공장, 코코넛 열매 분쇄 공장, 농장 이야기

참 타파의 이야기는 개인적으로 일자리를 만든 경우이고 다음의 이야기는 공동체적으로, 조직적으로 일자리를 만든 경우이다. 필자는 귀환 프로그램을 이해하기 위해 1994년부터 홍콩에서.이 프로그램을 시작하여 대안투자운동(Migrant Savings for Alternative Investments)을 벌이고, 그 성과로 1997년부터 필리핀에서 직접 일자리를 창업하고 있는 운라드 카바얀(Unlad Kabayan)과 그 운동의 대표인 메이얀 여사를 만났다. 대안투자운동은 이주노동자들을 교육하고 저축을 북돋우고 그렇게 모은 돈으로 이주노동자와 그 가족을 중심으로 일자리를 창설하는 운동이다. 자세한 내용은 생략하고, 2005년 3월 중순 메이얀 여사가 일하고 있는 필리핀 다바오 섬의 여러 현장과 운라드 카바얀 본부 사무실을 직접 방문하여 느낀 소감을 몇 마디 하고자 한다.

제일 먼저 언급하고 싶은 것은 국수 공장이다. 국수 공장을 만든 쟌덕(Jaime Jandug)의 형은 사우디에서 이주노동자의 삶을 살고 있다. 그는 산폐

---

* 참 타파는 네팔 포가라에서 돼지 농장을 성공적으로 운영하고 있으며 현재 3천여 마리의 돼지를 기르고 있다. 필자가 2016년 5월 네팔을 방문하여 만났을 때 이런 공로로 대통령 표창을 받는 등 수많은 언론의 취재대상이 되어 있었고, 가을에 대규모로 양돈축제를 기획하고 있었다.

트로대학(San Petro College)에서 생물학 교사로 10여 년 일하다가 이 국수공장을 세웠다. 그는 형이 이주노동자로서 모은 돈과 운라드 카바얀에서 대출한 돈으로 국수 공장을 설립하였고 운라드 카바얀에서는 이주노동자들이 저축한 돈을 융자하는 것 외에도 공장 경영 기술, 마케팅 전략 등을 지원해 주었다. 이제 그 공장은 10여 명의 일자리를 창출하였고(이 중 3명은 귀환 이주노동자임) 앞으로는 국수 공장에서 많이 사용하는 플라스틱을 생산하는 공장을 개설할 준비를 하고 있다. 이 공장의 규모는 작지만 이주노동자들이 모은 돈으로 창설하였다는 점에서 의미가 크다.

코코넛 열매 분쇄 공장은 운라드 카바얀이 이곳 시장 출신의 다른 시민단체와 공동출자하여 야심적으로 개척하고 있는 공장이다.* 다바오에 널려 있는 코코넛의 열매들이 주스를 추출하고 나서 버려지고 있는데, 이러한 열매를 거두어 비료 제품을 만들고, 농촌에 일자리도 만드는 시도이다. 현재 소규모로 제품을 생산하고 있고, 아직은 수익을 올릴 만큼 정상적으로 가동하지는 못하고 있다. 그러나 이주노동자를 비롯하여 지역주민 30여 명의 일자리를 창출하였고, 그들에게 삶의 기반인 수입을 제공하고 있기 때문에 의미 있는 시도라고 할 수 있다. 앞으로 새로운 기계를 도입하여 정상적으로 운영할 날을 기대하여 본다. 또한 운라드 카바얀에서 열대 열매를 생산하고 있는 농장을 중심으로 수출가공공장을 짓고 있는 곳을 방문하였는데, 아직 건립 중이라 자세한 것을 알 수는 없었다. 운라드 카바얀은 1995년 이후 2004년 9월 말까지 131개 사업체 존속, 99명의 사업가 교육 및 원조, 318개의 일자리를 창출하였다고 한다. 운라드 카바얀의 여러 현장과 사무실을 방문하고 나서 비록 이주노동자의 공동체가

---

* 필자는 이곳에서 생산되는 코코넛 열매를 이용한 비료를 한국으로 수입해 달라는 의뢰를 받았는데 품질은 좋으나 가격 차이로 성사시키지 못했다.

작지만 서로 힘을 모아 공동의 비전을 창출한다면 귀환 프로그램이 가능하다는 점을 확신하게 되었다.

이주노동자들이 이주노동을 마치고 귀환하여도 고향에서 사회부적응 문제 등으로 인해 그 사회의 이방인으로 남게 되는 경우가 많다. 또한 귀환한 이주노동자들이 선택할 수 있는 직업이 매우 제한되어 있다. 귀환 노동자들이 본국에서 할 수 있는 직업은 노동이나 자영업이다. 아니면 또 다시 다른 나라로 이주노동을 떠나기도 한다. 수입국에서 배운 공장 기술을 써먹을 공장이 없어 그러한 노동을 계속할 수도 없고, 저축도 불충분하여 일하지 않고 지낼 수도 없고, 조금 저축한 돈으로 사업을 하기에는 정보와 능력이 부족하다. 그렇다고 또다시 이주노동을 떠나는 것은 이주노동자와 그 가족들에게 사회적 비용 및 부정적 영향의 심화를 가져올 것이다. 제일 바람직한 것은 이주노동자들 스스로가 투자와 사업가 정신을 바탕으로 일자리를 만들어 소득을 내는 것이다. 이렇게 일자리가 창출되고 꿈을 실현할 때 이주노동의 끊임없는 악순환의 고리를 끊을 수 있게 될 것이다.

이주노동자들이 성공적으로 귀환하려면 이에 대한 구체적인 계획과 재통합에 대한 준비가 필요하다. 이런 준비에는 대안적 수입 및 경제적 자원 마련은 필수적이고 귀환 전 저축과 대안적 투자 및 기업설립에 대한 계획 수립 등이 필요하다. 그렇지만 귀환문제는 단지 경제적인 부분 외에도 그들의 가족, 공동체 등 여러 부분이 함께 논의되어야 하기 때문에 이주노동자들이 그의 가족과 재결합하는 것을 뜻하는 재통합이란 의미를 덧붙여야 한다. 이런 측면에서 귀환 프로그램은 저축과 사업투자가 대단히 중요하지만 그에 머물 것이 아니라 이주노동자들이 그들 자신의 여러 가지 정체성과 역할을 이해하는 것에서 출발해야 한다. 이를 위해서는 무엇보다도 수입국에 있는 이주노동자들이 스스로 자신의 미래에 대한 계획을 세우고 공동체를 만들어 함께 그러한 꿈을 공유하도록 해야 한다. 또한 이주노동자의 본국 현지 상황에 맞는 수요조사를 정확히 하고, 스스로 저축하고 기술을 배우고 새로운 일자리를 창출하고 운영하기 위한 경영지식과 기술을 배워야 한다.

효과적 재통합 과정을 구축하기 위해서는 이주노동자 개인의 노력도 중요하지만, 이를 뒷받침하는 수입국과 송출국의 국가 및 지원단체들의 다각적 협력이 필수적이다. 수입국의 지원단체에서는 강한 소비성향을 가진 이주노동자들의 소비패턴을 변화시켜 저축을 유도하도록 하고, 공동체를 만들어 함께 귀환에 대한 프로그램을 공유하도록 하고, 다양한 교육을 실시해서 경제 발전의 노하우 및 창업 관련 정보를 취득할 수 있도록 지원해야 한다. 송출국의 지원 단체는 수입국의 지원 단체와 긴밀한 협력관계를 맺고 귀환한 이주노동자는 물론이고 이주노동자 가족들과 협력해서 투자하여 운영할 적당한 사업체를 모색하고 이에 대한 마케팅 등 기업경영 컨설팅의 역할을 담당해야 한다. 수입국 정부에서는 이주노동자들이 경제 발전에 기여한 점을 인정하여 그들의 자발적 귀환을 준비할 수 있도록 교육의 기회를 제공하고 그에 필요한 기술도 습득할 수 있도록 지원해주어야 한다. 송출국 정부에서는 이주노동자들이 보낸 돈이 자국의 경제 발전에 이바지하고, 저축을 통한 투자가 지역사회와 국가 경제 발전에 크게 기여할 수 있다는 점을 중시하여 이러한 귀환 프로그램들이 정착될 수 있도록 정책적 배려를 해야 할 것이다.

_ 2005. 4. 27.

'재한 외국인 처우 기본법' 제정에 기본 철학이 없다

법무부는 최근 국제결혼 및 외국인 근로자 유입 증가 등으로 국내 체류 외국인 수가 1990년 4만9천 명에서 2006년 8월 말 현재 87만여 명으로 18배 증가하고, 그 증가 추세가 더욱 심화될 것*으로 예상됨에 따라 이에 대한 종합적 대책을 마련키 위한 근거법으로서 가칭 "재한외국인 처우 기본법"(이하 기본법) 제정을 추진한다고 밝혔다. 법무부는 기본법안에 대해 2006년 9월 21일 당 · 정협의를 거쳤으며, 9월 29일 공청회, 10월 중 국무회의를 거쳐 정부의 최종안을 확정한 후 올해 정기국회 때 정부입법 안을 제출할 예정이다. 그러나 이러한 법안에 대해 의견을 묻는 공청회에 서 대부분 토론자들은 기본법의 제정 취지에 대해서는 동의하나 구체적

---

* 법무부 홈페이지 통계 자료에 의하면 2016년 1월말 현재 체류외국인은 1,879,880명으로 전년 같은 시기(1,774,603명)에 비해 5.9% 증가하였다. 외국인등록자는 1,138,831명, 국내거소신 고 외국국적동포는 327,246명, 단기체류외국인은 413,803명이었다.

○ 체류외국인 자격별 현황

체류 자격별	계	비전문 취업(E-9)	방문취 업(H-2)	재외동 포(F-4)	영 주(F-5)	유 학(D-2)	거 주(F-2)	기타
인 원	1,879,880	273,453	283,124	332,644	124,074	65,936	38,981	761,668
비 율	100.0%	14.5%	15.1%	17.7%	6.6%	3.5%	2.1%	40.5%

(2016.01.31.현재, 단위: 명)

인 법안 내용에 대해서는 많은 문제점을 지적하였다.

법무부가 제시한 기본법안의 제정 배경은 무엇보다도 체류하는 외국인의 급증 추세이다. 세계 최저 수준의 출산율과 고령 인구 증가로 인한 경제활동인구 감소로 외국 인력 수요가 지속적으로 증가하고 있고, 국제결혼 건수가 2000년 총 결혼 건수의 3.7%에서 2005년 13.6%로 증가하여 결혼이민자 및 그 자녀의 사회부적응으로 인한 장래의 사회복지 비용에 대한 대책과 사회갈등을 최소화하려는 정부의 노력이 시급한 실정이다. 사회문제로 대두되고 있는 이주노동자에 대한 임금 체불·폭행, 외국인 여성에 대한 인신매매·성매매 등 인권침해를 예방하고, 국제협약에 따른 난민 인정 및 보호 등을 통해 국가 이미지 및 신임도를 제고하는 한편, 체류 외국인이 가지고 있는 문화적 다양성을 포용하여 보다 발전적 가치로 승화시킬 수 있는 사회 환경을 조성할 필요가 있다. 개방적 사고를 통해 다양한 문화를 포용하여 그 장점을 우리 것으로 승화시킬 필요가 있고 또한 그간 각 부처가 개별적·단편적으로 외국인 관련 정책을 추진함에 따라 정책의 충돌, 중복, 부재 현상이 발생하는 것을 방지하기 위해 종합적·거시적 시각에서 외국인정책을 수립하기 위한 체계를 구축할 필요성이 대두하고 있다.

법무부가 제시한 이러한 입법 배경에 대해서 전폭적으로 동의하면서도 구체적인 법안 내용을 볼 때 과연 이것이 세계적 인권옹호운동에 발을 맞추면서 개방적 사고를 통해 다양한 문화를 포용하고 있는 법안인가 의아하게 생각된다. 오히려 기존의 규제와 관리에 익숙해 있는 법무부가 자신들의 권한과 역할을 확대하여 규제와 관리를 더 편이하게 하기 위한 법을 제정하는 것이 아닌가 하는 의구심도 든다. 한 마디로 법안의 제정 목적인 "외국인의 법적 지위 및 기본적 사항을 정하여 적정하게 대우하며, 국민과 외국인은 서로의 문화와 역사를 이해하고 존중하는 사회적 환경을 조성하여 국가의 발전과 사회통합에 기여하도록 한다"라는 취지가 법안에 전혀 반영되어 있지 않기 때문이다.

구체적으로 이 법은 현재 한국에 있는 외국인의 대다수를 배제하고 있다. 즉 동 법안 규정 상 '재한외국인'이란 대한민국에 거주할 목적으로 합법적으로 체류하고 있는 외국인을 의미한다고 매우 제한적으로 규정함으로써 현재 20여 만 명의 미등록 이주노동자(소위 불법 체류자)는 물론이고 합법적 체류 자격을 갖고 있어도 거주할 목적이 아닌 외국인 이주노동자들 역시 이 범주에서 제외되기 때문이다. 전체 체류 외국인 중에 과반수를 차지하고 있는 이주노동자를 제외한 이러한 기본법 제정이 과연 무슨 의미가 있을 것인가? 앞에서 법무부가 제시한 이 법안 제정 배경을 충분히 반영하려면 좀 더 개방적인 사고와 철학으로 이 문제에 접근해야 한다고 본다. 또한 법안의 내용도 재한 외국인에 대한 정치, 경제, 사회, 문화적 권리를 보장하는 포괄적 선언보다는 정보 제공과 한국어 교육 등 일상생활과 문화적인 부문에 치우치고 있어서 과연 재한 외국인을 어떤 시각과 철학으로 보는가 하는 근본적인 문제의식을 갖게 한다.

법무부는 기본법이 제정될 경우 외국인 정책을 체계적으로 수립하여 시행함으로써 정부 정책의 효율성과 일관성을 제고하고, 국익 차원의 외국인 출입국·체류 관리 강화는 물론 재한외국인의 조기 사회적응 지원을 통해 개인 및 국가의 발전과 사회통합에 기여할 것으로 기대하고 있다. 법무부가 기대하는 기대치를 위해서라면 구태여 기본법을 제정할 필요가 없다고 본다. 현재 각 부처가 갖고 있는 시행령과 훈령에 대해 부처 간에 협의를 충실히 하면 충분하다고 본다. 외국인 기본법은 이러한 것보다는 한 차원 높여서 국제화 시대에 외국인과 더불어 사는 공생 사회를 만들기 위한 철학을 갖고 장기간 계획으로 국민적 공감대를 형성하여 새 법을 제정해야 한다고 본다. 우리 땅에 살고 있는 모든 외국인이 세계 인권선언이나 조약에 맞게 정당하게 대우받고, 또한 우리 국민들이 지구라는 단일공동체에서 외국인과 함께 조화를 이루고 살도록 이해와 협력을 할 수 있는 선언적 의미의 기본법 제정이 절실하다.

_ 2006. 10. 8.

아프가니스탄 피랍 사태에서 튄 불똥

아프가니스탄에서 한국인 23명이 텔레반에 의해 납치된 지 며칠 후 밤 12시경 이주노동자 산재 쉼터는 공포 분위기로 뒤덮였다. 술에 취한 40대 한국인이 신발을 신은 채 쉼터 마루에 올라와 "모슬렘은 나쁘다. 왜 한국 사람을 납치했느냐? 만약에 그들이 살해되면 나도 너희들을 죽이겠다"라고 마구 소리를 질렀다. 쉼터 관리자는 그가 술에 취해서 그런 것이라고 생각해서 신발을 벗고 앉아서 차분히 이야기하자고 권했으나 안하무인이었다. 할 수 없이 쉼터 관리자가 경찰에 신고를 하였으나 경찰이 출동하지 않아 두 시간 동안이나 두려움에 떨어야 했다. 우리 쉼터에 입소한 방글라데시 등 모슬렘들도 혹여나 자기들에게 불똥이 튀지 않을까 숙소 외출을 자제하면서 전전긍긍하고 있었는데….

기다리던 경찰은 두 시간 정도 지나서 왔다. 그런데 경찰을 데리고 온 사람은 바로 횡포를 부리던 한국인이었다. 그는 경찰에 "쉼터에 불법 체류자가 있으니 와서 잡아가라"고 신고를 하였던 것이다. 한국인의 횡포를 신고할 때는 오지 않던 경찰이 외국인 불법 체류자를 신고하니 금방 오는 것을 보고 외국인은 어떤 마음이 들었을까? 결국 경찰들은 사태를 파악한 후 그 한국인과 쉼터 관리자를 치안지구대로 데리고 갔다. 지구치

안대에서 계속 떠들어대던 그 한국인은 경찰서에 넘겨져서 구속될 처지에 놓이자 마지못해 사과하였다. 쉼터 관리자는 외국인과 한국인의 차별행위에 분노하였지만 그래도 그 한국인이 다음날 정식으로 쉼터 거주자에게 사과를 하러 온다고 약속하여 풀어주었으나….

아프가니스탄에서 텔레반에 의한 자행된 한국인 피랍사태에 대해 왜 한국에 있는 이주노동자들을 관련시키는지 납득이 되지 않는다. 국가도 다르고 민족도 다르지만, 이슬람을 믿는다는 이유만으로 그 책임을 묻는 비상식적 행위를 단지 술에 취해서 실수한 것이라고 보기에는 무언가 석연치 않다. 그것은 국가와 개인, 민족과 개인, 단체와 개인을 구별하지 않는 우리 사회 풍토가 그 배경이 되기 때문이다. 이슬람 국가 중에도 오히려 이러한 납치를 자신들의 신앙에 위반된다고 강하게 비판하면서 이슬람의 근본정신인 사랑에 근거하여 조속히 석방시켜줄 것을 촉구하는 국가들도 있지 않은가.

지난 4월에 있었던 버지니아 공대 총기 난사 사건 때 미국인들이 취한 자세가 생각난다. 이때 총기 난사의 범인이 한국계인 조승희 씨라는 소식에 미국 교민 사회가 비상에 걸렸다. 33명이라는 많은 사람을 살해한 소름끼치는 이 사건을 계기로 미국인들이 한국 교민과 유학생들을 대하는 태도가 달라지지 않을까 걱정해서다. 그런데 오히려 미국인들은 조승희 씨도 미국 사회의 피해자라는 인식으로 그를 추모하는 꽃을 달기도 했으며, 한국인에 대해 전혀 인종 혐오적인 반응을 보이지 않았다. 미국 사회에서는 개인과 국가는 엄연히 다르다고 생각하기 때문이다. 텔레반이 자기들의 정권 탈취를 위해 전쟁을 벌이면서 무고한 한국인을 납치한 것에 대해서는 어떠한 변명을 하더라도 용납할 수 없는 만행이라고 본다. 그렇지만 그러한 만행에 대해 한국에 있는 모슬렘 이주노동자들에게 분노를

표하는 것은 상식 이하의 만행이라고 본다.

_ 2007년 10월 「시사인」 게재

가정파탄 각오하면서 이주노동운동을 한 마숨 씨

필자는 방글라데시 상호복지협회의 초청을 받아 지난 11월 30일 방글라데시 수도 다카를 방문하였다. 방글라데시 상호복지협회는 한국에서 귀환한 이주노동자들이 이주노동의 악순환 고리를 끊고 행복하게 귀환하고 재통합할 수 있도록 이주 예정자 그리고 귀환한 이주노동자를 지원하는 다양한 사업을 하고자 설립되었다. 특히 한국으로 이주노동을 하려고 하는 이들에게 한국어 수업을 하고 있어서 필자는 12월 1일 2백여 명의 관계자가 참석한 수료식에서 한국어교육 수료생을 격려하였다. 이어 컴퓨터 교실 개막식에도 참석하였는데 이는 상호복지협회의 활동을 지원하기 위해 컴퓨터를 기증하여 열게 된 것이다.

이 단체의 실무는 한국에서 7여 년간 일하고 귀국한 샤밈 총무가 담당하고 있다. 그는 한국에서 열심히 일하다가 미등록 이주노동자에 대한 단속이 강화되자 2003년 이주노조 아느와르 위원장을 도와 서울 분회장으로 2년간 이주노조운동을 하였다. 이후 아노와르가 강제 단속된 후 샤밈은 이주노조활동을 접고 다시 취업했다가 방글라데시로 귀국하였다. 그는 때마침 한국에서 필자와 이주노동운동을 함께 했던 마숨 사무국장이 단속 대상이 되었다는 연락을 받고 필자가 한국에 돌아가면 마숨에게 빨리 방글라데시로 귀국하도록 조치를 취해 달라고 부탁하였다. 샤밈 총무는 현재 마숨 씨의 가족 형편이 무척 어렵다고 알려주었다. 마숨의 부인은 몇 년 동안 돈 한 푼 부쳐오지 않는 남편을 이해할 수 없어 친정 쪽으로 도망갔고, 마숨의 어린 딸은 할머니와 어렵게 살고 있으니 빨리 귀국해서 이러한 가정 문제를 해결해야 한다는 것이다.

이주노조 사무국장 마숨 씨는 결혼한 지 얼마 되지 않은 1996년 브로커에게 4백만 원을 주고 한국에 왔다. 그가 한국에 들어온 지 40일 뒤 딸이 태어났다. 그는 사랑하는 부인과 얼굴도 못 본 딸을 만나고 싶어 빨리 귀국하고 싶었지만, 외환위기 때 일하던 회사 사장에게 속아 모았던 1천 3백만 원을 사기당하였다. 더구나 의료보험 적용을 받지 못하고 위장수술까지 한 뒤 6개월 동안 일을 못 하고 나니 완전히 빈털터리가 되어 돌아가고 싶어도 갈 수 없었다. 이런 사정을 아무리 가족에게 전해도 가족은 이해하지 못하였다. 가족들은 돈을 부치거나 아니면 하루빨리 귀국하라고 야단이었다. 이렇게 애타는 가족의 호소를 외면하고 그가 돈을 벌 수 없는 이주노동운동을 지속한 이유는 무엇일까?

마숨 씨는 평소 반가운 미소를 잘 짓는다. 부드럽기만 한 마숨 씨가 이주노동을 하게 된 동기는 무엇보다도 한국에서 받은 차별대우가 인간으로서 겪기에 너무 힘들었기 때문이다. 마숨은 처음 한국에 입국할 때부터 사람이 아닌 짐짝 대접을 받았다고 한다. 그 후 직장에서 온갖 차별을 다 당하였다. 더구나 체류가 불법이 된 후 단속을 피하기 위해 그가 겪은 어려움은 이루 말로 다할 수가 없다. 인간으로 정당한 대우를 받기 위해, 차별을 없애기 위해 뭔가 하고 싶었던 마숨은 이주노동운동에 가담하게 되었다. "어느새 13살이 된 딸에게 돈을 보내주지는 못했지만, 무언가 떳떳한 아빠를 자랑할 수 있도록 하기 위해 열심히 이주노동운동을 했다"라고 고백한다.

그의 이런 활동이 왜 법무부의 표적 단속의 대상이 되어야 했을까? 이주노동자 노동조합원이 '표적 단속'되고 강제 추방된 것이 이번만은 아니다. 2002년 꼬빌, 2003년 비두-자말, 2004년 샤말타파 위원장, 2005년 아노아르 위원장 그리고 이번에 마숨 사무국장을 포함하여 까지만 위원장, 라쥬 부위원장 등. '인간답게 살 권리'를 찾으려 한 노조 활동 때문에 표적 단속이 되어야 하니 차별 없애려 노력한 게 그렇게 큰 범죄인가? 유엔총회에서 이주노동자들의 기본권 보장을 촉구하는 국제협약을 채택한 것을 기념하는 12월 18일 '세계 이주민의 날'을 맞아 과연 법의 의미를 되묻게 된다. 강제 단속되어 1년여 동안 청주외국인보호소에서 수감되었다가 병을 얻어 지금도 방글라데시에서 투병을 하고 있는 아느와르 위원장이 방글라데시 공항에서 보여주었던 흐릿한 눈빛이 눈에 선하다.

_ 2008년 1월 「시사인」 게재

생명 존중을 최우선으로 해야

　법무부에서는 미등록 이주노동자를 강제 단속하여 추방하는 것이 국익을 위해 필수적인 것이라고 강행하고 있다. 막대한 예산과 인력을 들여 펼치는 이런 강제 단속과 추방 정책이 과연 얼마나 국익에 도움이 되는지 의문이 든다. 이러한 강제 추방 정책에도 불구하고 현재 미등록노동자(소위 불법 체류자)가 줄어들지 않고 지난해 말 23만 명에 육박하고 있으며, 오히려 이러한 강제 추방 정책으로 미등록 이주노동자의 인권이 심각하게 유린되어 많은 문제점을 야기하고 있다. 그래서 현재처럼 이주노동자에 대한 권리부조가 제대로 되지 않는 상황에서는 획일적으로 강제력을 사용하여 단속, 구금, 추방 등의 강압적 정책을 펴는 것보다 다른 나라처럼 먼저 출국 권고, 사면 등을 통해 불법 체류 문제를 해결하고 그래도 안 되는 경우에 한해 강제력을 사용하는 것이 오히려 국익에 도움이 되지 않느냐는 생각을 하게 된다.

　지난 1월 30일 법무부에서는 화성보호소에서 7개월째 수감 중인 이주노동자 수바수 씨를 강제로 추방하였다. 그는 검사 결과 한 달 사이 몸무게가 5kg이나 줄었고, 혈당수치는 487mg/dl로 정상의 4배에 달해 그 정도의 일반 내국인이라면 입원을 권유받는 심각한 상태였다. 더욱이 수바

수 씨는 당뇨병 외에도 3개월째 지속된 복통과 시력 저하 등 여러 질환을 호소하고 있어서, 인도주의실천의사협의회는 수바수 씨에 대한 치료가 외국인 보호소 내에서 불가능하다는 의견서를 냈고, 각계 사회단체들이 조속한 치료를 위해 '보호일시해제'를 요청했다. 수바수 씨의 당뇨병이 언제 발생되었는지에 대해서는 정확히 알 수 없지만, 외국인보호소라는 열악한 환경에서 그의 질병이 더 악화된 것은 분명하다. 그렇다면 법무부는 적절한 치료를 해야 할 책임이 있음에도 불구하고 그를 조급하게 강제 출국시킨 것은 정당한 처사라고 할 수 없다. 단지 체류 자격이 없다는 이유로 수바수 씨에게 여느 형사범보다도 못한 대우를 하는 것이 국익을 위한 것이라고 강변할 수는 없을 것이다.

이에 반해 국립의료원이 하인두암 말기 환자 카일 씨에 대해 행한 치료 및 송환 협력 과정은 국익을 위해서 국가기관이 어떻게 해야 하는지를 잘 예시해준 경우라고 본다. 방글라데시 이주노동자인 카일 씨는 10년 가까이 노동자로, 학생으로 지내오다가 하인두암에 걸려 의사로부터 몇 달 살지 못한다는 선고를 받았다. 미등록 상태로 질병에 허덕이면서 돈을 벌지 못한 카일 씨는 여섯 차례의 입원과 치료로 치료비가 1천4백만 원이 나와 임종조차 편안하게 할 수 없는 상황이다. 다행히 병원 측의 배려로 1천만 원을 병원에서 부담하고, 추가 치료비도 20%만 카일 씨가 부담하도록 하였다. 주위에서 비행기 값과 본인 부담금을 마련해 주어 오는 주말에 본국으로 돌아가 가족과 함께 지내며 임종을 맞게 되었다. 또한 비행 중에 발생할지 모르는 만일의 사태에 대비하기 위해 의사, 간호사 등을 대동하게 하여서 방글라데시 대사관에서 이러한 치료 및 송환과정에 대해 진심으로 감사하게 생각하였다.

카일 씨에 대한 국립의료원의 배려에 대해 방글라데시 대사관이 느끼는 감사의 마음은 돈으로 살 수 없는 엄청난 외교적 결실이라고 말할 수 있다. 이에 반해 아픈 상태에서 억지로 강제 추방당한 수비수 씨를 맞는 네팔 정부 관계자나 그 가족들의 심정은 어떠할까? 그들에게는 한국 정부가 사람의 생명을 존중하지 않고 오로지 형식적 법질서에 매인 인권 유린국으로 비치지 않았을까? 인권을 존중하는 국가라면 보호소에서 병든 이주노동자 수바수 씨를 강제 출국시키지 않고 정확한 검진과 적절한 치료를 보장했을 것이다. 또한 수바수 씨의 건강을 악화시킨 것처럼 더 많은 이주노동자들의 건강을 악화시킬 수 있는 보호소 내 열악한 환경에 대해서도 즉각 개선했을 것이다. 이렇게 인권을 존중하고 생명을 중시하는 것이 장기적인 안목에서 진정한 의미의 국가 이익이 될 것이다.

_ 2008년 3월호 「시사인」 게재

다르게, 평등하게 살자

　세계인권선언 2조에 "피부색, 성별, 종교, 언어, 국적, 갖고 있는 의견이나 신념 등이 다를지라도 우리는 모두 평등하다"라고 선언한 것처럼 어떠한 경우에도 차별이 있어서는 안 됨을 명시하고 있으나, 한국 사회에서는 아직도 이주민에 대한 차별, 외국인 혐오증으로 인해 이주민들이 인간답게 살지 못하고 있다.

　이주민이 인간답게 살기 위해서는 타문화의 이해가 중요하다. 문화는 흔히 "개인의 삶에 의미를 부여하고 개인의 사회적 행동을 한정하며 세대의 흐름에 따라 전승되는 다양한 특성과 믿음으로 이루어진, 분명하게 한정되고 폐쇄된 일관된 총체"로 정의된다. 즉 "문화는 가족이나 학교 같은 제도들이 사회적 삶과 사적인 삶의 문제를 해결하게 하기 위해 어린 시절부터 개인에게 부여하는 연장통과 같은 것"이다. 이런 문화에 대한 본질주의적이고 근본주의적 접근에서 이주민에게 '한국식'으로의 동화 또는 침묵 이외에는 선택할 것이 주어지지 않는 한국 사회에서 타문화 이해를 강조하는 것이 허구적일 수 있다. 이주민들이 좀 더 인권을 누릴 수 있도록 하기 위해 혈통주의와 민족주의적 인식을 넘어서서 국적 부여 원칙, 영주권 확대, 미등록 이주노동자 합법화 등에 대한 진지한 논의가 이루어지도록 하는 데 타문화에 대한 정확한 이해가 중요한 몫을 차지한다. 어떻게 하면 다르지만 평등하게 살 수 있느냐를 모색하기 위해 타문화를 상호 존중하면서 서로가 서로를 배우는 풍토가 조성되어야 할 것이다.

이주민의 문화적 권리는 시혜적 차원이 아니라 권리로서 보장해야

각 나라마다 생활관습의 차이가 많다. 특히 아시아에서 온 이주민들은 한국인과 생활습관의 차이가 많다. 손가락으로 식사를 한다든지, 용변 후 휴지 대신 물을 사용한다든지, 남자들이 앉아서 소변을 본다든지… 이러한 생활습관에 대해서 한국인들은 그들이 아직 미개하기 때문에 그렇게 한다고 생각하여 그러한 생활습관뿐만 아니라 그 습관을 지닌 사람들조차 미개하다고 차별한다. 또한 그들이 가진 종교에 대한 이해도 부족한 편이다. 특히 이슬람권 문화와 종교에 대해서는 접할 기회가 거의 없어서 갈등을 빚기도 한다. 이슬람권 이주민들이 돼지고기를 안 먹는 것, 라마단 금식을 하는 것 그리고 하루 5번씩 기도하는 것들에 대해 거부감이 크다. 때로는 거부감을 넘어서 이들의 생활습관을 무시하면서 돼지고기가 일하는 노동자에게 좋다고 생각하여 이들에게 돼지고기를 다른 고기로 속여서 먹이기도 한다.

지금 한국 정부와 사회에서 결혼 이주여성을 위한 각종 지원책을 펼치고 있는데, '동화주의'를 근간으로 한 '결혼 이주여성의 한국화'를 목표로 하고 있다. 물론 한국 사회에 잘 적응하기 위해서 한국 문화를 배우는 것은 매우 중요하다고 본다. 그러나 한국 문화를 아는 것과 자기 고유의 문화를 배척하는 것과는 다른 문제이다. 오히려 때에 따라서는 한국 문화보다 우수한 자기 고유의 문화를 살리는 것이 더 인권을 존중받으며 사는 것일 수도 있다. 일례로 국제결혼으로 한국에 들어오는 이주여성의 경우, 일부 나라를 제외하고는 구 사회주의권 나라 출신으로 한국보다 비교적 양성 평등적인 가족 구조와 가족 문화를 갖고 있다. 이 여성들의 평등 문화가 존중되기보다는 일방적으로 한국의 가부장적 문화 수용을 강요당하는데서 문화적 갈등이 일어나고 이 갈등이 혼인 파탄의 주요 원인이 되기도 한다. 결국 한국화의 강요는 그것 자체가 문화적 폭력이며, 물리적 폭력으로 이어지기도 한다.

이주민은 각기 자기 나라의 문화를 향유할 권리가 있다.

한국의 강력한 '동화' 이데올로기는 이주민들의 문화적 정체감을 '없어져야 할 것' 또는 '한국에 적응하기 위해 포기해야 할 것' 등으로 의미부여함으로써 자존의 기반인 이들의 '문화적 정체감'을 심하게 훼손하는 경향이 강하다. 그렇지 않고 이주민의 자국 문화를 존중한다고 해도 그 문화에 대한 특정한 재현 방식을 선호한다. 우리가 원하는 방식으로 이들을 재현하고 그들의 문화적 정체성을 규정하는 습관화된 방식이다. "가난한 나라의 최하층 일꾼", "부정한 존재 또는 오염의 근원", "불쌍한 인종" 등과 같은 이주민에 대한 부정적 표현은 이들의 복합적인 정체성과는 아무 상관이 없다.

결혼이주자 여성에 대해서 흔히 "한국 사람 다 됐네"라는 말로 시작되는 한국 문화에의 동화 노력은 과연 한국 사람으로 완벽하게 변화되었다는 것으로 이해될 수 있을까? 이 말은 이주민이라는 점을 고려해서 그렇다는 표현이지 결코 한국 사람과 똑같다는 표현은 아니라고 본다. 성인이 다 되어서 오는 이주민이 아무리 노력한다고 해도 한국어를 완벽하게 구사할 수 없고, 아무리 한국 문화를 잘 안다고 해도 그것은 한계가 있을 수밖에 없을 것이다. 오히려 이들은 자기 나라 말을 더 능숙하게 사용하며, 자기 나라 문화를 향유할 때에 더 행복할 수 있다. 결국 자신의 문화를 누리지 못한다는 것은 이들이 능력, 역량, 잠재성을 공적으로 표현하고 이에 걸맞은 대우를 받을 수 있는 가능성을 삭제시킴으로써 다른 권리들을 제한하게 만든다.

이주민 본국의 문화는 존중받아야 한다

한국 사회에서 이주민 출신국에 대한 이해는 매우 저급 수준이다. 오랫동안 서구 문명 중심으로 교육을 받아온 한국 사회에서는 유럽 발칸 반도의 지극히 작은 도시 아테네나 크레타문명에 대해서, 이태리의 로마 문명에 대해서는 잘 알아도 지극히 가까운 동남아시아나 남아시아에 대해서는 거의 무식하다고 해도 과언이 아니다. 그나마 최근 이곳 지역으로의 여행 붐으로 인해 이 나라들에 대해 적지 않은 관심을 갖게 되었으나 그것은 대부분 지극히 단편적인 측면이 많다고 할 수 있다. 여기에는 선진국에 대한 동경심으로 백인에 대해서는 우호적인 감정을 갖고 있으나 대부분 한국으로 이주민을 수출하는 아시아 지역에 대해서는 오히려 경멸하는 사회적 풍토가 적지 않은 영향을 미치고 있다고 본다.

일례로 근래에 관광지로 각광을 받고 있는 캄보디아에 대해서 한국인들은 그 나라가 가난하고 독재정권에 시달리는 나라로서 살기가 매우 어렵다는 인식만을 갖고 있다. 최근 국제결혼으로 캄보디아에서 한국에 이주민이 많이 들어오고 있는데, 이러한 사회적 분위기로 인해 그들을 보는 한국 사회의 시선은 그렇게 곱지 않다. 그것은 그동안 캄보디아에 대해서 많은 사람들이 무관심하여 잘 알지도 못하였고, 일부 관심 있는 사람들도 1백만 명이 학살된 '킬링필드' 대학살을 일으킨 크메르루주 정권을 기억하기 때문이다. 그러나 캄보디아가 약 2천 년 전부터 현재의 영토에서 살아왔으며 앙코르 유적으로 대표되는 뛰어난 고대문명을 건설한 나라라는 것은 잘 모르고 있다. 크메르문명은 그동안 역사에서 묻혀 있었으나 최근 그 뛰어난 예술성과 장엄함으로 인해 전 세계의 주목을 받고 있다. 캄보디아뿐만 아니라 인도네시아, 말레시아, 미얀마 등 동남아시아와 남아시아 여러 나라들은 서구 문명과 비교할 때 그 역사도 오래되었고, 그 수준도 매우 높아서 한국 사회에서 존경받아야 할 충분한 가치가 있다.

서로 다른 타문화에 대한 이해를 강조하다 보면, 자칫 잘못하면 민족, 문화 공동체 간에 장벽을 더욱 공고히 할 수 있다. 그 결과로 그렇게 강조된 집단을 떠나 다수 집단에 합류하는 것을 어렵게 만듦으로 이주민들을 주류 집단에서 멀어지게 할 우려도 있다. 실제 이주민들이 이주해온 새 나라의 지배적인 문화를 자기의 것으로 만들어 그 사회 안에 융합하려고 할 때에 다문화주의는 그것을 가로막는 역할을 하는 경우도 적지 않다. 출신 문화를 강조하다보면 이주민은 자기의 근원, 문화, 민족 집단을 벗어날 수 없으며, 이국 취향에 가치를 부여하는 사회에서 거의 언제나 그가 소속한 민족 집단의 구성원으로 인식되고 사회가 강요하는 이국적 이미지에 부합되도록 강요를 받는다. 그가 취하는 낯선 행동들은 상이한 소수 집단의 문화에 소속되었기 때문으로 해석되며, 이주민 개인은 언제나 문화적으로 다르다고 간주되어 결코 국민 안에 포섭되지 못하게 된다.

사실 많은 타 문화주의 공연이나 축제에서 각각의 소수 집단이 출신 나라에 대해 흔히 알려진 모습, 대부분 관광 안내 책자에 소개된 것과 일치하는 모습을 그대로 따르고 있는 것을 보게 된다. 즉 한국 사람은 한복을 입고 김치를 먹는 모습으로 그려지고 있고, 방글라데시 사람은 카레를 먹는 낙천적인 모습으로 그려진다. 태국 사람은 모두가 불교를 믿고 있고 파키스탄 사람은 모두가 과격한 이슬람 신자로 보게 된다. 개인의 정체성이란 복수적이고 변화하는 것임에도 불구하고, 개인이 한 특수한 집단 내에서 인정을 받아 어떤 권리를 누리도록 하는 것이라면 그것은 결국 개인이 공동체 안에 고립되는 것을 조장하게 될 것이다. 타문화 이해에 대한 강조가 이렇게 이주민을 오히려 차별하고 소외시키게 되는 제안과 정책들로 표류할 수 있다는 점을 항상 고려해야 할 것이다.

문화적 '게토'를 피해야

최근 유럽에서 있었던 이주민들의 폭동사태를 위시해서 이주민의 문화적 '게토'에 대한 우려가 많이 일어나고 있다. 이들은 대부분 그 사회의 최하층을 이루고 있어서 항상 사회 불안요소로 간주되고 있으며, 더욱이 그들이 가진 것으로 추정되는 문화적, 종교적 소속으로 인해 민주주의의 적으로 그리고 국민적 정체성의 적으로 간주되기도 한다. 이러한 사회 인식으로 인해 이에 대립되는 극우적 집단이 극단적으로 반작용을 해서 이들에 대한 테러를 자행하기도 한다. 이렇게 사회·경제적 불평등과 불안이 증가할수록, 배타적이긴 하지만 그 성원을 보호해주는 문화적·민족적 소속 안에서 피난처를 찾는 경우가 많아질 것이고, 그럴수록 자기와 다르다고 생각하는 사람들을 거부하게 될 것이다.

이렇게 문화적 '게토'가 생기는 것을 피하려면(혹은 이미 존재하는 게토로부터 벗어나려면) 불평등과 사회·경제적 배제가 증가하는 데 대한 대책을 강구하고 해결책을 찾아야 한다. 인간을 존중하는 정체성과 문화의 표현은 집단적 인정과 동등한 권리를 갖는 것이고, 어떤 정체성을 선택하고 어떤 사회적 관행을 따르든 간에, 모든 인간은 인간으로서 품위 있는 삶을 누릴 권리가 있다. 사회적·경제적 불평등과 싸우며 문화적 게토를 극복하기 위해서는 민족, 인종, 문화, 종교에 관련된 차별의 문제에 관해서 확실한 법률로서 차별금지를 제정해 적용해야 하며, 때에 따라서는 사회적·역사적 조건에 따라 이른바 차별을 수정하는 특별우대정책도 필요하다고 본다.

다르지만 평등하게 살 권리와 이주민의 기여

이주민은 비록 한국에 체류하고 있더라도 자기 나라 문화를 향유할 권리가 있다. 물론 이들이 한국 문화를 알고 한국 문화에 적응하도록 교육하는 것도 중요하지만, 이들이 자신의 문화를 한국에서 향유하고 자신의 문화를 한국 사회에 전파할 수 있는 문화전도자로서 존중받아야 될 것이다. 이주민들이 자국의 문화를 한국에 잘 접목시킬 때 비로소 한국 사회는 다문화, 다민족 공생사회로의 기틀을 마련할 수 있을 것이다. 이제 한국 사회도 한 사회나 한 국가 안에 여러 문화가 존재한다는 사실을 받아들이고 각 문화의 고유 가치를 존중할 때가 되었다. 다문화사회는 이주민들이 자기 문화를 골방에서 누릴 수 있게 허가해주는 것이 아니라 누구나 떳떳하게 자기 문화를 누릴 권리를 갖는 것이다. 다문화사회는 은혜를 베푸는, 즉 시혜적 차원에서 이루어지는 것이 아니라 서로가 서로를 배우는 과정을 의미한다. 따라서 진정한 다문화사회는 인격적으로 평등한 주체들이 구성하는 다양성이 바로 자신임을 깨닫게 하는 과정이어야 한다.

개인이 공동체 안에 고립되는 것 그리고 서로 대립하는 공동체들이 폐쇄적으로 형성되는 것을 피하기 위해 종교나 성적 선호도, 피부색, 문화적 소속에 관계없이 모든 시민의 기본적인 권리와 의무의 평등 원칙을 재확인하는 것이 중요하다. 문화적, 인종적, 종교적 소속이 어떻든 인간은 이상적으로 제대로 된 삶을 누릴 권리를 갖고 있다. 이런 점에서 네팔과 미얀마에서 온 이주민들이 만든 '스톱 크랙다운' 밴드에서 부른 "We love Korea"는 시사하는 바가 크다.

"아름다운 세상 만들어 가자"

우리 모두의 미래를 위해
우리는 노동자 쓰러지지 않아
밟히고 또 밟혀도 다시 일어나
누가 뭐래도 우리는 노동자
작업복에도 아름다운 일꾼
피땀 흘리면서 당당하게 살아간
세상을 바꾸는 한국을 만드는 노동자

_ 2008. 3. 3.

"학교에서 공부하고 싶어요"

　지난 3월 2일 대학로에서는 이주아동 20여 명과 그 부모 그리고 이에 관심 있는 시민단체 관계자 등 50여 명이 길을 지나고 있는 시민들에게 전단을 나누어주고 있었다. 지난 2월 말로 '한시적 특별 체류'가 마감되어 이들은 3월 3일부터 개학하는 학교에 마음 놓고 다닐 수 없게 되었다. 이날부터 이주 아동들과 그 부모들은 불법 체류자가 되어 언제 닥칠지 알수 없는 단속에 마음을 졸여야 한다. '한시적 특별 체류'란 지난 2006년 4월 불법 체류자인 엄마가 한국에서 태어나고 자란 초등학교 1학년생 아동을 등교시키다가 단속되어 아동까지도 학업을 중단할 수밖에 없었던 사건을 계기로 정부에서 취한 조처이다. 이 조처에 따라 부모와 동반 입국한 15세 이하의 자녀와 그 부모들 그리고 한국에서 태어난 15세 이하의 자녀와 그 부모들의 일부가 체류 연장 허가를 받아 아이들이 안심하고 학교에 다닐 수 있는 기회가 주어졌었다.

　이주아동의 교육권에 대해 근본적으로 성찰할 때가 되었다고 본다. 한국 정부가 비준한 UN 아동인권협약안은 세계의 모든 아동들에게 부모의 체류 신분에 상관없이 생존권, 발달권, 보호권, 교육권 등을 누릴 권리를 부여하고 있다. '일반적으로 승인된 국제법규'로서 '국내법과 같은 효력'을 가진다는 헌법 6조의 적용을 받아 세계아동인권협약안은 국내법과 동일한 효력을 가졌기 때문에 한국 정부는 이주 아동에게 제대로 된 교육권을 보장해야 한다. 한국에서 태어나 한국이 더 자연스럽고 또 본국의 말도 잘 모르는 아동들을 부모가 불법 체류라는 이유 하나만으로 강제로 추방하고 또 교육의 기회를 박탈한다는 것은 인권 국가로서 걸맞지 않는 정책이라고 본다. 한국 정부는 이주 아동에게 그러한 권리를 누리게 하지 못했기 때문에 2003년 UN 아동권리위원회로부터 "모든 외국인 어린이에게도 한국 어린이들과 동등한 교육권을 보장하라"는 권고를 받는 부끄러운 일도 있었다.

유엔아동협약에 따라 이주노동자 자녀의 교육권을 보장하려면 가장 중요하게 고려해야 할 것이 아동 본인의 체류 자격과 그 부모의 체류 자격 문제이다. 이주 아동의 교육은 그 부모로부터 양육을 지원받지 않고서는 거의 불가능하다고 본다. 가까운 일본에서는 법이나 제도를 고치지 않고서도 이러한 아동의 교육권을 위해 아동이 교육을 받는 동안 아동뿐만 아니라 그 부모도 체류권을 보장해주는 사례를 만들고 있다. 프랑스 미테랑 정권은 1984년 법으로 불법 체류자의 추방 요건을 대폭 강화해서 "공공 안전이나 국가 안위에 중대한 필요"를 제외하고는 외국인 미성년자나 프랑스에 가족이 있는 외국인을 추방할 수 없도록 했다. 이러한 강제 추방금지 조처는 이주 아동의 교육권을 향유하도록 하는데 절대적으로 필요한 조처라고 본다. 또한 독일 정부도 2000년 1월 개정 발효된 국적법을 통해 "독일에서 출생한 외국인은 부모 중 한 명이 독일에서 태어났거나, 그가 14세 이전 독일로 이주한 경우 자동적으로 독일 국적을 취득할 수 있다"라고 규정했다.

이제 한국 사회도 혈통주의에서 벗어나 속지주의를 진지하게 검토해서 이주 아동의 교육권에 대한 근본적 대안을 마련할 때가 되었다고 본다. 법무부가 파악한 불법 체류 아동은 8천여 명에 이르지만, 한시적 특별 체류 허가를 받은 아동은 겨우 1백여 명에 불과하고 그나마 이 이주 아동들도 이제 다시 불법 체류자 신분으로 전락하게 되었다. 정부의 일관성 없는 임시적 방편으로 인해 이주 아동들도 스스로 교육받을 권리를 포기하고 있다. 학교에서 왕따를 당하거나 한국어를 잘 구사할 수 없어서, 어려운 가정형편으로 인해 아동들은 자포자기의 삶을 사는 경우가 많이 있다. 또한 가뜩이나 어려운 상황에 있는 그 부모들로 인해 교육을 받아야 하는 이주 아동이 법을 어기면서 노동 현장에서 일을 하기도 한다. 이들이 학교에서 마음 놓고 공부하고 한국 친구들과 놀 수 있는 날은 언제나 올지….

_ 2008년 4월 「시사인」 게재

"당신과 저는 매우 슬픕니다"

대전고법 제1형사부(재판장 김상준 부장판사)는 지난 1월 13일 열린 상고심에서 베트남 출신 19세 아내를 살해한 혐의로 구속 기소된 장 씨(47)에게 1심 판결대로 징역 12년의 중형을 선고했는데, 재판문에서 밝힌 신부 후인 마이의 편지와 재판장의 질책이 사회의 관심을 끌었다. 무차별 폭행으로 갈비뼈가 18개나 부러지는 중상을 입고 사망한 사건에 대해서 재판장은 피해자 후인 마이에게 한국 사회의 잘못된 국제결혼 풍습에 대한 용서를 구하고 "한국어를 빨리 배워 한국생활에 적응하면서 따뜻한 가정을 이루겠다는 소박한 꿈을 이루고자 하는 베트남 신부의 작은 소망을 지켜줄 수 있는 역량이 우리에겐 없느냐"라고 자성의 질문을 던졌다.

후인 마이는 사건 전날 남편에게 "당신과 저는 매우 슬픕니다"로 시작되는 긴 편지를 남겼다. 그녀가 남긴 편지 내용에는 비록 서로 잘 모르고 결혼했지만, 부부간의 사랑을 구하는 애절한 내용이 담겨 있었다.

당신이 무엇을 먹는지, 무엇을 마시는지 알고 싶어요. 당신이 일을 나가서 무슨 일이 있고, 건강은 어떤지 물어보고 싶어요. 제가 당신을 기쁘게 할 수 있도록 당신이 제게 많은 것을 알려주길 바랐지만, 당신은 오히려

제가 당신을 고민하게 만들었다고 하네요. 하지만 베트남에 돌아가더라도 당신을 원망하지 않을 거예요. 당신을 잘 이해하고 사랑하는 여자를 만나길 원해요.

이렇게 그녀는 열아홉 살의 어린 나이에 서로 이해하고 위해주는 애틋한 부부관계를 원했으나 남편의 배려 부족, 경제적 형편 및 의사소통의 어려움으로 인하여 원만한 결혼생활을 영위하지 못하였다. 최소한의 인간다운 삶도 누리지 못한다고 생각하였던 후인 마이는 남편과의 결혼생활을 청산하고 베트남으로 돌아가려고 하였으나 남편 장 씨는 후인 마이의 이와 같은 행동을 보고 그녀가 사기결혼을 하였다고 오해한 것이 범행을 저지른 주된 원인이 되었다.

재판부는 심리가 진행되는 동안 피해자 후인 마이의 베트남 가족들과 연락을 하려 했으나 결혼정보업체나 관계 당국 모두 피해자 가족들의 소재를 파악하지 못했다. 이날 판결을 한 김상준 부장판사는 한국 사회의 야만성에 대해 피해자로부터 용서를 구하는 심정이었다며, "피해자 가족들에게 알리지 못한 채 판결을 내리게 된 것에 대해 안타깝다"라고 토로하면서 이 사건과 같은 비극이 발생한 근본 원인으로 "노총각들의 결혼 대책으로 우리보다 경제적 여건이 높지 않을 수도 있는 타국 여성들을 마치 물건 수입하듯이 취급하고 있는 인성의 메마름, 언어 문제로 의사소통도 원활하지 못하는 남녀를 그저 한 집에 같이 살게 하는 것으로 결혼의 모든 과제가 완성되었다고 생각하는 무모함" 등이 비정한 파국의 씨앗을 필연적으로 품고 있는 것이라고 밝히고 "21세기 경제대국, 문명국의 허울 속에 갇혀 있는 우리 내면의 야만성을 가슴 아프게 고백해야 한다"고 강조하고 "이 사건이 피고인에 대한 징벌만으로 끝나서는 안 된다"라면서 근본적인 대책을 역설했다.

　재판부에서 말한 근본적인 대책은 무엇일까? 무엇보다도 우리 사회 전반적으로 퍼져 있는 가난하고 힘없는 사람들에 대해 무시하는 풍토, 사람을 상품으로 간주하여 돈으로 아내를 맞으려는 국제결혼풍습, 그리고 약자에 대해서는 잔인하게 군림하는 권위주의 사회구조 등이 개선되어야 할 것이다. 결혼은 서로 사랑해서 그 결과로 맺어지는 것인데, 이제까지 국제결혼은 그러기보다는 한국에서 결혼하기 어려운 노총각, 이혼자, 장애인 등의 배우자를 돈으로 사는 것으로 인식되었다. 심지어 국제결혼 광고를 보면 저렴한 가격으로 결혼할 수 있고 사후 문제도 해결하는 것으로 광고되어, 마치 물건을 돈 주고 사고 문제가 생기면 애프터서비스를 받는 것처럼 인식될 우려가 적지 않았다. 이렇게 우리 사회가 물질만능주의로 물들어 있고 모든 것을 돈으로 환산할 수 있는 것처럼 생각하는 것은 국제결혼하는 당사자들은 물론이고 한국 사회 전체적으로 그 미래를 암울하게 할 병폐이다.

　재판부에서 한국 사회의 경종을 울렸는데도 불구하고 지난 2월 6일에도 경산에서 '베트남 신부' 쩐타인란(22) 씨가 14층 아파트에서 투신자살한 사건이 발생하였다. 이러한 사회풍토의 개선을 위해서 구체적으로 국제결혼중개업자나 브로커에게 강력한 규제가 필요하다고 본다. 그동안 국제결혼 과정에서 많은 문제점이 표출되어 결혼중개업관리법이 제정되어 오는 6월에부터 실시될 예정이다. 이 법은 현재 규제보다는 관리에 초점이 주어져 있어서 철저하고 세심한 시행령이 제정되지 않으면 그 실효를 거두기 어렵다고 본다. 이와 같은 불행이 재개되지 않도록 하기 위해서는 국제결혼중개업자들이 돈을 목적으로 이 일을 하지 못하도록 철저한 감시와 규제가 가능하도록 시행령을 제정해야 할 것이다. 이와 아울러 한국의 배우자가 좀 더 성숙하고 행복한 결혼을 준비하기 위해 결혼 전에 예비교육이나 검증을 하도록 하고 또한 결혼 후에도 상대편의 문화나 언어를 배워 상대편을 배려하고 언어소통을 충분히 할 수 있도록 사후 관리도 해야 될 것이다.

_ 2008. 4. 1.

경계를 넘어
— 제3차 WSFM 참가 보고

　제3차 이주에 관한 세계사회포럼*이 열린 리바스 바시아마드릿은 마드릿에 붙어있는 조그만 도시이다. 서울에 붙어 있는 의정부와 같은 인구 5만 명에 불과한 작은 도시인데 이번 세계이주사회포럼을 위해 많은 노력을 하였다. 바시아마드릿 시에서는 이번 포럼을 위해 가장 많은 재정을 후원하였고, 대회의 성공을 위해 9월 1일부터 14일까지를 축제기간으로 정하여 다양한 프로그램을 하면서 또한 포럼을 위해 자원활동가를 모집하는데 적극적인 노력을 기울여 5백여 명이 이 포럼을 위해 자원활동을 하도록 했다. 또한 포럼 마지막 날인 13일에는 유명한 스페인 민요 플라밍고 가수를 초빙해 야외무대에서 공연을 하면서 밤늦도록 불꽃놀이로 하늘을 수놓기도 하였다. 끝없이 터지는 불꽃은 떠오른 보름달과 함께 하늘을 아름답게 수놓아 턱밑에서 이 광경을 바라보면서 연이어 감탄사를 발하였다.

---

* 한국에서도 제5회 세계사회포럼 개최를 신청해서 세계사회포럼운영위원회에서 승인을 받았으나 당시 이 대회를 준비할 외노협 내부 사정으로 개최를 포기하게 되었고, 급하게 필리핀 마닐라로 대회 장소를 변경하게 되어 많은 아쉬움을 남겼다.

바시아마드릿에서 이렇게 이주에 관한 세계사회포럼을 적극 후원하는 이유가 궁금하여 민박 주인에게 물어보았다. 실상 바시아마드릿은 불과 25년 전만 하여도 인구 5백여 명이 사는 촌락에 불과하였다. 그러다가 이 지역에 건설 붐이 불면서 현재는 그때의 백배에 달하는 5만여 명의 인구가 살게 되었으며 주로 건설노동자들이 주민의 주축을 이루고 있다. 그런 주민의 노동자 성향으로 인해 바시아마드릿 정부는 진보적인 좌측 정부가 정권을 잡으면서 적극적으로 사회문제를 제시하고 해결을 위해 노력한다고 한다. 이번에도 주민 중에 이주민은 거의 없지만 지구화 시대에 이주민이 중요한 과제라고 보고 그 해결책을 모색하기 위해 세계사회포럼을 후원하였다고 한다. 이번 대회에 호세 마세 시장이 직접 축사를 하였을 뿐 아니라 참석자 대표들과 만난 자리에서 "이주노동자와 그 가족을 위한 유엔협약"을 시 차원에서 적극 비준하도록 결의하기로 하였다. 정부에서 해야 될 비준을 지방정부에서 결의한다는 사실 자체가 참 놀라웠는데, 지방자치제 하에서 자유롭게 정부 정책을 견인하도록 결정하는 것이 부럽기도 하였다.

실상 이번 포럼이 열린 스페인은 포럼의 주제인 "장벽 없는 세상을 향한 우리의 함성, 우리의 권리"가 걸맞은 나라라고 본다. 스페인에는 현재 2백여만 명의 미등록 이주노동자가 자유롭게 살고 있다. 이들에 대한 강제 단속은 거의 실시되지 않고 오히려 거의 정규적으로 합법화한다고 한다. 스페인과 연관이 있는 라틴아메리카 등의 나라에서 온 미등록 이주노동자들은 3년여만 체류하면 합법화시켜주고 다른 나라도 5년이 지나면 합법화시켜 준다고 하니 우리나라에서는 가히 생각할 수 없는 조처라고 본다. 현재 한국 정부가 각 출입국사무소마다 할당량을 정해서 미등록 이주노동자를 토끼몰이 하듯이 강제 단속하여 추방하는 것과는 너무나 대조된다. 어떻게 그렇게 미등록 이주노동자를 단속하지 않느냐는 질문에 민박집 주인은 "미등록 이주노동자들은 대부분 가사노동 등 스페인 사람들이 하지 않는 일을 하고 있는데, 또 그분들이 없으면 스페인 경제가 잘 돌아가지 않는데, 왜 단속을 강제적으로 하느냐?"라고 되묻는다.

이번 포럼에서는 이주에 관한 제반 문제들에 대해서 나름대로의 의견이 제시됐다. 각 의견들이 한국 사회에서 볼 때는 많은 도전을 주지만, 무엇보다 선언문에서도 강조한 것처럼 "보편적 시민권을 활성화시키며 세계인권선언에 기재된 것처럼 모든 사람이 자유롭게 이동하는 권리를 승인"하도록 주장한 것은 신선한 충격을 주었다. 이 선언문에서 참석자들은 "이주는 범죄가 아니다. 범죄는 이주를 만드는 원인이다. 우리는 우리의 함성을 지르고 우리의 권리를 방어할 것이고 장벽 없는 세계를 만들기 위해 함께 싸울 것이다"라고 다짐했는데, 장벽 없이 온 세계에서 자유롭게 이주노동자들이 살 수 있을 때는 언제나 올 것인가!

포럼 마지막 날인 14일은 12시부터 마드리드 시내 중심인 아토체에 모여 마드리드 중앙역까지 두 시간 동안 시내를 관통하며 시위를 하였다. 각 참가 단체에서 다양한 구호가 적힌 플래카드를 들고 출발점에 모였다. 이 플래카드에는 각 단체가 요구하는 사항들을 압축해서 적었기 때문에 이주노동운동의 주요흐름을 어느 정도 파악할 수가 있었다. 행렬 맨 앞에는 이 포럼의 중요참가자들이 "장벽 없는 세상을 향한 우리의 함성, 우리의 권리"란 플래카드를 들고 행진하고 이어서 각 단체들이 자신들의 주장을 적어서 들고 갔다. 대부분 스페인어로 적혀 있어서 그 내용을 알 수 없었지만, 민박집 딸 Leire의 통역으로 그 중요한 내용은 알 수 있었다.

가장 중요한 외침은 "경계를 없애자"(For a world without wall)는 것이었다. 이들은 성명서에도 언급했듯이 "지정학적, 정치적, 법적 그리고 문화적 장벽을 구축하는 것"을 비난하였다. 즉 이들은 현재 유럽연합이 자신들의 경계를 만들어 유럽 지향적으로 법률을 제정하고 공적 질서를 수립하여 다른 대륙의 이주민들이 이곳으로 들어오지 못하도록 경계선을 치는 것은 '부끄러운' 짓이라고 지적했다. 이것은 "인권을 착취함으로 국제적 자본이익을 극대화하려는 범죄 전략'으로 "이런 것에 근거해서 사람들은 국경의 외부화와 정신적 내면화에 의존하여 학대, 희롱, 추방, 자의적 감금 등을 자행하고 인권침해가 다반사인 수용소와 국경 경찰에 대한 면책 등을 갖게 된다"라고 비판했다. 그래서 참석자들은 이번 대회를 주최한 나라인 스페인을 비롯하여 미국, 유럽 등의 이주민 정책이 자기 기만적인 정책이라고 목소리를 높였다.

팔레스타인에 대한 구호가 눈에 들어왔다. 한국 사회에서는 호응이 적은 주제였기 때문에 더 눈에 들어오는 것 같았다. 이 날은 마침 팔레스타인 대참사(Palestinian Nakba) 60주년을 기념하는 날도 되어서 팔레스타인 문제에 관심 있는 사람들이 팔레스타인인의 자치권을 주장하는 구호를 외치고 참가하였다. 팔레스타인 대참사란 제2차 대전 후에 승전국들이 팔레스타인에 이스라엘 정부를 수립하는 것을 인정한 후 이로 인해 이 지역에서 쫓겨나게 된 팔레스타인 주민들의 항의에 대해 무차별하게 살해를 했던 사건을 뜻한다. 팔레스타인 사람들이 2천 년 동안 살아온 자기들의 원래 땅인데도 불구하고 어느 날 갑자기 자유롭게 살지 못한 채 철조망에 갇혀 지내는 것에 항의하여 양심적인 인사들이 외치는 구호였다.

또한 가부장제를 폐지하라고 요구하는 여성들의 구호나 플래카드도 많이 눈에 뜨였다. 선언문에서도 가부장제의 강화나 재생산에 대해 강한 거부를 표시하였데, 이는 이주의 여성화라는 맥락에서 기존의 성차별적 불평등을 더 철저히 심화시키게 되며, 여성을 주로 노예적인 근로조건 하에서 가사일과 돌보미 역을 하게 만들기 때문이었다. 또한 LGBT(레즈비언, 게이, 양성애자, 성전환자를 집합적으로 지칭하는 축약어) 이주민과 그 가족에게 동등한 권리를 부여하라는 플래카드는 모든 인간에게 어떤 상황에서도 동등한 권리를 누려야 된다는 근본적인 도전을 하는 구호였다. 아직까지 한국 사회에서 들어보지 못한 주제였기 때문에 이러한 주장에 대해서도 좀 더 따뜻한 시선을 보내야 하겠다는 다짐을 하게 되었다.

행렬의 종착은 테러조직에 의해 열차가 폭발된 마드리드 중앙역이었다. 스페인에서 아랍계의 열차 폭발로 수많은 생명을 잃어버린 곳이다. 이 역 맞은편에 있는 소피아 왕비 현대 미술관 앞 광장에서 참석자들은 마무리 집회를 하고 행진을 마감하였다. 전 세계의 이주민에 대한 체포를 허용하는 법적 제도, 유럽연합의 회귀적인 방향 삭제, 외국인보호수용소나 잘못된 이주정책을 옹호하는 모든 정치적 내지 군사적 메커니즘과 Frontex(국경수비대)의 해체 등을 요구하는 이들의 주장이 과격하고 현실성이 없는 구호일 뿐이라는 비난을 받지 않을 때가 오기를 희망해본다.

_ 2008. 9. 23.

이주민을 추방한 후 퇴락한 톨레도

이주에 관한 세계사회포럼을 마친 후 이주민에게 관용적인 스페인의 역사적 현장을 찾아보기로 하였다. 시내에서 하루 동안 지하철과 버스를 탈 수 있는 표를 끊은 후 그 표로 마드리드 남쪽 약 70km 지점에 위치한 톨레도를 향하였다. 버스에서 바라보니 스페인이 참 넓구나 하는 생각이 저절로 떠올랐다. 버스로 가는 1시간 동안 내내 360도로 방향을 돌려 사방을 둘러보아도 산이 보이지 않고 온통 초원이 계속되었다. 이런 광활한 평야를 배경으로 스페인이 소위 '무적함대'란 위용을 자랑할 수 있지 않았을까, 그리고 이런 넓음이 이주민들에게 폭넓은 배려를 할 수 있는 정신적 배경이 되었을 수도 있겠다는 생각이 들었다.

톨레도는 수많은 이주민이 거쳐 간 곳이다. 톨레도의 역사적 첫 주인은 까르뻬타노라는 민족이었지만, 기원전 192년 로마 집정관 마르코 폴비오가 이 지역을 로마의 변방 지역으로 합병하였다. 로마인들은 이 지역을 똘레돔이라고 지칭하였는데, 이것이 오늘날 톨레도라는 이름의 기원이라고 할 수 있다. 로마 제국이 점차 힘을 잃게 되면서 비시고도인들이 톨레도를 중심으로 자신들의 왕국을 세우게 되고 579년 비시고도 왕국의 레오비힐도왕이 톨레도를 수도로 정하여 이곳이 정치적, 종교적, 문화적으로 스페인의 중심지가 되었다. 제1차 종교회의부터 여러 차례에 걸쳐 종교회의가 열리면서 이곳은 종교적으로 주목받는 지역이 되었고, 특히 제3차 종교회의 때는 레까레도 왕이 가톨릭을 국교로 정하게 된다.

그러나 8세기에 들어오면서 스페인반도는 이슬람 제국과의 전쟁에 들어가게 된다. 711년 톨레도는 아랍왕 타릭에 의해 점령되고 이후 약 4백 년간 아랍제국의 통치를 받게 된다. 이후 1085년 가스티아 왕국의 알폰소 6세가 이슬람을 몰아내고 다시 1087년 톨레도를 왕국의 수도로 정하면서 톨레도는 스페인반도의 중요한 도시로 기틀을 잡게 된다. 이러한 역사적 아픔은 톨레도의 중심부에 위치한 산타크로스 미술관 1층 회랑에 그대로 보인다. 이곳은 산타크로스, 즉 성 십자가 모양으로 지어진 미술관이지만 회랑은 고고학 박물관으로 로마, 회교도, 기독교 시대를 거쳐 온 톨레도의 문화제를 한눈에 볼 수 있다.

타호 강에 둘러싸여 있는 톨레도에는 많은 유적지가 있어서 관광객의 발길을 끌고 있다. 톨레도 성곽 정면에 있는 바사그라 성문의 이름은 '밥 사그라' 즉 '사그라의 문'이라는 아랍어에서 나온 것이다. 스페인 가톨릭의 총본산인 톨레도 대사원은 프랑스 고딕양식을 기본으로 한 아름다우면서도 장엄함을 자랑하고 있다. 이곳에 들러보니 유럽에서 수많은 성당을 둘러보았던 필자도 "참 웅장하고 아름답다!" 하는 감탄사가 절로 나왔다. 때마침 이곳에 한국인 단체관광객이 안내원의 통역으로 안내를 듣고 있어서 자세한 내용을 알게 되었다. 도시 중심부에 위치한 소코도베르 광장에는 톨레도 시민들과 관광객들이 모여들어 거닐기도 하며 담소를 나누기도 한다. 톨레도는 걸어서 몇 시간이면 다 돌아볼 수 있는 작은 도시로서 중세의 모습을 그대로 간직하고 있으며, 좁은 도로와 이슬람 문화의 흔적에서 당시의 생활을 엿볼 수 있다.

필자가 가장 큰 관심을 둔 것은 유대교 회당이었다. 톨레도의 전성기는 13세기로 이때에는 이곳에 유대인들이 많이 살았고 유대인들은 당시 가톨릭이 국교인 이곳에서 독자적으로 유대교를 믿고 있었다. 그런데 1492년 가톨릭 국왕 부처는 스페인 반도 내에서 유대인들에게 추방 명령을 내려 톨레도 지역의 유대인들도 모두 추방당하였다. 그 당시 톨레도의 모든 공업과 상권을 갖고 있었던 유대인들이 추방되면서 결국에는 톨레도의 경제가 쇠퇴하게 되었다. 톨레도가 이주민을 추방하면서 점차 퇴락하게 되어 그 중요도를 잃게 된 역사적 경험이 이제 이주민을 받기 시작하는 한국 사회에 던지는 의미를 곱씹게 되었다.

_ 2008. 10. 2.

"외국인 노동자가 왜 불쌍해요?"

어느 회식 자리에서 외국인 노동자센터를 운영한다는 소개를 하자 옆에 앉아있던 낯모르는 분이 질문을 했다. "외국인 노동자가 왜 불쌍해요?" 한국 사회에서 이주노동자에 대한 사회적 여론이 형성된 지도 20여 년이 넘어서기 때문에 대부분 이주노동자들이 어렵고 힘들게 살고 있다는 사실이 널리 알려져 있어서 적어도 상식이 있는 분으로부터 점잖은 석상에서 이런 질문을 받게 되니 약간 당혹스러움을 느끼게 되었다. 한국 사회에 소위 '외국인 노동자 강제 추방모임', '불법 체류자 추방운동본부' 등이 있어 외국인에 대한 혐오증이 있기는 하지만, 전혀 인연이 없었던 분으로부터 지극히 점잖게 질문을 받으니 무엇이라고 해야 할 지, 그분이 정말 이주노동자의 상황을 몰라서 하는 것인지, 아니면 다른 의도가 있어서 질문한 것인지 파악할 수 없었기 때문이다. 그래서 이주노동자가 처한 상황에 대해서 그분이 알아들을 수 있을 정도로 의료 문제, 직장 이동의 자유문제, 임금 체불 문제 등을 이야기했다.

그분은 자신이 운영하는 회사에서는 외국인 노동자에게 그런 문제가 전혀 발생하지 않는다고 한다. 그의 회사는 경기도 양주에서 10여 명을 고용하는 중소기업체인 '00정밀'인데, 선반으로 모양을 내서 옷 모양을 인쇄하는 기계를 만들고 있다. 선반으로 모양을 내는 일이 힘들어서 한국인 노동자들이 선호하는 곳은 아니라고 한다. 회사에서는 한국인, 외국인의 차별이 없이 모든 노동자에게 당연히 4대 보험을 들어주고 있기 때문에 의료 문제가 발생하지 않고 있으며, 또한 언제든지 본인이 원하면 직장 이동을 허용해주고 있다고 한다. 그런데도 고용된 이주노동자들이 직장 이동을 원하지 않고 계약 기간인 3년 동안 계속 근무한다고 한다. 그분 자신도 한 때는 직장인으로서 조그마한 회사의 노조위원장까지 했기 때문에 노동자를 착취하면서 회사를 운영해서는 안 된다고 믿고 있고, 오히려 노동자의 기본적인 권리를 존중해줄 때 더 회사 운영이 잘된다고 역설했다.

그분의 이주노동자 인사관리 정책은 독특하였다. 우선 임금 책정이 보통 제조회사와는 달랐다. 보통 다른 고용주들은 이주노동자의 기본급을 최저임금제 기준으로 하여(2008년 현재 시간당 3,770원 계산) 주 44시간에 8십 5만 2천 20원으로 정하고 있는데 반해 그 회사에는 기본급을 1백만 원으로 정하고 있다. 그리고 가급적 야간 근무나 휴일 근무를 시키지 않고 있다. 이렇게 초과 근무를 시키지 않는 것은 그렇게 되면 노동 효율성이 떨어지고 또한 경비도 많이 지출되기 때문이라고 한다. 야간 근무나 휴일 특근을 하게 되면 그다음 날 업무에 많은 지장을 초래하는데, 특히 휴일에 쉬지 않으면 이런 현상은 심하다고 한다. 지출 경비도 야간 근무일 경우 임금의 1.5배(여기에 식대 등으로 포함시키면 더 많다), 휴일 근무는 2배의 임금을 주어야 하기 때문에 그렇게 일이 많을 경우에는 새로운 인력을 보충하는 것이 훨씬 더 효율적이라고 본다.

이렇게 되면 돈을 벌려고 한국에 온 이주노동자의 입장에서는 야간이나 휴일근무를 하여 더 많은 돈을 벌기 위해 이직하고 싶어 할 것이다.

그런데도 한번 이 회사에 들어온 이주노동자가 다른 공장으로 옮기지 않는 이유는 이곳에서도 다른 공장에서 받는 만큼의 월급을 받기 때문이다. 이 회사에서는 야간이나 특근을 시키지 않고 그 수당을 지급하지 않지만, 대신 다른 수당을 더 주어서 보통 1백 50만 원 정도의 월급을 지불하고 있다고 한다. 즉 어느 정도 회사생활에 익숙해지면, '익숙한 수당'이란 명목으로 20-30여만 원 그리고 한국어를 잘하면 '우수 한국어 수당'이란 명목으로 20만 원을 지급하는 등 다양한 명목으로 수당을 더 주어 다른 회사에서 야간 근무, 휴일 근무 등을 해야 겨우 받을 수 있는 월급 총액을 받도록 하고 있다. 물론 이제까지 한 번도 월급 날짜를 어겨서 늦게 월급을 지불한 적도 없다고 한다.

그분은 숙련된 노동력이 회사의 운명을 좌우한다고 믿고 있다. 그분 자신도 노동부에서 수여하는 숙련된 기술자의 대명사인 '명장'이라는 타이틀을 갖고 있기 때문에, 이주노동자들도 오랫동안 한 회사에 근무할 때 숙련된 노동력으로 회사나 본인에게 이득이 된다고 보고 있다. 아직 그분의 회사를 방문해서 그곳에서 일하는 이주노동자들을 만나지 못했기 때문에 그분의 말이 어느 정도 사실인지는 알 수가 없다. 보통 한국인들이 외면하여 이주노동자가 주로 일하는 공장의 노동 조건이 그렇게 이상적일 수는 없는 것이 상식이다. 그렇다고 하더라도 한국 사회가 이제는 온갖 방법으로 이주노동자의 노동권을 외면하고 이주노동자의 단순 노동력을 착취할 것이 아니라 그분이 말하는 것처럼 오히려 숙련된 노동력으로 고용주와 이주노동자가 상생할 수 있는 사회로 나아가기를 간구해본다.

_ 2008. 9. 2.

가족과 함께 살 수 있는 날

─ MFA 실행위원회에 참석하고

아시아이주포럼(Migrant Forum in Asia) 실행위원회와 "성, 이주, 개발에 관한 국제협의회"(International Conference on Gender, Migration and Development, ICGMD)에 참석차 지난 9월 23일부터 27일까지 필리핀을 다녀왔다. 이 두 모임은 10월 마닐라에서 열리는 GFMD(Global Forum on Migration and Development)에 시민사회단체와 인권단체의 의견을 반영하기 위해 준비하는 모임이었다. GFMD는 유엔이 발의하여 정부 간 대표들이 참석하여서 이주와 개발에 대한 의견교환을 하는 국제모임으로서 제1차 회의는 브뤼셀에서 열렸고, 이번 제2차 모임은 마닐라에서 열린다. 대부분의 정부 간 국제회의가 민간단체의 의견을 반영할 수 없는 데 반해서 이번 대회는 정부 간 회의를 하기 전에 반나절을 민간단체와 정부대표간의 대화가 기획되어 있었다. 그만큼 민간단체들은 자기 의견을 반영하기 위해 많은 준비를 하였다.

GFMD에 여성의 입장을 전달하기 위해 모인 ICGMD에는 세계 5대륙의 42개국 시민단체와 기구 및 정부 관련자 등 3백여 명이 참석하여 (1) 성

측면에서 본 이주의 사회적 대가와 혜택 : 이슈, 도전 그리고 향후 방향에 관하여 (2) 여성 이주노동자의 권리 옹호에 관하여 (3) 여성과 그 가족을 위한 성평등과 그 혜택을 증진하는 기회 획득에 관하여 구체적인 논의를 하였다. 이 회의에서는 무엇보다도 여성차별조약(CEDAW)과 국제노동기구(ILO) 협약을 포함하여 유엔 협약 즉 이주노동자를 보호와 권리에 관한, 성평등과 여성의 능력 함양을 증진에 관한 그리고 발전에 관련된 모든 인민의 사회적, 경제적, 정치적 문화적 권리에 관해서 비준한 관련 당사국들이 이를 적극 이행할 것을 촉구하였다. 또한 발전권에 대한 유엔 선언의 중요성을 인식하고 새천년 발전 목표(MDGs) 여덟 가지를 달성함에 있어서 특정한 목표로서의 성평등과 여성의 능력 함양을 요구할 뿐만 아니라 다른 일곱 가지 목표에서도 성평등 이슈가 주류를 이루어야 할 것을 강조하였다.

이러한 입장에서 다양한 요구와 주장과 실천 방안이 제시되었지만, 무엇보다도 눈을 이끌던 것은 폐회식에서 수미야티(Sumiyati) 여사의 발언이었다. 마지막 날 폐회식에는 필리핀 외무성 차관(Usec. Esteban Conejos), 유엔 난민고문관(Ms. Nileema Noble) 등 유명 인사들이 인사말을 하였지만, 기립박수를 받은 것은 그녀뿐이었다. 수미야티 여사는 현재 홍콩에서 18년간 가정부로 일하면서 홍콩이주민권리연맹(Coalition for Migrant Ri-ghts Hong Kong)을 창립해서 활약해온 분으로 이날도 어눌한 영어로 자신의 의견을 피력하였다. 그녀는 단순명료하게 "이주와 개발 논의에서 핵심은 결국 송출국에 일자리를 만드는 것"이라고 강조하고 필리핀 정부는 이주를 통해 온 송금으로 나라 살림을 할 것이 아니라 국가가 책임지고 일자리를 만들어 "이주의 생활을 끝내고 가족과 함께 살 수 있는 날이 오도록 노력해 달라"고 호소했다.

이러한 호소를 들으면서 18년 동안이나 타국에서 가족과 떨어져 살면서 온갖 외로움을 견디며 가족의 생계를 책임진 한 여성의 아픔이 전해졌기 때문에 참석자들의 박수가 멈추지 않았다. 특히 신자유주의 확대로 수입국의 여성이 직업을 갖게 되면서 여성의 이주화가 계속되어 전 세계는 가정부로서 일하는 이주여성 문제가 심각한 문제로서 대두되었다. 수많은 이주여성이 가정부로 일하면서도 노동자로서 인정받지 못하고 여러 가지로 부당한 대우를 받고 있다. 24시간 동안 집안에서 외부와의 접촉도 없이 일하고 있기 때문에 임금 체불, 성폭력, 노동 착취, 폭언, 폭력 등 수없는 인권유린을 당하고 있다. 한국에서는 중국 동포들이 주로 가정부로 일하고 있다. 이들이 임금 체불을 많이 당하고 있는데도 노동부에서 노동자로 인정하고 있지 않기 때문에 이럴 경우 민사재판으로 해결할 수밖에 없다.

이번 필리핀 회의에 참가하면서 한국인의 오만함에 눈살을 찌푸리는 경우가 적지 않았다. 아시아이주포럼의 회의 장소는 마닐라의 마비니 거리에 있는 시티 가르텐 호텔이었는데, 그 거리는 온통 간판이 한국어로 적혀 있었다. 우리를 맞는 종업원들은 수시로 한국말로 대화를 걸었고 텔레비전에 한국어 방송 채널도 몇 개 있었다. 대부분 이곳을 지나치는 한국인은 단체로 여행을 하는 모습이었다. 그런데 호텔 식당에서 우르르 몰려다니며 큰 소리로 떠들고, 한국에서 갖고 온 김치나 고추장을 벌려놓고 식사를 하는 등 타인에 대한 배려는 전혀 없었다. 만약에 한국에 있는 호텔에서 미국인이 이런 행태를 자행했다면 우리는 무엇이라고 했을까? 아무리 돈이 있다고 해도 남을 전혀 배려하지 못하는 모습에서 졸부의 치졸함을 느낄 수 있었던 것은 나만의 옹졸함일까.

_ 2008. 10. 13.

자살한 청소년 '미잔'이 한국 사회에 묻는다

지난 4월 28일 새벽 병원 화장실에서 방글라데시 출신 10대 미잔 모하메드(18)가 목을 매어 자살했다는 소식을 듣고 나서 참으로 마음이 착잡해졌다. 미잔은 작년 성탄절 영등포역에서 신도림역 방향 철길 400~500m 지점에서 전동열차에 치여 양발과 손가락 등이 절단되는 큰 사고를 당한 후 강서연세병원에서 3개월 넘게 치료를 받아 왔었다. 그 동안 우리 센터의 활동가 띠뚜가 지속적으로 관심을 갖고 병원비, 간병인 등을 주선했고, 퇴원하여 재활을 모색할 수 있도록 고심해왔었다. 상당한 재활의욕을 갖고 치료를 받아 왔던 미잔이 자살한 것은 입원 당시 보증을 섰던 친구로부터 병원에서 병원비를 계속 재촉한다는 말을 들은 것이 계기가 되었다고 본다. 그렇다고 해도 미잔의 자살에 대해 우리도 그 책임을 회피할 수 없다는 점에서 마음이 무겁다.

미잔이 한국에 입국한 것은 2007년 6월 30일, 한국에서 의류 무역업을 하는 형 말론(41)이 초청해서 C-2 단기상용비자로 입국하여 미등록 신분으로 사고 직전까지 동대문 근처의 라벨 공장에서 일을 했다. 미잔은 형 말론이 작년 11월에 출국한 후 어린 나이에 외로움을 견디기 힘들어 하면서도, '코리안 드림'을 꿈꾸던 밝은 성격의 소유자였다. 철도 사고 후에 미잔은 의료진의 치료와 간병을 위해 방글라데시에서 달려온 친형의 헌신적인 간호 덕분에 안정을 찾아가고 있었다. 치료를 받으면서 미잔은 "회사에서도 한국 사람들과 너무 친했고 한국에서 사는 것이 너무 좋아서 일을 할 수만 있다면 한국에서 일하고 싶다"라고 말했다.

이렇게 재활의지에 불탔던 그가 자살한 데에는 여러 가지 이유가 있다고 본다. 우선 병원비에 대한 부담이 너무 컸다고 본다. 당일까지 치료비만 1천 5백만 원이 넘은 상태이고, 두발을 잃은 미잔 씨에게 절대적으로 필요한 의족 구입비 등, 그가 재활할 때까지 필요한 돈은 엄청나게 많은 액수였다. 장애인이 된 그로서는 퇴원 후에 일을 한다고 해도 그렇게 많은 돈을 마련할 수 없을 것이고, 그렇다고 형제들이 가난한 방글라데시에서 그 돈을 마련할 수는 없는 어려운 상황이었다. 우리 센터에서도 한국 이주민 건강협회에 응급 의료지원비를 요청하였고 네이버 해피빈을 통해 치료비 모금을 하고 있었지만, 미잔을 안심시킬 정도의 액수가 모금되지는 못했다. 결국 병원 측에서 병원비에 대해 보증을 섰던 보증인에게 요청하자 보증인의 말을 전해들은 미잔은 절망하지 않을 수가 없었다고 본다.

실상 이런 경우를 위해 보건복지부에서 '대불금' 제도를 운영하고 있는데, 일반적으로 병원에서 절차가 복잡하다고 하여 대불금을 신청하지 않고 안이하게 보증인을 세우곤 한 것이 이번 사건의 핵심 원인이라고 본다. 특히 미등록 외국인일 경우 대부분의 병원에서는 보증인이 없으면 치료를 해주지 않는다. 이번에도 병원에서는 불의의 사고를 당한 미잔의 치료를 위해 친구에게 보증을 요구했다. 당장 환자가 위급한 상황에서 친구인 라꾸는 자신의 감당 능력 여부를 생각하지 않고 보증을 섰다. 국제결혼하여 한국 국적을 취득한 라꾸는 그 돈을 갚을 수가 없는 형편이고 오히려 그 때문에 부인으로부터 이혼을 요청당하고 있다고 한다. 라꾸는 "아무 희망도 없는 사람에게 병원비 이야기를 하는 게 아니었다"라고 안타까워하면서, 보증을 선 병원비를 어떻게 마련하고, 유해를 송환할지 모르겠다며 도움을 호소하고 있다. 갚을 능력이 없는 사람에게 보증을 요구할 것이 아니라 병원 측에서 처음부터 대불금 제도를 이용할 생각을 하였다면 이런 불행이 일어나지 않았을 것이다.

또 하나 중요한 원인은 정부의 강제 추방 정책이라고 본다. 사고 후 찾아온 출입국관리소 직원은 병원에 입원 중인 미잔에게 "치료 후 본국으로 돌아가라"는 통보를 하였다고 한다. 물론 한국의 법은 불법 체류자들을 본국으로 추방하도록 되어 있고 공무원은 불법 체류자를 인지하면 그러한 사실을 통보하도록 되어 있다. 그렇다고 해도 사고를 당해 입원한 환자에게 격려를 하지는 못할망정 그렇게 본국으로 돌아가라는 통보를 하는 것이 옳은 처사일까 되묻게 된다. 이런 사실을 통보받고 장애인이 되어 본국으로 돌아가야 하는 그가 절망하는 것은 너무나 당연한 결과일 것이다. 이렇게 환자를 절망시킬 것이 아니라 오히려 출입국관리소 직원이 열심히 치료하라고 권면하는 것이 정의실현을 목표로 삼는 법무부의 정신이 아닐까 묻고 싶다.

타국에서 어린나이에 생을 마감한 미잔을 생각하면서 우리 사회가 법이나 돈보다는 좀 더 인간적인 사회가 되기를 바라는 간절한 마음에서 어느 분이 미잔의 자살소식과 함께 전달해준 '나의 변명'이란 글을 함께 싣는다.

나의 변명

화려한 불빛에 가리어진 서러움을 숨죽여 삼키고 나는 걷는다.

자욱하게 뿜어져 나오는 거대한 하얀 연기 속을 나는 걷는다.

절망을 넘어 희망의 무지갯빛을 좇아 무거운 어깨를 뒤로 한 채

무덤덤하게 견디어 온 우환질고의 발걸음을 한발 한발 내딛는다.

코리안 드림을 가슴앓이하며 헛소리하던 처절한 신음을 토해내고

웅어리진 몸짓을 더 이상 가누지 못해도 나는 걷는다.

내 한 몸뚱이가 산산조각이 되어 허공에 흩어져도 나는 걷는다.

내 잘려나간 손발을 이 땅에 묻고 갈지라도 두려움과 슬픔은 없다.

단 하나 나는 걸어야 한다.

썩어 문드러진 몸뚱이일지언정 추슬러서 걸어야 한다.

아니, 거꾸로 서서라도 걸어야 한다.

나의 걸음을 멈추어서는 안 된다.

이것이 나의 유일한 변명이다.

_ 2009. 4. 6.

장애인이 된 이주노동자의 꿈

코리안 드림을 안고 한국에 왔지만, 그 꿈을 이루기는커녕 몸을 다쳐 귀국도 하지 못한 채 절망하면서 살던 나날. 이러한 아픔을 잊고자 우리를 초청해준 서울외국인노동자센터 활동가들과 함께 강원랜드로 향했다. 처음 효창동에 있는 한벗조합으로 오라고 해서 어떻게 갈까 걱정을 많이 했는데, 우리가 몸이 불편하기 때문에 성일교회의 최헌규 목사님께서 봉고차로 우리 네팔인 산재쉼터까지 찾아왔다. 우리 일행 총 10명은 모처럼 가는 강원도 여행이라 마음이 설레었다. 가는 도중에 산에는 눈이 쌓여서 우리의 고향 네팔을 더욱 생각나게 했다. 우리가 살고 있는 네팔, 특히 히말라야 주변은 만년설이 뒤덮여 있어서 강원도를 지나가는 동안 꼭 나의 고향을 온 것 같은 기분이 들었다.

위에서 인용한 것은 지난해 우리가 초청해서 함께 강원랜드를 방문한 쿠스라이(Kushrai 37세) 소감문 중의 일부이다. 그는 2008년 7월 28일 일을 하다가 발목 아래가 절단되어 산재 신청을 한 후 치료 중으로 한국말을 잘 못 하나 산재 쉼터를 실질적으로 운영하고 있다. 쿠스라이 외에도 네팔 장애인 쉼터에는 가죽공장에서 일하다 약품에 의해 눈이 이상해진 샨

카 구룽(Shankar Gurung 34세)과 카르람 구룽(Pkram Gurung,35세), 돼지농장의 사료 만드는 곳에서 일하다가 기계에 팔이 짤린 나빈(Nabin K.C, 28세), 가구공장에서 일하다가 손을 절단당한 산토스 슈레스타(Santosh Shrestha 35)와 비노드 가우찬(Binod Gauchan 31세) 그리고 뇌종양 수술을 받은 후 눈에 이상이 있는 이숄 라이(Ishor Rai,31세) 등 장애인이 살고 있다. 이들은 한국에서 일을 하던 중 불의의 사고로 또는 질병으로 인해 장애를 입어 네팔로 돌아가기도 어렵고 그렇다고 한국에서 일자리를 구할 수도 없어서 참으로 난처한 처지에 놓여 있다.

한국에 온 이주노동자들의 산재 발생률은 한국인 노동자의 산재 발생률보다 높다. 2008년 9월 28일 산업안전공단의 발표에 따르면 2007년도 산재를 입은 이주노동자는 3,967명으로 이주노동자 157명 당 1명꼴이다. 이주노동자 산업재해는 전년보다 16.4% 증가해서 0.05% 감소한 전체 산업재해율과 상반된 대비를 이룬다. 이주노동자 재해율이 가장 높은 업종은 이주노동자들이 많이 일하는 제조업으로 2007년 모두 2,975명의 이주노동자가 다치거나 숨졌으며, 다음으로 건설업에서 583명이 산업재해를 입었다. 미등록 이주노동자가 불법 체류라는 신분상의 이유로 산재를 당하더라도 은폐하는 경우가 적지 않을 것이라는 점을 감안하면 실제 이주노동자의 산재발생률은 발표된 것보다 훨씬 높을 것이다. 이렇게 이주노동자가 한국인 노동자보다 산재발생률이 높은 것은 대부분 이주노동자들이 일하는 작업장이 5인 미만의 영세한 규모가 많아 노동 당국의 충분한 안전보건 관리와 규제가 취약하고, 언어적·문화적 장벽이 높아 충분한 안전 보장을 받지 못해 산재 사고에 그대로 노출되기 때문이다.

산재를 당하면 한국인들도 어려움이 많지만 이주노동자들은 더 많은 어려움에 처하게 된다. 이주노동자들이 산재보험에 가입된 경우에 산재 보상을 받을 수 있지만 그 액수도 한국인과 차별이 있다. 장애에 대한 민사보상 기준을 본국에서 일하는 월급으로 계산하기 때문에 그렇게 받은 보상으로는 본국에 돌아가서 살 수가 없다. 또한 합법적인 고용이라고 해도 고용주가 산재보험을 가입하지 않은 경우, 또는 미등록 이주노동자인 경우에는 산재 보상도 받을 수 없어서 더 많은 어려움을 겪게 된다. 특히 질병으로 인해 장애인이 된 경우에는 아무런 보상이나 대책이 없다. 물론 우리나라에 여러 가지 사회보장제도가 있다고는 해도 장애인들이 인간답게 살 수 있기에는 턱 없이 미약한 실정이지만, 한국 땅에 꿈을 갖고 온 이주노동자들이 산재나 질병으로 장애인이 된 경우 인간적인 대책을 세울 수는 없을까?

이러한 대책의 일환으로 우리는 네팔장애인 공동체의 자립과 자활을 위한 창업을 준비하기로 하고 네팔의 커피와 차를 수입하여 판매하고자 꿈을 그렸다. 네팔의 커피와 차는 현재 유럽에서 큰 인기를 끌고 있으며, 특히 공정무역을 통한 판매는 생산자와 소비자 모두에게 큰 기쁨을 주고 있다. 한국에서도 몇 년 전부터 아름다운 가게에서 네팔 커피를 수입하여 판매하면서 많은 사람들로부터 호평을 받고 있다. 성균관대학교 경영학부에서 주최한 '이주민을 위한 경영교실'에 참여해서 네팔 장애인들과 함께 구체적인 사업계획을 논의하고 이러한 사업계획을 사회적 기업과 연관된 곳에 제출해서 기본적인 사업자금을 마련하고, 가배나루에서 커피 볶는 기술을 배우고 아름다운 가게에서 마케팅 조성 작업으로 커피 생두 1톤을 제공받기로 하는 등 구체적으로 상당한 진전을 이루고 있다. 한국에 와서 장애인이 된 이들이 이러한 기회를 통해 자활할 수 있는 길을 열어 본국으로 기쁘게 돌아갈 수 있는 날을 고대한다.

_ 2009. 4. 6.

이주민도 사람으로서 기본적 인권은 존중받아야

한국의 인구는 2050년에 이르러 약 12%가 감소할 것으로 예상하고 있다. 또한 이미 고령화로 인해 노년층의 비율이 크게 늘고 있고, 노동 인구도 2016년부터 감소하기 시작한다고 한다. 더군다나 대학진학률이 80%나 되어 단순 노무직에서 일하려는 젊은이를 구하는 것이 어려워져 정부차원에서 이에 대한 다양한 대책을 구상하고 있다. 그러나 교육열이 높고 신분상승에 대한 기대심리가 강한 고학력의 젊은이들이 단순 노무직을 기피하는 흐름을 막을 수는 없을 것이다. 그래서 90년대 초부터 국내 노동시장을 개방해 외국인들이 합법적으로 일할 수 있도록 하고 있는데, 외국 인력 도입 제도가 이주노동자를 인간으로 보는 것이 아니라 단지 노동력으로만 보기 때문에 여러 가지 문제가 발생하고 있다고 본다.

첫째, 외국인이라고 해서 한국인이면 당연히 누려야 할 직장 이동의 권리를 누리지 못하게 하는 것이 인간적인 정책인가 성찰할 필요가 있다. 2004년부터 실시되고 있는 고용허가제는 고용주에게 일방적으로 유리한 조건 속에서 노동계약을 하도록 규정되어 있고, 이주노동자의 국내 체류를 3년으로 제한시키고(내년부터 5년으로 연장하도록 개정됨) 사업장 이동을 금지시키는 등 이주노동자의 발을 묶어 놓고 있다. 한국 노동자와 비교해보면 말도 되지 않는 엄청난 차별을 받고 있는 것이다. 인간이면 누구나 본인이 원하는 곳에서 본인이 원하는 조건으로 일하는 것이 기본적인 권리라는 측면에서, 단기적으로는 이주노동자의 직장 이동 금지 사항을 폐지하고 장기적으로는 외국 노동자와 국내 노동자 사이의 벽을 허물고 이주노동자의 국내 정주를 가능하게 하는 노동허가제로 단계적으로 대체할 필요가 있다고 본다. 물론 정부가 국내 노동자를 보호해야 한다는 주장 하에 직장 이동을 금지하는 것에 일리가 있다고 쳐도 독일 등 구라파처럼 그리고 현재 재외동포들에게 건설, 서비스 등에서 실시되는 것처럼 최소한도 이주 노동자가 주로 일하는 동일 업종에서의 자유로운 직장 이동을 허용해야 한다고 본다. 그래야 이주노동자의 기본 권리를 옹호하고 고용주의 횡포를 방지할 수 있을 것이다.

둘째, 국적이 다르다고 해서 기술과 한국어를 익힌 이들을 강제로 내보내는 것이 합리적인 것인가 성찰할 때가 되었다. 지금 국내에는 미등록 이주노동자들이 대략 18여만 명에 달하고 있다. 정부는 금년 초부터 이들을 '불법 체류자'라고 해서 대대적인 단속을 하고 있다. 이러한 단속으로 인해 수많은 미등록 이주노동자들이 단속과 강제 추방이라는 공포에 떨고 있다. 한국 사회에서 일하면서 한국을 이롭게 하면 했지, 해롭게 하지 않는 이들이 단지 체류 자격이 없다는 이유로 인해서 그러한 공포를 갖도록 하는 것이 과연 인간적인 정책인가 묻고 싶다. 미등록 이주노동자에 대한 단속위주의 정책은 이미 여수참사에서 보여주었듯이 이민정책의 파산이라고 본다. 이제 '감시와 처벌' 방식의 이민정책을 획기적으로 전환시켜 지난 2005년에 거의 70여만 명에 달한 미등록 이주노동자를 사면

한 스페인의 양성화 정책을 고려할 때라고 본다. 스페인은 이때 스페인에 6개월 이상 체류했으면서 전과가 없는 일체 '불법 체류자'에게 합법적인 체류 자격을 부여했다. 현재 한국에 숨어 일하고 있는 미등록 이주노동자들은 대부분 단속되기 전에는 계속 장기적으로 한국에서 노동하거나 평생 살기를 원하는 노동자들이다. 이들을 사면하여 합법 체류자로 양성화한다면, '불법 체류'와 같은 약점으로 발생하는 인권 침해를 없애고, 기술과 한국어를 잘 익힌 노동자들을 필요로 하는 경제에 도움을 주고, 더 나아가 지구화 시대에 다문화공동체 만들기에 기여하게 될 것이다. 국적이 다르다고 해서 기술과 한국어를 잘 익힌 사람을 강제로 내보는 것이 합리적인 일인가 되물어야 할 것이다.

셋째, 모든 사람은 가족과 함께 행복하게 살 권리가 있는데, 왜 이주민은 가족과 함께 살 권리가 보장되지 못하는가를 성찰할 때가 되었다. 부부, 부모와 자식, 형제 자매 간의 상호방문 등의 자유왕래와 궁극적 동거 등 가족결합권은 현재 인권법의 핵심적인 부분을 이룬다. 1966년에 제정된 유엔 규약 '시민적 · 정치적 권리에 관한 국제규약' 제23조에 따르면, "사회의 기본 단위로서의 가족의 권리가 전반적인 보호를 받아야 한다"라고 명시되어 있다. 흩어진 가족 구성원들의 재결합은 기본인권 원칙에 속해서 구미권 국가들은 대부분 자국 국민 내지 영주권자의 가족이 외국에 거하는 경우에는 그 입국과 궁극적 정주를 제한적으로나마 허용하고 있다. 우리나라도 이 국제규약을 비준했기 때문에 가족결합권을 존중해야 함에도 불구하고 고용허가제는 원천적으로 가족을 동반할 수 없도록 규정되어 있다. 즉 가족과 같이 살 인간의 본래적 권리를 무조건적으로 짓밟고 있다. 더군다나 미등록 노동자가 당국의 가혹한 단속에 걸릴 경우에는, 비록 국내에 실질적인 배우자와 친자식이 있다고 하더라도 무조건 추방되어 오랫동안 자녀를 보지 못하는 경우가 허다하다. 또한 그 배우자가 한국인이라고 하더라도 체류 자격을 초과한 경우에는 많은 벌금을 부과하고 있어서 가족결합권에 대한 근본적인 성찰이 필요하다고 본다.

넷째, 외국에 있는 한국인이 한국 문화를 누리는 것이 좋다고 보는 이상, 한국에 이주한 외국인도 자신의 언어와 문화를 계속 보존할 권리가 있다는 것을 인정해야 한다. 현재 결혼 이민자는 13만 명을 넘어 계속 급증하고 있으며, 다문화결혼 비율이 거의 15%에 육박하고 있다. 이러한 추세대로라면 20년 후에는 이민 2세가 거의 1백 50만 명에 달할 것으로 예측되고 있다. 그렇지만 이러한 다문화가정 53% 가량이 최저생계비에도 못 미치는 생활을 하고 있어서 이들은 '민중 중의 민중'으로 가난과 차별의 이중고를 겪고 있다고 표현해도 과언이 아닐 것이다. 특히 폐쇄적인 단일민족 사회라는 허구의식으로 인해서 다문화가정의 자녀들은 학교에서 왕따를 당하는 경우가 적지 않다. 이들이 앞으로 한국 사회에서 많은 어려움을 초래할 수도 있다는 우려로 인해 정부에서 '다문화시대 도래'라는 기치아래 적지 않은 예산을 결혼이민자의 동화 사업에 쓰고 있다. 한국에서 평생을 살 사람이니 한국어를 잘 구사하는 것은 중요하겠지만, 그렇다고 이 땅에 산다고 해서 이들을 무조건 '한국화'하여 동화시키는 것이 적합한 일인가 물어야 한다고 본다. 우리나라에 비해 베트남이나 필리핀 여성들은 훨씬 더 여성의 지위가 높은데, 이들에게 전통문화라고 해서 가부장적 문화를 주입시킨다는 것은 시대착오적 발상이라고 본다. 결혼이주여성과 그 자녀들에게 한국어를 가르치는 것은 중요하지만, 아울러 자신의 언어와 문화를 계속 보존하도록 하는 것도 이들의 인권을 존중하는 것이라고 본다.

다섯째, 한국인이 외국으로 이민을 가서 살 권리를 누리고 있듯이 우리도 이민제도 도입을 긍정적으로 성찰할 때가 되었다. 저출산 문제와 씨름하는 대다수의 유럽 국가들은 비서구 이민자들을 제한적으로나마 받아들이고 있어서 이 문제를 해결하고 있음에도 불구하고 우리나라에서는 이민이란 '우리가 바깥으로' 나가는 것을 뜻하지, 외국인이 우리나라로 합법적으로 들어오는 것을 뜻하지는 않는다. 참여정부에서는 고령화 사회에 대비하기 위해서 이민제도의 도입을 검토하기는 했으나 아직까지 현 정부에서는 이민제도 도입에 부정적인 태도를 취하고 있다고 본다. 이러한 현상에 대해 박노자 님은 '민족주의' 내지 '혈통주의'라고 해석하기도 하지만, '돈'과 '관리상 편리 문제'라고 해석한다. 즉 단기 고용허가증만 갖고 있어 노동조합 가입이나 파업도 못 하는 외국인 노동자를 착취하면 '돈 벌기'가 훨씬 더 쉽고, '외인'들이 집단적으로 한국에 정착해서 서울 부근에 런던이나 파리처럼 동남아 출신들의 밀집 거주지가 생겨버리면 이를 관리하기 어렵고, 어쩌면 가난하고 차별받는 그들의 저항에 부딪힐 수도 있다는 것이 이들의 주된 고려사항이라는 분석이다.

그러나 현재 우리나라 사람들이 외국에 7백만 명이나 살고 있고, 수많은 사람들이 불법 체류를 하고 있는 상황(미국 19만 명, 일본 5만 명 등)에서 언제까지나 돈과 관리상의 편리 문제를 위주로 이주민을 대할 수는 없을 것이다. 이제까지 일회용으로, 또는 단지 노동력으로만 보았던 우리의 사고의 틀을 깨트리고 오히려 한국에 오는 이주민들을 한국에서 징착할 수 있도록 제도적으로 이민제도를 도입할 때가 되었다고 본다. 아프리카, 남미, 인도 등지에서 코리아타운이 번성하기를 원한다면, 국내에서도 단속을 두려워하지 않는 국내의 아프리카, 남미, 인도 등지의 각 나라

타운들도 세워져야 하지 않겠는가 되묻고 싶다. 일본 땅에서 사람을 죽인 김희로를 민족 차별의 희생자로 보고 구명운동을 벌인 분에게 이번에 한국인권위원회가 인권 대상을 주었듯이, 한국 땅에서 민족 차별을 하지 않도록 벌이는 제반 투쟁에 우리도 똑같은 박수를 보낼 수 있기를 기대한다.

_ 2009. 12. 7.

이주는 인간의 기본 권리
— GFMD 시민사회의 날에 참석하면서

유엔디피에서 조사한 바에 의하면, 전 세계에서 7억 명의 인구가 이주민의 생활을 하고 있고, 개발도상국의 성인 중 80%가 소위 선진국으로 이주를 원하고 있으며, 선진국 성인 중 13%는 오히려 개발도상국으로 이주를 떠나고 싶어 한다. 이러한 현상은 2008년 경제위기에서도 변함없이 나타나고 있을 정도로 이제 이주는 전 지구적 문제로 되어 있다. 이 때문에 유엔에서는 이주에서 발생하는 인권 문제의 중요성을 부각시키기 위해 매년 이주와 개발에 관한 국제포럼을 열고 있다. 올해에 제3회를 맞는 이주와 개발에 관한 지구적 포럼(GFMD)은 그리스 아테네에서 열렸다. 중요 행사는 11월 4일부터 5일까지 열리는 정부 간 대화와 이에 앞서 11월 2일부터 3일까지 열리는 시민사회의 날(CSD) 행사 그리고 민중단체들이 연합해서 11월 1일부터 5일까지 여는 민중대회(PGA) 행사가 있었다. 민중대회는 주로 전 세계의 행동 단체들이 참여해서 인권에 기반을 둔 이주를 정부 대표에게 촉구하기 위해 다양한 집회와 시위를 벌이는데, 여기에 한국에서는 이주여성 문제를 제기하기 위해 한국염 대표가, 미등록 이주노동자 문제를 제기하기 위해 이경숙 활동가가 참여했다. 시민의 날 행사는 각 시민단체들의 의견을 조율해서 정부 대표들에게 전달하는 모임으로 한국에서는 필자와 국제건설목공노조의 이진숙 님이 참여했다.

시민사회의 날 행사는 전 세계 시민단체(이주단체, 노조, 엔지오, 학자 등 관련자)의 대표 3백여 명이 참석한 가운데 아테네 시 외곽지 해변가인 불리아그메니에 위치한 아스틸 팰러스 호텔에서 열렸다. 첫날 개막식은 그리스공화국의 카롤로스 파풀리아스 대통령과 정부 각료들이 참석한 가운데 성대하게 진행되었고, 이어 네 가지 주제별로 라운드 테이블식으로 토론이 진행되었다. 네 가지 주제는 (1) 유엔이 제정한 천 년 발전 목표를 달성하기 위해 이주와 개발의 연계 방법, (2) 개발을 위한 이주민의 통합, 재통합 그리고 순환 이주, (3) 정치, 제도적 결합 그리고 동반자 형성, (4) 시민사회 요소들과 기업의 제휴 형성 등이다. 발제자들이 주제별로 미리 요약문을 제공했지만, 이러한 발제문은 사회자가 토론을 유도하기 위해 요약하고, 자유롭고 다양하게 자신들의 의견을 피력하여 시민단체들의 다양한 의견을 수렴하고 종합토론에서 이러한 의견들을 다시 한 번 정리하였다.

시민의 날 행사에서 제시된 다양한 의견 중에서 필자의 관심을 끄는 주장들도 많이 있었다. 개발 문제에서 제기되는 환경오염 문제, 이로 인해 발생하는 기후 변화와 이주의 발생은 이제까지 중요하게 대두되지 않은 문제로서 전 세계가 이에 대한 대책을 마련해야 한다고 본다. 무차별한 개발로 인해 기후 변화가 발생하는데, 이로 인해 선진국으로 비정규적 이주가 많이 발생한다. 지구 자원을 남용하고 있는 선진국들이 좀 더 책임의식을 갖고 합법적인 이주의 문호를 폭넓게 열도록 시민사회 단체가 노력해야 할 것이다. 또한 이주를 개발의 수단으로 볼 것이 아니라 이주민, 그의 가족 그리고 자녀들을 중심으로 생각해서 이주 그 자체가 인간의 기본적 권리로 보아야 한다는 주장도 설득력이 있었다. 이러한 주장은 한 걸음 더 나아가서 이주 문제를 지구적 시민 개념으로 보아 자유로운 인간 이동을 위해 국경을 개방하는 것까지 고려해야 한다는 주장을 하게 되는데, 이것이 전 세계에서 얼마나 공감을 할지에 대해서는 아직 자신이 없다.

이번 모임에서 많은 논란이 제기되었던 것은 순환이주 방식이다. 캐나다 농촌에서 시행되어 성공적이라는 평가를 받는 이 방식은 순환이주 노동자가 일 년에 7개월은 캐나다에서 일하고, 나머지 5개월은 본국에서 살게 하는 것이다. 한국에서도 농촌지역 이주노동자 문제로 인해 비슷한 생각을 했던 필자에게 이것은 많은 것을 생각하게 했다. 물론 순환이주 방식이 잘 계획되어 실시되면 이주노동자들은 본국이나 이주국에서 의미 있는 관계를 유지하면서 통합이나 재통합에 어려움이 없을 수도 있을 것이다. 고용주도 필요시에만 고용하기 때문에 편리하고 가족들도 장기적인 가족붕괴를 피할 수 있어서 좋은 점이 있다. 그러나 이러한 순환이주 제도는 자칫 잘못하면 이주노동자의 기본적인 노동권을 위협하고 오히려 고용주가 마음대로 인권유린을 할 우려도 크다고 본다.

개발도상국에서 이주민들이 본국으로 하는 송금은 매우 중요한 역할을 한다. 어떤 나라에서는 이러한 이주민의 송금이 전체 국가 예산의 상당 부분을 차지하기 때문에 대부분 개발도상국은 이주를 경제적 개발의 수단으로 보는 경향이 있다. 이주와 개발에 관한 지구적 포럼에서도 이러한 경향 때문에 이주민의 기본권이 무시되곤 한다. 시민사회단체와 민중행동단체에서는 정부 간의 모임에서 이주민의 인권을 고려하도록 다양한 의견을 제시하고 행동으로 촉구하는데, 해가 거듭할수록 이러한 행사들이 말잔치에 끝나지 않는가 하는 우려를 하게 된다. 필자는 작년 마닐라에서 열린 제2차 GFMD에도 한국 활동가들과 함께 민중단체 행동에 참여해서 풍물패를 중심으로 많은 시위를 했었다. 다음 제 4차 GFMD대회는 멕시코에서 열리는데, 이번 대회에 참석한 멕시코 시민단체 대표는 멕시코가 이주민의 인권에 대해서는 전혀 관심이 없으면서도 그러한 대회를 유치하였다고 비난하면서 좀 더 많은 활동가들의 참여를 호소하였다. 이주노동자의 인권을 보장하면서 이주의 악순환의 고리를 끊을 수 있는 개발은 가능한 것인가 묻게 된다.

_ 2009. 11. 4.

미등록 체류자를 배려하는 태국

아시아이주민포럼(Migrant Forum in Asia) 실행위원회 회의 참석차 싱가폴로 가는 도중에 태국 치앙마이에 들려서 이주민 지원 단체인 이주·정의 프로그램(Migrant Justice Programme) 사무실을 방문하였다. 전에 이곳 책임자인 욘라다(Yonlada) 씨가 우리 센터의 사무실을 방문하였기에 의례적인 인사차 전화를 하였더니 시간을 할애하여 반갑게 맞아주었다. 요즘 태국 정국이 불안하고 또 태국 국왕의 건강이 좋지 않아 태국은 여행 제한 구역으로 통제되고 있다. 또한 우리나라에 이주노동자를 보내고 있는 나라여서 별로 큰 기대를 하지 않았는데, 이주민에 대한 태국 정부와 태국 사람들의 배려를 듣고 무척 놀랐다.

태국에는 대략 2백만 명의 이주민이 살고 있다. 대부분 이웃 나라에서 불법으로 이주해온 사람들이고 산속에 거주하는 이주민이 많다. 무엇보다도 육지로 국경을 이루고 있어서 군사정권 하에서 심한 탄압을 받고 있는 미얀마에서 수시로 난민이 월경을 하고 있고, 라오스 등 여러 나라에서도 이주민이 들어오고 있다. 태국 정부는 이들에 대한 통제로 많은 어려움을 겪고 있어서 최근에는 합법적인 노동력 수입을 검토하고 있다고 한다. 그럼에도 불구하고 우리나라에서 전혀 고려하지 못하고 있는 이주민에 대한 배려를 많이 하고 있어서 부러운 점이 많았다.

태국 정부에서는 불법으로 이주하는 분들이 많이 있지만, 때때로 이들을 합법적인 영역으로 인도하기 위해 일 년에 한두 차례 공고를 해서 미등록자들에게 노동 허가를 받도록 하고 있다. 미등록 이주노동자가 이러한 노동 허가를 얻기 위해서는 사업주와 고용계약서를 맺어야 하고, 고용주가 이들에 대한 신원보증을 하면 노동 허가를 준다고 한다. 물론 이들이 일할 수 있는 곳은 건설, 농업, 청소 등 태국인이 기피하는 업종에 한정되어 있다. 이때 취득한 노동 허가는 매년 갱신해야 하지만, 특별한 범죄 행위가 없으면 계속 주어진다고 한다. 이 단체 활동가들의 안내로 미등록이지만 노동 허가를 받고 건설 분야에서 일하면서 집단으로 거주하는 촌락을 방문하였다. 그 촌락은 한국 70년대 청계천과 비슷하였지만, 고용주가 이들에 대한 거주지까지 마련하는 것을 보니, 한국에서 미등록자들에 대한 강제 단속 일변도 정책과는 엄청난 차이가 있음을 알 수 있었다.

태국 사람들은 누구나 년 5만 원 정도의 의료보험료를 내고 진료를 받고 있다. 이주민들도 비록 불법으로 체류 하고 있더라도 태국인과 똑같은 의료보험 혜택을 받을 수 있다고 한다. 치료비가 많이 드는 큰 질병인 경우에는 보증인을 세우지만, 보증인을 세우지 못하거나 보증인이 감당하지 못하면 결국 정부가 그 몫을 담당한다고 한다. 이러한 것은 모든 주민이 치료받을 권리가 있고, 건강 문제는 정부가 관리해야 할 몫이라는 사고방식에서 가능하다고 한다. 미등록 이주노동자가 산업재해를 당했을 경우에도 물론 치료를 받을 수 있다고 한다. 돈이 있어야만 치료를 받을 수 있는 우리나라와 좋은 대조가 되었다.

태국 정부는 비록 부모가 합법적인 체류 허가가 없다고 하더라도 어린이들은 독립적인 인격체로서 교육을 받을 권리가 있다고 보고 모든 어린이를 교육하고 있다. 물론 체류 자격 문제로 인해 이들은 졸업증이 아니라 수료증을 수여받지만, 이러한 수료증으로도 상급 학교를 갈 수 있기 때문에 차별을 받는다고 볼 수 없다고 한다. 우리나라는 학교장 재량으로 겨우 입학 허가를 받을 수 있고, 또한 그것도 중등 과정부터는 많은 어려움이 있는 것과 비교하면 큰 대조가 된다.

우리나라에 이주노동자를 송출하고 있는 태국, 그러나 이주민에 대한 배려는 오히려 우리가 배울 바가 많다고 본다. 이주·정의 프로그램(Migrant Justice Programme)의 활동가들은 한국 정부가 미등록 이주노동자를 강력히 단속하고 있으며, 고용허가제하에서 많은 이주노동자들이 어려움을 겪고 있다는 사실을 잘 알고 심각한 우려를 표하였다. 그동안 피나는 노력과 투쟁으로 많은 법과 제도를 만들었지만, 이주민에 대한 기본적인 배려가 없는 한 이러한 제도나 법으로는 넘을 수 없는 선이 있다는 점을 절실히 느꼈다.

_ 2010. 12. 17.

초과 체류자와 불법 체류자의 차이

일본에 갈 때마다 출입국 직원들의 까다로운 질문 공세로 일본 공무원들에 대한 부정적인 인상을 갖고 있다. 이번에 추석 연휴를 맞아 일본 커피 관련 업체와 시민단체가 벌이고 있는 까페와 공정무역에 대한 것을 알아보고자 방문할 때에도 예외가 아니었다. 단순히 방문이나 관광을 목적으로 한 것이 아니었기 때문에 당연히 방문 목적에 '사업차'라고 기록했는데, 출입국 직원은 어느 회사를 방문하느냐고 물었다. 방문 목적을 설명하고 여러 회사를 방문할 계획이라고 말했는데도, 그는 구체적으로 회사명과 주소를 적으라고 한다. 이해할 수 있게 충분히 설명했는데도 계속 주소를 적으라는 그 직원의 태도에 기분이 좋지 않았다. 결국 구체적인 주소를 적지 못해 입국 목적을 '관광'으로 바꾸니 그 직원은 그때야 입국 허가를 해주었다. 최근 일본 정부에서 초과 체류자(소위 불법 체류자)에 대한 강력한 단속을 하고 있기 때문에 이런 까다로운 입국 절차는 어느 정도 감수할 수밖에 없다고 생각하였다.

어느 재일 동포로부터 들은 이야기는 이러한 나의 생각을 흔들어놓는 것이었다. 그 전에 한국 정부로부터 들은 소식은 일본 정부에서 강력하게 단속을 벌여서 일본의 초과 체류자가 10만 명 이하로 줄었고, 한국 정부에서도 그로 인해 몇 년 계획으로 강제 단속을 하는데 목적 달성에 자신감을 갖고 있다는 것이었다. 그런데 그 재일동포는 일본 정부에서는 범죄 행위를 저질렀거나 초과 체류자에 대한 신고가 있지 않은 한 이들에 대한 강제 단속을 하지 않는다는 것이었다. 주로 경쟁 관계에 있는 업체에서 상대 업체에 대한 신고를 하면 이민국 직원이 나와서 단속을 하지만, 오히려 자진신고를 할 경우 더 머물 수 있도록 배려 한다는 것이었다. 그의 견해는 물론 개인적인 체험이어서 일본 정부의 공식적인 정책이라고 볼 수는 없지만, 몇 분의 재일동포에게 확인한 바에 의하면 우연히 주어진 개인적인 경험이라고만 볼 수는 없다.

　무역업을 하는 그는 일본 동경에서 태어난 재일동포 2세로서 국적은 한국이며, 일본 생활보다는 한국 생활이 더 나을 것 같아 한국에 귀국하였다. 그러나 한국에서 사업할 때 공무원들의 불친절에 적응하지 못해 7년 만에 다시 일본 오사카로 삶의 터전을 옮겼다. 국적이 한국이기 때문에 그는 15일간의 방문 비자를 받고 일본에 입국하였다. 일본에서 그는 주민등록을 신청하고 여권으로 통장을 발급받았다(한국에서 일시 방문자는 주민등록증을 발급받지 못하고 또한 통장 발급도 어렵다). 은행에서는 체류 자격에 대해 묻지 않고 통장을 만들어주고, 초과 체류자도 주민등록을 갖고 있어서 세금을 낸다고 한다. 어느 정도 세월이 흐른 후 그가 정식으로 합법 체류의 자격을 얻기 위해 서류를 신청했을 때 그가 낸 세금 서류가 많은 도움이 되었다고 한다. 그의 이름으로 된 세금 증빙서류를 내자 출입국 직원은 많은 세금을 내어 일본 경제에 도움이 되었다고 말하면서 체류 허가를 받는데 적극적으로 협력하였다고 한다.

　그는 본인뿐만 아니라 다른 재일 동포들에게도 이런 도움을 주었다고 한다. 한 번은 8년 동안 초과 체류한 사람이 그동안 모아놓은 돈을 모두 카지노에서 탕진하고 절망하여 귀국하려는 것을 알고 출입국에 가서 상황을 설명하면서 협조를 구하라고 조언하였다. 그 사람은 출입국에 가면 당장 외국인보호소에 수용되는 줄 알고 두려워하면서 가기 싫어했다. 그러나 전화로 미리 약속을 하고 그분을 달래서 출입국 직원을 찾아가게 하여 자진신고를 하니 출입국에서는 그가 일하는 동안 낸 세금을 보고 불과 몇 시간 만에 다시 일할 수 있는 기회를 주었다고 한다. 일본 이민국 직원은 신고가 들어와서 단속을 해도 초과 체류자에 대한 인격은 반드시 존중한단다. 마치 큰 범죄를 저지른 사람들에 대한 체포처럼 수갑을 채운다든지 포승줄을 메는 경우는 절대로 없다고 한다. 또한 초과 체류자들이 범죄 행위를 저지르지 않고 자진신고하면 인격적으로 대해서 다시 기회를 주는데도 불구하고 대다수 초과 체류자들은 출입국 가는 것을 두려워해서 그러한 기회를 갖지 않는 것이 상황을 더 어렵게 만든다고 한다.

마지막 오사카 공항을 나올 때 국가의 보편적 이익보다는 구체적인 개인의 삶을 우선적으로 생각하는 일본인의 태도를 다시 체험하게 되었다. 은행에 가서 쓰다 남은 일본 돈을 한국 돈으로 환전하려고 하니 그 직원이 한국에 가서 환전하면 몇천 원의 이익이 더 생긴다고 환전을 해주지 않았다. 우리나라의 경우 그렇게 환전을 해달라고 하면 그 직원은 아무런 생각 없이 당연히 환전해주었을 것이다. 그런데 그 오사카 직원은 손해를 보게 되는 액수를 구체적으로 설명해주면서 고객에게 손해를 끼치게 할 수 없다고 한국에서 환전하라고 말하는 것이었다. 이러한 풍토가 입국할 때에는 최대한 까다롭고 정확하게 하고 입국 후에는 형식적인 절차보다는 개인적인 삶을 더 중시하는 일본의 이민정책의 근본이 아닐까 생각해 본다. 무조건 이주민을 불법, 합법으로 나누어서 비자 없는 체류자를 범죄자로 보는 한국 정부에서도 일본처럼 불법 체류자라는 말 대신 비자 없는 이주민을 초과 체류자로 인식을 전환해서 그에 걸맞은 정책을 수립하는 날이 오기를 고대한다.

_ 2010. 9. 27.

외국인 장애인 등록제도를 개선하라

오는 12월 3일은 세계 장애인의 날이다. 전 세계적으로 장애인의 인권 향상을 위해 함께 노력하자고 다짐하는 날이다. 이러한 뜻깊은 날을 맞아 한국에 있는 외국인 장애인들의 인권 향상을 위해 몇 가지 제언을 하고자 한다. 특히 오는 2013년 1월 26일이 되면 지난해에 개정해서 공포한 장애인복지법에 따라 일부 외국인 장애인도 장애인으로 등록할 수 있고, 또한 일단 등록이 되면 한국인 장애인과 동등한 혜택을 누릴 수 있기 때문이다. 이러한 법이 국회에서 통과될 때 당시 제안자인 곽정숙 의원은 마치 외국인 장애인에게 모두 장애인 혜택이 주어지는 것처럼 보도자료를 배포했는데, 이러한 보도가 사실이 될 수 있도록 노력하는 계기가 주어지기를 바라는 마음에서 곧 시행될 외국인 장애인 등록의 한계를 밝히고자 한다.

이번에 개정되어 시행되는 법은 장애인복지법 32조에 2항을 신설하여 재외동포 및 외국인의 장애인 등록을 가능하도록 했다. 즉 재외동포 및 외국인 중 (1) 재외동포의 출입국과 법적지위에 관한 법률 6조에 따라 국내거소신고를 한 사람, (2) 출입국관리법 31조에 따라 외국인등록을 한 사람으로서 같은 법 10조 1항에 따른 체류 자격 중 대한민국에 영주할 수 있는 체류 자격을 가진 사람, (3) 재외한국인 처우개선법 2조 3호에 따른 결혼이민자 등은 32조에 따라 장애인 등록을 할 수 있다. 그렇지만 국가와 지방자치단체는 등록한 장애인에 대하여 예산 등을 고려하여 장애인 복지사업의 지원을 제한할 수 있도록 해 문제점이 야기될 수 있다. 이렇게 수혜 대상자를 특별한 체류 자격의 외국인으로 규정한 것과 그것도 국가와 지방자치단체가 임의로 장애인복지사업의 지원을 제한할 수 있도록 한 것 때문에 원래 취지와 다르게 생색만 내는 조처가 되지 않을까 우려하는 바이다.

우선 이번 법을 제정하면서 그 대상자를 2011년 3월 11일을 기준으로 해서 재외동포 96,775명, 영주권자 50,670명, 결혼이민자 139,572명 등으로 잡고 이들을 모두 더해서 287,017명으로 총 외국인 체류자 1,308,743명의 22%로 계산하고 있지만, 이것은 잘못된 산술이라고 본다. 재외동포로 분류해서 잡은 재외국민(대한민국 국민으로서 외국의 영주권을 취득하거나 영주할 목적으로 외국에 거주하는 자)은 비록 한국에 거소신고를 하였다고 하더라도 외국인으로 분류하기가 어렵고, 또한 외국 국적 동포(대한민국 국적을 보유하였던 자 또는 그 직계비속으로 외국 국적을 취득한 자 중 대통령령으로 정하는 자) 중에서 거소신고를 한 자들도 엄격한 의미에서 외국인이라고 말할 수 없을 것이다. 또한 결혼이민자 중에서 국적을 취득한 자들이 전체 결혼이민자 중에 이미 40%가 넘었고, 계속 국적 취득 비율이 높아지고 있다. 이들은 한국인으로 장애인 등록이 가능하다는 점을 감안할 때 이들 전부를 외국인으로 분류하여 이번에 혜택을 받게 된다고 말할 수 없을 것이다.

전체 외국인 중에서 가장 높은 비율을 차지하는 외국인 노동자들은 이번 법 대상에서 제외되었다는 점이 이번 개정 공포된 법의 가장 큰 취약점이라고 볼 수 있다. 외국인 노동자들은 소위 3D업종(더럽고, 힘들고, 위험한 업종)에서 근무하기 때문에 질병에 걸리기 쉽고 산재를 많이 당하고 있기 때문에 장애인이 될 확률이 다른 어느 외국인들보다도 높다. 한국 노동자들이 기피하고 있는 업종에서 일하고 있는 외국인 노동자들은 한국 사회의 수요를 충족시키기 위해서 왔는데, 이들을 이렇게 차별하는 것은 이번 법 개정의 취지에 맞지 않는 처사라고 볼 수 있다. 제외시킨 명분을 이들이 우리나라에 영구적으로 거주할 수 없기 때문이라고 제시하지만, 실상 거소신고를 한 자들도 영구적인 거주가 아니기 때문에 수혜대상 제외의 이유가 될 수 없다고 본다. 오히려 혈통(재외국민, 외국국적 동포)과 국적(결혼이민자)에 근거하였기 때문에 진정한 의미에서 외국인 체류자에게 장애인 혜택을 주는 것은 아니라고 본다. 적어도 외국인에게도 장애인 혜택을 준다고 할 때는 모든 외국인이 체류자격을 갖고 있을 때까지는 똑같이 장애인 등록을 하여 장애인으로서 혜택을 누리도록 하는 것이 옳다고 본다.

또한 이번 법 개정에서 국가와 지방자치단체가 임의로 이들에 대한 장애인복지사업의 지원을 제한할 수 있도록 한 것도 위헌적인 개정이라고 본다. 국가와 지방자치단체로서는 어떠한 이유로서든 장애인에 대한 예산을 줄이려고 한다. 그렇기 때문에 이런 조항을 두어 국내 장애인과 차별을 할 수 있도록 법령을 둔 것은 외국인에 대한 차별을 조장할 우려가 있다고 본다. 국내 장애인과 달리 본인들의 권리향상을 위해 투쟁할 수 없는 외국인 장애인들은 국내 장애인과 똑같은 혜택을 누릴 수 있도록 명문화해도 실제 현장에서는 차별이 주어진다는 점을 감안할 때 이러한 단서조항은 폐지되어야 마땅하다고 본다.

외국인 장애인이 국내 장애인과 차별 없이 살도록 하기 위해서는 스웨덴의 장애인 정책을 참고로 할 필요가 있다. 신필균이 지은 『복지국가 스웨덴』에 의하면, 스웨덴에서는 1994년부터 '장애인'이라는 표현을 사용하지 않고 '기능적 손실을 입은 사람' 혹은 '기능이 저하된 사람'이라고 칭한다. 이런 명칭은 기능적 저하에 따라 스스로 일상생활을 유지하기에 어려움을 겪기 때문에 이들이 일상생활을 유지할 수 있도록 하면 된다고 보고 장애인 정책의 궁극적 목표를 '완전한 참여'와 '완전한 평등'으로 세우고 있다. 스웨덴의 장애인 정책은 보편주의 원칙에 따라 설계, 운용되고 있으며, 장애인이 사회의 모든 영역에 접근하고 참여하여, 장애인·비장애인 구분 없이 모든 사람이 동등한 삶의 질을 누리고 같은 경험을 가질 기회를 국가와 사회가 보장하려고 노력하고 있다.

세계 장애인의 날을 맞아 "한국에서도 외국인 장애인에게도 장애인 혜택을 준다"라고 선전하거나 단순히 기념행사만 할 것이 아니라, 모든 영역에서 장애인·비장애인의 통합 사회를 형성해 차별 사회가 발생할 소지를 원천적으로 제거하는 장애인 정책의 목표를 설정하기를 촉구한다. 현재처럼 규제나 수혜 위주가 아니라 장애를 가진 사람이 접근하지 못할 장소가 없어지고 모든 분야의 사회적 참여에서 공정한 기회가 박탈되지 않도록 해야 할 것이다. 그렇게 해서 실제로 한국에 거주하고 있는 외국인 장애인들도 국내 장애인들과 차별 없이 혈통과 국적에 상관없이 완전한 참여와 완전한 평등을 누리는 날이 오기를 희망한다.

_ 2012. 12. 2.

이주민에게 국경은 어떤 의미일까?

지난달 대만에 갔을 때 만난 왕연생 씨(57세)의 인생 이야기가 계속 머리를 떠나지 않는다. 대만과 한국에서 여행 가이드를 하는 그를 처음 보았을 때 매우 바지런하게 움직이고 짧은 스포츠머리를 해서 40대의 남성이라고 보았다. 그런데 의외로 나이가 많고, 또한 여러 나라를 떠돌면서 적지 않은 역경을 겪고 살았을 터인데 항상 명랑하게 사람을 대하는 것을 보고 적잖은 호기심이 생겨서 여러 가지로 이야기를 나누었다. 한국에서 태어나 청소년기를 지냈고, 일본에서 결혼생활을 했으며, 현재는 대만에서 살고 있지만, 앞으로 노년이 되면 중국에 들어가서 은퇴를 하고자 하는 그의 삶은 이주민의 현주소를 그대로 느끼게 해주었다.

왕연생 씨는 경남 합천에서 중국 화교의 자녀로 태어났다. 그는 어려서부터 중국어를 배워야 했기 때문에 합천에서 부산을 왕래하면서 살았고, 공부를 열심히 해서 성균관대학교에 입학하였다. 그러나 당시 박정희 대통령이 화교들의 재산을 몰수하는 정책을 펴서 한국 국적을 받을 수 없는 화교인 그로서는 더 이상 한국에 머무는 것이 의미가 없다고 판단하여 대학교 1학년을 중퇴하고 일본으로 떠났다. 그렇지만 그는 이렇게 자신을 박해한 박정희 대통령에 대해서 "대부분 동남아의 상권을 중국 화교가 잡고 있었기 때문에 이러한 압수조처는 한국 경제 발전을 위해서 당연한 것이었다"라며 오히려 그 정책을 옹호하여 나를 놀라게 하였다. 하긴 그는 현재 대만에서 살지만 아직도 대만의 음식이 자신에게 맞지 않는다하면서 한국 음식을 더 좋아한다.

일본에는 그의 형이 살고 있었기 때문에 그가 일본에 정착하는 데는 큰 어려움이 없었다고 한다. 그는 일본에서 대학을 마치고 취업하였다. 그는 일본 여자와 결혼하여 아기를 낳아 나름대로 잘 살았다고 한다. 그런데 그의 어머니가 연로하여서 알츠하이머병에 걸리자 막대한 병원비가 문제가 되었다. 자신의 수입으로는 엄청난 병원비를 감당할 수 없고 그렇다고 어머니를 방치할 수는 없고…. 결국 그는 의료보험으로 어머니의 병원비가 해결되는 대만행을 결심하였다. 이러한 그의 결심에 대해 그의 부인은 동의하지 않았다. 결국 그는 부인과 이혼한 후 집을 부인에게 주고 자식과 함께 대만으로 왔다. 어느 정도 자산이 있었던 그가 대만 국적을 취득하기에는 별 어려움이 없었다고 한다.

이제 그가 대만에 온 지 17년이 되었다. 대만에서 여러 가지 사업을 하다가 어머니가 돌아가신 후에는 4년 전부터 주로 가이드로 생활한다고 한다. 그는 여행 가이드이지만, 여타 가이드와는 많은 점이 달랐다. 우선 그는 가이드의 주 수입원이라고 볼 수 있는 상품점에 잘 들르지 않았고, 들른다고 하더라도 물건을 억지로는 사지 말라고 한다. 그런데 더욱 놀란 것은 그가 물건 산 영수증을 자신에게 달라고 하는 것이다. 대만에서는 영수증 제도의 정착을 효과적으로 하기 위해 두 달에 한 번씩 영수증 번호를 추첨하여 1등에게 4억 원 정도의 상금을 준다고 한다. 그래서 자신에게 영수증을 주면 그 영수증을 '創十家'란 장애인 단체에 부쳐주는데, 이렇게 모여진 영수증으로 그 단체는 평균 연간 4천만 원 정도의 상금을 후원금으로 받게 된다고 한다.

그는 노년이 되면 현재 자식이 살고 있는 중국에 가서 아들과 함께 조그마한 카페를 하고 싶다고 한다. 이미 아들과 합의를 하였기 때문에 그렇게 될 것이라고 본다. 그래서 한국에 오면 필자가 카페 기술을 가르쳐 주겠다고 하니 몹시 기뻐한다. 한국에서 태어나 청소년기를 보냈고, 일본에서 청년기 그리고 대만에서 장년기, 이제 앞으로 중국에서 노년기를 보내게 될 그에게 있어서 국경이란 무엇을 뜻할까 되묻게 된다. 자신에게 불리한 조처를 했던 한국, 그러나 그곳의 김치 맛을 아직도 그리워하면서 현재 살고 있는 대만의 음식이 자신에게 맞지 않는다고 어려워하는 그에게 또다시 중국은 어떤 의미가 있을까 궁금해진다. 사람들이 인위적으로 만든 국경으로 인해 겪은 그의 인생이야기가 현재 한국의 이주민 정책에 주어지는 의미를 곰곰이 새겨본다.

_ 2011. 10. 25.

입국 거부당한 휠체어 장애인 하심 씨

　두 번째 한국 방문임에도 불구하고 휠체어 장애인이라는 이유로 인천공항에서 입국을 불허 받았고, 그 사유에 대한 명확한 설명을 듣는 대신 무시와 폭언 등 비인권적 대우를 당해 이에 항의하며 단식투쟁하던 중 강제로 출국된 일이 발생했다. 모로코인 하심 씨의 이 같은 상황은 지난 6월 9일 한 내국인(이하 A)이 센터로 문의해 와 알게 된 것으로 A 씨가 전하는 하심 씨의 입국부터 출국까지의 과정은 다음과 같다.

　하심 씨는 대학에 입학하여 한국어를 공부하기 위해 한국에 왔다. 본국에서 입학 절차를 밟는 것이 여의치 않아 우선 관광비자로 입국한 후에 학교에 입학하여 비자를 변경할 계획이었다. 하지만 입국심사 담당자는 하심 씨에게 "한국어를 왜 배우냐", "일하러 온 것 아니냐"라는 등 비아냥거리는 식으로 질문을 하며 입국을 불허했다고 한다. 출입국사무소 담당자 누구도 하심 씨에게 왜 입국이 불허됐는지 명확하게 설명하지 않았다. 이러한 입국 불허에 대해 A 씨는 "일하러 왔다고 추측하여 입국을 불허했다면 왜 첫 번 입국 때에는 입국을 허락하였으며" 또한 "휠체어 장애인이 한국에서 일자리를 찾는 것이 얼마나 힘든 일인데 불법으로 일하러 온 것을 확신하면서 입국을 허가하지 않느냐" 하며 분통을 터트렸다. 입국 불허에 대한 자세한 설명은커녕 계속되는 폭언과 비인권적인 대우에 하심 씨는 심한 충격과 상처를 받았다고 한다. 하심 씨는 정식으로 입국불허 이유를 듣기 원하며, 본인의 인권을 무시한 사람들에게 항의하고자 단식투쟁을 벌였다고 한다.

이러한 전화 상담을 들은 후 인천공항 입국심사과에 사실 확인을 했다. 하심 씨의 담당자들이 모두 야간근무 후 퇴근해 답변할 수 있는 사람이 없다며 총괄팀으로 알아보라고 한다. 총괄팀 담당자에게 모로코에서 온 하심 씨의 입국불허가 사실인지, 그 이유는 무엇인지 물어보았다. 담당자는 하심 씨가 입국심사 과정에서 나온 질문들에 비협조적이었다고 했다. 그러면서 그는 "하심 씨가 이미 오늘(전화통화 당일) 아침에 본국으로 출국했다"라며 다 끝난 일이라는 듯 마무리를 하고자 했다.

하심 씨를 도우려 시작했던 상담은 하심 씨가 강제로 출국당해 안타깝지만 아무런 도움도 못되고 종료됐다. 하심 씨가 휠체어 장애인이 아니라면 그러한 부당한 대우를 받았을까 되묻게 된다. 하심 씨는 이미 한국에 한번 합법적으로 체류하다가 귀국한 전례가 있기 때문에 그가 불법 체류하여 노동할 것이라고 추측하기에는 무리가 있다고 본다. 불법으로 체류하여 일할 목적이라면 처음 입국 당시 그는 귀국하지 않았을 것이다. 실제로 한국인 휠체어 장애인도 일자리를 구하기가 어려운데 누가 한국말도 못 하는 외국인 장애인을 고용한다는 말인가? 첫 번 입국할 때에 하심 씨가 어려움 없이 입국하여 출국한 것을 비추어볼 때 이것은 담당 입국심사과 직원의 장애인에 대한 편견이나 의사소통의 문제 때문이라고 보는 것이 훨씬 설득력이 있다고 본다. 이로 인해 하심 씨는 인격적 모독을 느끼고 단식투쟁을 벌이면서 정당한 이유를 들으려 하였을 것이다.

또한 담당자가 말했던, 남의 집에 오는 사람의 태도에 대해서도 생각해보았다. 그는 "남의 집에 오는데 대답도 안하고 오는 사람이 어디에 있느냐" 하고 거칠게 답하면서 모든 잘못을 휠체어 장애인에게 돌렸다. 하심 씨는 남의 집에 오는 '손님'으로서 '주인'의 질문에 성실히 대답하지 않았다는 이유로 욕설과 폭언으로 문전박대를 당했다. 또한 학교를 알아보기 위해 지출한 최초의 입국 비용과 한국어 공부를 하려던 재입국 비용은 차치하고 인격모욕과 차별까지 감당해야 했다. 게다가 비싼 비행기 표를 다시 구입해서 되돌아가야 하는 약자의 입장이다. 이런 하심 씨가 출입국 직원이 정중한 태도로 질문을 했어도 그가 그렇게 대답을 했을까 묻게 된다. 자칫 잘못하면 자기에게 불리하게 작용할 것을 뻔히 알면서, 한국에 입국하려는 사람이 적어도 인격적인 대접을 받았다면 그렇게 대답을 거부하지 않았을 것이다.

'손님'의 태도를 문제 삼으며 문전박대한 '주인'은 주인으로서 해야 될 의무는 다했는지 묻게 된다. 초대받지 않은 '손님'이라도 대부분의 '주인'들이 욕설과 무례함으로 내쫓지는 않는다. 초대장이 필요한 이유를 설명하고 최대한 정중하게 돌려보내는 것이 '주인' 된 도리이나. 심지어 하심 씨는 초대장도 있는 초대받은 '손님'이었다. 설령 담당자의 말대로 '손님'이 의무를 다하지 않았다고 해도 그 '손님'의 인권을 무시해도 되는 권리가 '주인'에게 자동으로 주어지진 않는다.

외국에 갔을 때 입국심사관의 태도에 따라 그 나라에 대한 첫인상이 달려졌던 경험이 있다. 그들의 오만한 '주인'됨에 위축됐던 적도 있고, 따뜻한 환영에 들떴던 적도 있다. 우리의 입국심사가 사람을 우선하고, 사람을 중심으로 심사하면서 귀 기울이는 공정하고 투명한 과정이 되기를 바란다. 원칙을 지키면서도 정중하게 인격적으로 심사하여 적어도 입국이 불허된 외국인이 단식투쟁으로 항의하거나 귀국해서 한국에 대해 불평을 하여 한국에 대한 이미지를 손상시키는 일은 없어야 할 것이다.

_ 2011. 6. 16.

납득할 수 없는 재판

　페이스북에 '텐징 라마'라는 낯선 이름의 호소문이 눈에 띄었다. 외국인이 페이스북에 쓴 글인데 끝까지 읽어보니 호소문을 보낸 분의 한국이름이 민수였다. 민수 씨는 네팔 사람으로 오랫동안 이주노동자의 권익을 위해 함께 일해 왔고, 목수로서 필요할 때마다 우리를 열심히 도와주곤 했던 분이다. 이주노동자 산재 쉼터 옥상에 목재 창고를 세울 때 바쁜 일정을 뒤로 미루고 열심히 도와준 기억이 지금도 생생하다. 또한 대한성공회대성당에서 90일 동안 노숙 농성을 벌일 때에도 궂은일을 도맡아 하던 기억도 새롭다. 그 후 한국인 부인과 함께 명동에 식당을 차렸을 때 그 식당을 방문하여 민수 씨가 네팔 국적이시만 티베트 사람이라는 사실을 알게 되었다. 명동에 있는 그 식당은 그가 인권운동에 애정이 많고 명동이라는 지리적인 이유 때문에 여러 인권단체 활동가의 쉼터 노릇을 하였고 그 자신도 탄압받는 티베트 사람을 위해 다양한 활동을 하곤 하였다.

　그가 호소문을 보낸 이유는 자신이 당한 억울한 사정 때문이다. 명동에서 그가 운영하던 식당과 그 주변이 재개발로 철거당할 때 폭행을 당해 고소하러 경찰서에 갔다가 오히려 용역 고용자를 쳐서 손가락과 꼬리뼈를 다치게 했다고 고소를 당했다고 한다. 그가 기억하는 당시 상황은 "세

입자들이 용역 고용자들에게 밀려서 넘어지고, 환자복을 입고 있는 사람에게도 가차 없이 폭행을 했다. 이것을 지켜보던 남대문 경찰서 관계자들은 그냥 보고만 있었다"라는 것이다. 그리고 그도 용역 고용자에게 폭행을 당했으며 심지어 "한국인 부인이 임산부였음에도 불구하고 용역 고용자가 때리는데 외국인이라서 불리한 일이 생길 것 같아 보고만 있었다"라고 한다. 이런 그가 오히려 고소를 당해서 아홉 차례나 법원에 출석을 하면서 "재판을 진행하는 동안 내가 왜 계속 법원에 가야 하는지 억울한 생각이 들었다. 내가 잘못한 일이 없는데 왜 재판을 받아야 하는지 아직도 모르겠다. 앞으로 억울한 일이 생겼을 때 쉽게 법을 믿고, 경찰을 믿을 수 있을지 모르겠다"라고 호소했다.

텐징 라마는 자신이 당연히 무죄선고를 받으리라고 확신하고 있지만, 혹 외국인이라는 이유로 불리한 판결을 받지 않을까 우려하고 있다. 그가 외국인이기 때문에 법원에서 그에게 불리한 판결이 나오면, 그는 죄를 짓지 않았음에도 범죄자가 되는 억울한 상황에 놓이게 된다. 더군다나 그는 세 아이를 키워야 하는 데 혹 어려움이 생기게 될까봐 두려워하고 있다. 내년에 입학해야 할 딸을 위해 그는 네팔 국적을 포기하고 한국인으로 귀화를 추진하고 있는데 재판 때문에 그것마저도 지금 잘 진행이 되지 못하고 있다고 한다. 그가 만약 유죄 판결을 받으면 한국 국적을 얻기가 그만큼 어렵게 되기 때문에 가정을 지키고 싶어도 마음대로 지키지 못하는 경우가 생길 것 같아 전전긍긍하고 있다.

텐징 라마의 호소문은 다문화사회를 표방하고 있는 한국 사회에 심각한 질문을 던지고 있다. 그는 자신이 "소위 못사는 나라에서 왔다는 이유로 아내와 결혼하기 전에 인격적인 모욕을 많이 느꼈었다"라고 밝히면서, 인간으로서 기본적으로 살 권리를 보장하는 어떤 대책도 없이 재개발이 이뤄지고, 경찰이 보는 앞에서 용역 고용자들이 폭력을 행사하고, 외국인이라고 해서 매를 맞아도 죄인이 되는 억울한 상황이 과연 법치주의라는 한국에서 올바른 일인지 묻고 있다. 그는 자신이 받고 있는 재판에 대해 "재개발이라는 상황에서 벌어진 이 모든 일이 인권과 기본권을 무시한 처사임에도 불구하고 개발업자 편에 기울어져 있는 공권력 때문에 빚어진 처사"라고 억울해 하면서 공권력은 "법은 모든 이에게 평등하게 적용된다"라는 헌법 정신을 명실상부하게 지키기를 호소하고 있다. 오는 1월에 열리는 그에 대한 선고공판에서 이러한 그의 탄원이 받아들여지기를 바란다.

_ 2013. 1. 15.

소수민족 청소년 자립 못자리판
'치앙마이 트립티'

트립티 치앙마이 카페가 지난 2월 28일 태국 그레이스 홈에서 5개월 동안의 준비 과정을 거쳐 정식으로 열렸다. 이날 개막식은 그레이스 홈의 검도장 개소식도 함께 열렸는데, 그레이스 홈의 법인 관계자, 현지 선교사 그리고 보육원 원생 등 70여 명이 참석하여 조촐하게 진행되었다. 이날 필자는 축사를 통해 "트립티 치앙마이점이 고아들 가운데서 월드 바리스타 챔피언이 나오는 훌륭한 교육의 장소가 되고 또한 보육원뿐 아니라 이웃 학교 등 어려운 이웃들을 지원하는 카페 겸 교육시설이 될 것"으로 기대하고 축하했다. 트립티 치앙마이 점에는 이날부터 미얀마 출신으로 국적이 없는 쩐쭈, 깨띠삭, 위치앙 등 세 명의 원생들이 근무하기 시작했고, 매니저는 태국에서 호텔관광대학을 졸업하고 커피 수업을 배운 염신애 씨가 맡기로 했다. 이를 위해 한국에서 함께 간 박미성 상임이사가 까페 운영 전반에 대해 자세히 교육하였다. 한편 트립티 치앙마이 대표인 서양숙 선교사는 개소식에 참석자들이 헌금한 150달러 전액을 제2의 트립티 해외점의 마중물로 사용해달라고 기부하였다.

트립티 치앙마이 점 개소 후에 여러 곳에서 이런 카페를 만들고 싶다고 지원해 달라는 요청이 많이 생겼다. 주로 인도, 중국, 베트남, 미얀마, 몽골, 라오스 등 한국에서 이주노동을 하고 귀국한 분들과 현지 선교사들이 요청하였다. 처음에 트립티는 이주 장애인을 위해 서울외국인노동자센터에서 출범한 공정무역사업단과 장애인과 함께 하는 한벗조합이 공동으로 만들었다. 그동안 트립티를 통해 외국에 병원을 지으려는 카페, 이주여성이 운영하는 카페, 성매매 여성 지원을 위한 카페, 청소년을 위한 카페, 가난한 지역 주민을 위한 카페 그리고 탈북민과 함께 하는 카페 등 이 땅에서 소외된 이들과 함께 하는 20여 개의 카페들이 만들어졌다. 이주의 악순환 고리를 끊기 위해 공정무역을 해온 트립티는 국경을 넘어 이주노동자들이 오는 아시아에 그 첫발을 딛기 위해 태국 치앙마이에 그레이스 홈 기술학교의 첫 번째 주자로 바리스타교육을 하고 카페를 열게 된 것이다. 전문성을 가진 직업인이 되도록 돕는 트립티 치앙마이 카페는 훈련을 거친 아이들이 자신과 가정을 돌보는 건강한 사회인으로 살아가게 되는 못자리판이 될 것이다.

그레이스 홈에서 카페를 열고 바리스타 교육을 하기 위해서는 많은 돈이 필요했다. 서양숙, 권삼승 선교사 내외분은 바리스타 교육과 카페를 위해 자신들의 사택을 내놓아서 1층은 바리스타 교육장소 및 카페로, 2층은 봉사자들을 위한 게스트 하우스로 사용하도록 했다. 로스터기, 에스프레스 머신, 그라인더, 제빙기 등 여러 기구를 구입할 수 있도록 여러 분들이 후원을 해주셨고 또 부족한 금액을 빌려준 분들도 있다. 무엇보다도 감사한 것은 카페 개소를 위해 직접 자비로 치앙마이까지 가서 몸으로 참여한 분들이다. 카페 인테리어를 해준 정영수 님, 좋은 조명기구를 직접 만들어준 김세순 님, 로스터 기와 에스프레스 기계를 갖고 가서 설치

해준 우노섭 님 그리고 모금을 함께 하고 치앙마이에 가서 교육과 육체적
노동을 함께한 최현규 님, 박미성 님 등에게 심심한 감사를 표한다.

_ 2013. 4. 10.

Ⅲ부

"소수가 땀과 정성을 들이면 바뀌는 때가 있겠지요"

_ 인터뷰 기사 모음

최정의팔 · 한국염 목사 인터뷰

소수가 땀과 정성을 들이면 바뀌는 때가 있겠지요*

가을볕이 따뜻하게 느껴진 10월 중순 어느 날. 부부이신 최정의팔 목사님(서울외국인 노동자센터 대표)과 한국염 목사님(한국이주여성인권센터 대표)을 만나러 서강대 건너편에 있는 공정무역카페 '트립티'의 문을 여니 최 목사님께서 커피를 내리고 계신다. 목사님께서 건네주시는 커피를 한 모금 마시며 자연스럽게 카페를 시작하시게 된 이유를 여쭈니, 빙그레 웃으시며 스마트폰에 담긴 사진 한 장을 보여주신다.

스마트 폰에 담긴 사진 한 장

얼마 전 강릉 바닷가에 가서 해돋이를 하염없이 보고 있는데, 해가 동그랗게 올라온 순간 갈매기 한 마리가 지나가 태양 안에 담겨있는 듯 보였단다. 얼른 카메라를 꺼내어 잡기 힘든 순간을 포착하셨다

---

* 이 인터뷰 기사는 민주화운동기념사업회에서 펴낸 「시민교육」 제3호, 2010(이은숙 글)에 실린 것으로, 민주화운동기념사업회의 허락을 받아 게재함.

며, 몹시 뿌듯해하시는데 옆에 계신 사진작가님께 칭찬을 받고 싶으신 표정이었다. 사진 이야기로 시작한 인터뷰는 한국염 목사님과의 인터뷰로 이어졌다.

사진을 찍을 때는 같은 사물을 놓고도 어떤 각도에서 보느냐에 따라 풍경이 달라져요.

이주민운동을 하시게 된 계기는 순전히 바로 이 순간의 포착과, 달리 바라본 시선 때문이었다.

8명의 노동자가 교회에 들어왔다

어느 날 양말 공장에 다니는 중국인 노동자 8명이 우리 교회에 피신을 왔어요. 그런데 차마 내칠 수가 없더라고요. 처음에는 마지못해 시작했어요.

순간 내 마음이 요동을 친다. '마지못해'라는 이 한마디 때문이었다. 차마 거절할 수 없어서 소수의 사람들이 마지못해 시작한 일들이 이 사회의 얼마나 많은 발걸음을 움직이게 했는가. 최 목사님의 시선에 들어온 이주노동자의 고단한 삶이 가난한 민중교회, 노동자 교인들에게도 똑같이 비추어졌을까?

교인들에게 동의를 구하니 "이 사람들이 다 내 일자리 뺏는 사람들인데 왜 받아들이냐" 하며 처음에 반대가 많았어요. 그런데 여름수련회

때 같이 놀다 보니까 저 사람들도 자신과 똑같은 사람들이구나 하는 생각들을 하시더라고요. 탐탁지 않은 경쟁자로만 보였는데 같이 생활하고 보니 저 사람들도 어려운 사람이구나 하는 공감대가 생긴 거예요.

생각의 차이를 접하고 한 번 더 생각해보면 그것이 곧 존재의 차이에서 오는 것임을 알 수 있다. 경쟁이 최고의 가치인 우리 사회에서 존재의 차이는 곧 밀고 밀리는 관계가 된다. 차이가 많이 나면 많이 나는 대로, 비슷하면 비슷한 대로…. '너와 내가 함께하는 우리'라는 공동체성은 이 경쟁 가치 앞에서 그만 힘을 잃는다. 시작부터 시민교육의 중요한 화두가 다가왔다.

그리고 여기 또 하나의 시선이 있었다

8명의 노동자가 교회에 들어왔을 때 한 목사님의 시선은 7명의 여성에게 닿았다. 남성들에 비해 상대적으로 잦은 폭력과 성추행에 노출된 여성 이주민노동자들의 삶이 한 목사님의 마음에서 떠나지를 않았고 이는 한 목사님이 여성들의 '쉼터' 사업을 시작하게 된 계기가 되었다. 이 '쉼터'에서 결혼 이주여성을 만나게 되면서 한 목사님은 이주여성인권센터를 만들어 이 문제를 본격적으로 풀어가게 되었다. 외국인 노동자와 결혼 이주여성들의 숫자가 늘어나 사회적으로 공감대도 확산되면서 정부에서도 이들을 위한 다양한 제도적인 지원책들을 마련하고 있다. 그러나 운영 과정에서 성과주의를 넘어서지 못하고 있고, 제도만으로는 문제를 해결할 수 없는 한계가 존재하고 있다.

이주여성이 참여하는 행사 대부분에서는 전통 옷을 입혀놓고, 그 나라 사람들은 정작 잘 모르는 노래들을 부르게 해요. 그러나 이 친구들은 우리나라 소녀들이랑 같아요. 10대들이 좋아하는 노래를 똑같이 좋아하고 즐기지요. 이주여성이 즐겁게 자기 문화를 표현하는 것이면 모르는 데, 보이기 위한 것이면 하지 말아야지요.

한 목사님의 표정은 단호했다. 대상화하는 것 하지 말자고. 자신의 꿈을 위해 용기를 가지고 우리나라에 온 사람들인데 그 용기를 보지 못하고 우리는 가난만 본다. 최근 어느 행사장에서 인형처럼 서 있었던 이주여성의 모습이 좀처럼 지워지지 않던 차에 한 목사님께서 하신 말씀에 절로 고개가 끄덕여진다. 지금 우리에게 중요한 것은 제도를 어떻게 운영하는가의 문제라고, 이는 우리 사회가 성숙해져야 해결할 수 있는 문제라고 한 목사님은 단호하게 말씀하신다. 인권운동, 시민교육…. 활동하는 분야는 다르지만 문제의식은 같다. 사회 구성원들의 성숙한 의식, 이는 가장 근본적인 문제이기 때문이다.

아래부터 바뀌면 위가 바뀌어요. 지역에 있는 사람들의 의식이 바뀌어야 윗사람들의 의식이 바뀝니다. 풀뿌리 민주주의가 그래서 가장 중요하다고 봅니다.

누구든지 완벽하지 않다는 것에 대해 이해해야 돼요

문득 베트남에서 건너온 후인 마이라는 여성이 자신의 한국인 남편에게 보낸 편지가 생각났다.

물론 제가 당신보다 나이가 많이 어리지만, 결혼에 대한 감정과 생각에 대해서는 이해하고 있어요. 한 사람이 가정을 이루었을 때 누구든지 완벽하지 않다는 것에 대해서는 반드시 이해해야 해요.

다른 것을 틀린 것으로 생각하는 것에서부터 소통은 단절된다. 나 자신도 완벽하지 않고 상대방도 완벽하지 않다는 생각을 한다면, 다른 것을 틀린 것으로 쉽게 단정 짓지 못할 것이다. 나이 어린 그 베트남 여성의 성숙성이 놀라웠다. 이러한 사고방식을 가질 수 있게 성장한 것은 그 사회의 시민적 덕성과도 연관이 있을 것이다. 이 여성은 결국 우리 사회에 적응하기 어려웠고 본국으로 돌아가려다 남편에게 살해당하고 말았다.

한 이주민 여성의 소박한 꿈 하나 이룰 수 없는 사회에 우리가 살고 있고, 바로 이 사회 구조 속에서 자라날 우리의 아이들의 사고방식 또한 이를 넘어서지 못할 것이라 생각하니 마음이 무겁기 그지없다. 마음의 양극화, 사회구조적 양극화는 제도 정립과 함께 올바른 시민의식 배양을 통해 해소될 수밖에 없다는 사실이 막중한 책임감으로 다가왔다. 한 목사님은 강의하실 때마다 참가자들에게 내 안에 있는 편견부터 살펴보자고 하신단다. 강의 내용을 다 잊어버려도 좋으니, 내 안에 있는 그것만 하나 똑바로 보자 하신단다.

설 명절을 맞아 놀이동산을 찾은 서울외국인노동자센터 회원들

마음의 민주주의는 똑바로 보고 일상에서 올바른 관계를 맺는 것에서부터 시작되기 때문이다. 올바른 관계란 제도와 절차를 의미하기도 하고, 직접 대면하고 부딪히는 일상에서의 태도와 자세를 의미하기도 할 것이다. 하지만

서울지방변호사회로부터 시민인권상을
수상한 한국염 목사

교육 참가자들과 이러한 일상을 공유하지 못하는 것에 대한 한계를 느끼는 경우가 많이 있었다. 다분히 관념적일 수밖에 없는 질문이지만, 이는 시민교육을 하면서 정말 고민스러웠던 부분이었다. 일상에서 만나지 않는 사람들과 불과 하루, 이틀, 몇 시간의 교육으로 시민성을 논할 수 있을까?

그런 걱정 안 하셔도 됩니다. 일상에서 만나지 않는 사람과 관계할 필요 없어요

순간 후련했다. 야단 한번 호되게 맞고 마음의 짐을 덜어낸 것 같았다. 그 말은 지금 만나는 사람들과의 관계만으로도 마음의 민주주의를 이룰 수 있다고 하시는 말씀처럼 들렸다. 무엇보다 나 자신의 변화로부터, 지금 만나는 사람들과 올바른 관계를 만들어내야 하는 것이다. 지금 여기에서. 그래, 그동안 머리로 생각했으니 그렇게 힘들지!

대학 강의를 나가실 때 학생들에게 그룹 별로 주제를 주고 조사를 하게 한 후, 한 달에 한 번씩 현장에 다녀오게 하신단다. 한 학기 공부한 것보다 현장에 가서 사람들의 아픔을 직접 본 것이 더 공부가 되었다고 학생들이 말한단다.

그러면 조금은 더 나아지겠지요 그런 식으로 바닥과 현장에 바탕을 두어야 인식이 바뀌지, 그렇지 않으면 머리만 바뀝니다.

노트북 전원만 꽂을 수 있다면 언제 어디서고 정보를 취할 수 있는 세

동티모르 외교 훈련 프로그램에 참가하여 교제의 시간을 갖고 있는 최정의팔 목사

상이다. 그렇기 때문에 그 정보를 해석할 수 있는 시선과 감수성을 훈련하는 것이 시민교육 활동가가 가져야 하는 덕목이라는 생각이 든다. 그렇기에 현장에 바탕을 둔다는 것은 끊임없이 세상 돌아가는 일에 관심을 놓지 않고 공부해야 하는 것을 또한 의미한다. 문득 너무 바쁜 현장 활동가들의 모습이 떠올랐다. 의식적으로 노력하지 않으면 하는 일들은 그저 습관적인 것들이 된다.

장애를 입은 이주민들을 위한 공정무역 카페 '트립티'

잘 되시냐고 물었다. 잘 안 된다 하신다. 손님이 별로 없단다. 그래서 지금 내가 왜 이러고 있나 하는 생각도 드신단다. 우리 활동가가 하는 고민을 똑같이 하시고 계셨다. 어떻게 극복하시냐고 여쭈어 보았다. '그냥 몸을 더 훈련해야겠구나' 하는 생각, '나라도 하자' 이런 생각을 하신단다. 내친김에 짓궂은 질문을 하나 드리게 되었다. "손님들이 안 찾아오는 이유가 뭘까요?" 1초도 주저하지 않고 말씀을 이어가신다.

저 앞에 있는 대형 카페와 비교해 봅시다. 자본을 많이 투여하니 위치와 시설이 좋지요 그리고 기계로 하기 때문에 빨리 나와요 우리 봐요 이층이에요. 그리고 올라오는 계단에 이주 장애인이다, 뭐다 하는 글들은 보기만 해도 골치가 아파요 들어오면 나이 많은 사람이 떡 버티고 있어 마음대로 뭘 하지도 못해요 얼마나 불편해요 하지만 저는 그렇다고 대형 카페처럼 할 수도, 할 생각도 없어요. 이런 것들이 시간이 가다 보면, 땀과 정성을 쏟다 보면 한 사람, 두 사람 그 가치를 이해하는 사람들이 생길 거예요. 나름대로 지켜야죠. 시대를 거스를 수 없다고 생각해요. 하지만 역사를 변화시키는 건 소수의 사람들이에요. 소수 가 땀과 정성을 들여 하다 보면 다수가 바뀌는 때가 있겠지요. 그렇게 가야지요.

우리는 『꼭 같은 것보다 다 다른 것이 더 좋아』(윤구병, 2004, 보리)라는 책의 제목처럼 서로 다른 입장과 처지의 사람들이, 각각 고유의 개성을 발휘하며 함께 멋지게 살아가는 미래의 모습을 꿈꾼다. 하지만 우리 사회 는 똑같이 살아가라고 말하고 있다. 경쟁에서 살아남아야 남들처럼 살 수 있다고 말한다. 그처럼 숨 막히고 재미없는 일도 없을뿐더러, 그렇게 할 수도 없는 세상을 이대로 물려줄 것인가?

소수이지만, 마음먹은 대로 잘 안되지만, 지켜가야 하는 이유가 바로 이것이다. 우리가 지향하는 시민교육의 가치들 또한 느리고 더디지만 땀 을 들이고 정성을 들여 가꾸다보면 언젠가 큰 나무로 성장하여 세상의 공기가 될 것이라 믿는다. 시민의 권리와 의무, 공동체성, 풍성문배와 나 눔, 사회적 소수자와 지구화 시대의 시민의식, 소통 능력과 대안적 삶의 가치라는 우리가 가꾼 열매로 인해 다음 세대들이 살아가는 세상은 지금 보다 나아져야 하지 않겠는가!

다시 사진 이야기로 돌아왔다. 여러 말보다 자기 아픔이 담긴 한 장의 사진이 훨씬 감동적으로 다가올 때가 있다고 하신다. 나 또한 그런 기분 이었다. 두 분의 인터뷰를 마치고 나니 마음속에 한 장의 사진을 찍은 느 낌이 든다. 카페를 나오며 하루의 일과를 마치고 복작이는 젊은이들과 화

려한 네온사인 사이에 자리 잡은 2층 카페를 다시 한 번 올려보았다. 저 카페가 있기까지 그리고 지금 지키려고 하는 그 가치들이 만들어 온 작은 세상을 생각해 보았다.

지금 내가 있는 곳. 바로 이 현실에서 맺고 있는 작은 세상의 가치가 너무 고마워 하마터면 눈물이 날 뻔했다. 그렇게 작은 세상이 모여 사람들의 마음을 움직일 것이다. 앞에 서서 오롯이 지켜보고 있는 감동을 마음에 담고 어둑해진 신촌의 거리로 돌아왔다.

_ 사진 제공: 서울외국인노동자센터, 한국이주여성인권센터, 이주용

한국염 인터뷰

'한국소금', '이주여성의 대모'라고 불리는 한국염 목사, 이주여성의 차별과 억압에 맞서다*

현재 우리 사회에서 가장 취약한 계층이 누구냐고 묻는다면 이주여성이라고 생각해요. 저는 페미니스트예요. 지금 제가 하는 모든 일은 직업이 아닌 여성운동의 연장선상에서 하는 일이고, 여성목회자로서의 사명과도 연결돼 있어요. 한국 사회에서 여성 목사로 산다는 것은 어렵지만, 그만큼 의미도 커요. 남자와 여자 중에 상대적으로 여자가 약자죠. 약자로서 억압당한 경험을 가지고 또 다른 약자를 섬기는 것, 그것이 여성 목사의 길이죠. 이주여성과 함께 하는 것은 여성 목회로의 길이고 저의 사명이죠. 그래서 저의 삶 자체가 여성차별, 이주민 차별을 없애려고 싸워 온 시간입니다. 저는 차별에 엄격하며 절대로 타협하지 않습니다. 만일 현재 제가 벌이고 있는 이주여성인권운동이 받아들여져서 우리 사회에서 이주여성들의 인권이 안전하게 보장된다면 저는 또 다른 곳에서 새롭게 차별받고 소외받는 사람들을 찾아서

---

* 2013년 중앙대학교 사회복지학과 대학원의 '급진사회복지실천'이라는 수업에 참여한 이들이 기획, 현장 활동가들을 인터뷰하여 '급진사회복지 실천가들의 현장 이야기'를 엮어 『옆으로 간 사회복지 비판』이라는 책으로 출간하였다. 이 글은 김은재가 한국염을 인터뷰하여 「이주여성의 빛과 소금이 되다」라는 제목으로 게재한 글에서 일부를 발췌한 것이다.

그들을 위해서 평생 운동을 할 겁니다.

'한국소금'이라는 별칭을 가지고 있는 한국염 목사, 그의 이름처럼 이주여성들의 '빛과 소금'이 되어 한국을 제2의 고향으로 삼은 결혼 이주여성들이 차별과 억압에서 벗어나 우리 사회의 일원으로 평등한 권리를 누릴 수 있도록 이주여성들을 옹호하는 한국이주여성인권운동의 새 역사를 쓰고 있다.

현재 여성 운동가이자 여성 목회자로 그가 한국이주여성인권센터에서 펼치는 인권운동은 미시적 차원에서 이주여성의 인권 보호를 위한 인권 상담 및 법률적 지원, 이주여성 가정폭력 쉼터 운영, 한국어와 문화 교육, 다문화가족 프로그램에 힘쓰고 있고 거시적 차원으로는 이주여성의 인권을 보호하기 위한 국제 활동, 법 제정운동과 정책 제안 등을 통해 정부와 사회가 이주여성을 위해 더 나은 제도를 마련할 수 있도록 박차를 가하고 있다.

"오랜 시간 내가 여성운동을 가부장적인 한국 사회에서 끊임없이 추진할 수 있게 만드는 에너지는 차별과 불의에 대한 분노다. 분노는 나를 행동하게 만든다"라고 힘주어 말하는 우리 시대의 행동하는 페미니스트이자 가슴이 따뜻한 휴머니스트 한국염 목사를 한국이주여성인권센터에서 만났다.

결혼 이주여성 인권운동의 개척자, 한국염 목사

한국 사회에서 국제결혼이 본격적으로 시작된 지 약 20여 년이 훌쩍 넘어가고 있다. 결혼 이주여성들이 우리 사회에 이웃이 되기까지 우리 사회에 정치 경제, 사회 문화에 많은 변화가 일어났다. 이제 그들은 우리 사회에서 낯선 이방인이 아니다. 우리 주변에서 언제든지 만날 수 있는 이웃이다. 우리 사회의 새 이웃이자 후(後) 주민인 결혼 이주여성들의 인권 보호를 위하여 이들에게 불합리한 국적법 및 체류권 보장을 위한 배우자 신원보증제 폐지운동 등 정부와 공권력의 차별과 억압에 강력하게 맞서며 한국이주여성인권운동의 역사를 쓰고 있는 한국염 목사, 햇살이 따스한 5월, 한국이주여성인권센터에서 그의 사람에 대한 깊은 애정과 삶의 이야기를 들었다.

한국염 목사(67세)는 1991년 독일에서 신학박사 공부를 하던 중 오래 전부터 생각했던 소외된 이들을 위한 목회를 실천하기 위하여 평탄하게 살 수 있었던 모든 기득권을 내려놓고 귀국, 남편(최정의팔 목사, 외국인 노동자센터소장)과 '평화를 위해 일하는 사람들'이란 표어를 내걸고 후미진 창신동 뒷골목에서 가난하고 소외된 사람들의 평화를 위한 공동 목회를 시작했다. 그는 창신동을 중심으로 우리 사회에서 가장 소외당하고 차별받는 도시 빈민들, 특히 저소득 맞벌이 가정과 한부모 가정의 자녀를 위한 무료 탁아방 설치와 운영을 시작으로 청소년지역공부방(현재 지역아동복지센터), 결식아동을 위한 신나는 밥집을 운영해 왔다. 이곳에서 1996년 외국인 노동자들을 만났고, 2001년 이주여성들의 인권을 위한 한국이주여성인권센터를 설립하여 고통받는 이주여성들이 있는 곳이면 어디든지 달려가 함께 하면서 우리 사회의 어두운 구석구석에 희망의 빛을 비추고 있다.

1960년대부터 성차별 철폐운동을 벌여

한국염 목사의 주요 관심 분야는 페미니즘을 바탕으로 한 반차별 반억압 운동이다. 대학 시절부터 평등과 정의 문제에 관심하여 70, 80년대는 민주화운동, 교회 양성평등운동에 참여했고, 1990년대엔 도시 빈민 여성과 아동의 복지 지원 활동과 성차별로 고통받는 교회 여성 반차별운동과 교회 내 성폭력추방운동, '일본군' 위안부 문제 해결을 위한 운동에 참여했고, 2000년대는 이주여성의 문제에 매달렸다. 그가 항상 우리 사회에서 억압받고 차별받는 취약한 소수자들의 문제를 끊임없이 고민하고, 해결책을 모색하는 이유는 우리 사회의 구조적 불평등으로 인하여 벼랑 끝에 설 수밖에 없는 소외계층을 섬기는 그의 소명을 실천하기 위함이다.

특히 한국염 목사의 활동에서 가장 괄목할만한 성과는 결혼 이주여성들의 인권 보호에 관한 것이다. 국제결혼이 시작되던 초기, 인권의 사각지대에 놓여있던 결혼 이주여성의 인권 보호를 위하여 그는 2001년 한국이주여성인권센터를 설립하여 인종차별과 성차별, 가정폭력 등으로 고통받는 결혼 이주여성의 한국 사회 정착에 큰 교두보를 마련하였다. 당시 이주여성들의 인권불모지였던 한국 사회에 결혼 이주여성들의 안정적인 한국 사회 정착과 인권 보호를 위하여 2005년 정부로 하여금 국제결혼 이주여성을 위한 사업을 하도록 2년 동안 추동해 결국 여성부로 하여금 결혼 이주여성을 위한 사업을 실시하도록 했다. 뿐만 아니라 당시에 이혼하면 이유 여하를 불문하고 본국으로 귀국하도록 되어있는 국제결혼 이주여성을 위해 가정폭력 등 혼인 파탄의 귀책사유가 없는 이주여성은 국내에 체류할 수 있도록 법을 개정토록 하였다. 이 법 개정으로 인권 침해를 받은 많은 이주여성들이 한국에 체류하며 국민이 될 수 있게 되었다. 또한 폭력 피해를 당한 이주여성이 상담하고 신고할 수 있도록 '이주 여성성긴급전화 1577- 1366' 전화를 개설하여 자리를 잡도록 했으며, 가 정폭력 피해를 당한 이주여성이 보호받을 수 있도록 '가정폭력방지법'을 개정토록 하고 가정폭력 피해 이주여성이 보호받을 수 있는 '이주여성쉼 터'를 설치토록 하였다. 이를 통해 지금도 많은 이주여성들이 보호를 받 고 있다. 다문화가족지원센터도 그의 제안에서 나온 것이다.

한국염 목사가 이주여성인권운동에 뛰어든 계기는 1980년대 말에 창 신동에서 빈민운동을 하고 있을 때 우연히 경기도 성남에 있는 양말 공장 에서 일하던 이주노동자들이 그가 빈민운동을 하던 청암교회로 피신해 오면서다. 그들의 어려움을 알게 되면서 이주노동자운동을 하기 시작했 다. 그러던 중에 여성 이주노동자들은 퇴근하면 자기 시간이나 휴식을 가 질 수 있는데, 결혼 이주여성들은 그런 시간조차도 가질 수 없다는 것을 알게 되면서 결혼 이주여성에 관심을 가지고 그들의 인권을 보호하기 위 한 운동에 뛰어들었다.

그는 이주여성 인권을 보호하기 위한 상담과 교육, 모성 보호와 육아 지원 사업을 하면서 동시에 이주여성을 위한 각종 정책과 제도를 만드는 한편, 잘못되거나 방기되고 있는 정부의 정책을 바꾸는 데도 큰 역할을 하였다. 국제결혼 중개업체들의 인신매매성 중개 실태를 알리고 이를 규 제토록 하는 데 앞장섰으며, 무분별한 지방자치단체의 '농어촌장가보내 기지원사업'을 규제하도록 하였다. 또한 시민단체와 연대하여 법무부의 '사회통합이수제', '영주자격전치주의' 제도 도입, 결혼이민자 비자 강화 정책 등 이주여성을 규제하는 법무부의 정책에 대해 문제점을 제기하고 개선책을 제시하여 법무부의 시정을 이끌어내기도 하였다. 이런 한국염 대표의 노력을 보며 "한국염 대표가 가는 길에 곧 이주여성의 인권을 위한 길이 열린다"라는 말이 돌기도 한다.

이주여성의 인권을 위한 한국염 대표의 활동은 때로는 그의 신변에 위협으로 다가오기도 한다. 아내를 폭력해 이혼당한 남편들이나 국제결혼중개업자들이 한 대표 때문에 자기 아내가 집을 나갔다고 위협하기도 하고, 한 대표가 일하고 있는 센터 앞에 집회신고를 해놓기도 하고, 한 대표가 주관하거나 참석하는 토론회나 정책세미나장에 와서 난장판을 벌이기도 했다. 그러나 그는 이런 위협에도 개의치 않고 꿋꿋이 자기 길을 간다.

한 대표는 시간이 갈수록 한국 내에 외국인혐오단체의 조직적인 움직임이 증가하고 있는 데 대해 심각하게 우려하고 있다. 이에 대처하기 위하여 그는 한국 사회를 '열린 다문화사회'를 만들기 위한 빗장 열기 교육을 통해 한국 사회의 인식 개선 사업을 전개하고 있는데, 그의 교육을 들은 사람들의 이주여성에 관한 편견이 많이 없어지고 있다고 한다.

한국염 목사의 이주여성인권운동 개척의 생생한 실천 전략과 경험에 대한 일문일답

남편 최정의팔 목사와 함께 이주노동자 운동을 하셨는데, 따로 결혼 이주여성인권센터를 만든 계기가 있었나요?

이 세상에서 가장 고통받는 사람이 누군가 했더니 바로 이주노동자였어요. 그 이주노동자들 중에 이주여성들이 더 약자였고요. 당시 이주노동자를 지원하는 활동가들을 보니 성 인지적인 면이 약하다는 판단이 들어서 여성운동의 경험이 있는 제가 이주여성을 위한 지원활동을 시작하게 되었지요. 당시 이주여성 쉼터가 전국에 하나도 없었어요. 남성 이주노동자들은 노숙을 해도 되는데, 여성들은 그렇지 않잖아요. 당시에는 이주여성에 대한 인식이 없던 때라 한국에서는 돈을 구하지 못해서 독일 교회기관에서 3천만 원을 지원받아 시작했어요. 막상 독일에서 돈이 왔는데, 전세 값이 5천만 원으로 뛴 거예요. 국내 모금을 해서 채웠는데, 이제는 외국인이라 전세를 줄 수 없다는 거예요. 그래서 전세를 끼고 작은 집을 하나 샀어요. 이게 한국 최초의 이주여성 쉼터가 된 거지요. 우리 쉼터가 지금은 창신동에 없고, 다른 곳에 있는데 그게 시금석이 되어서 오늘이 있는 거지요. 그렇게 시작이 되었어요.

남성 중심의 가부장적인 사회 분위기 속에서 여성 지위 향상과 여성차별 철폐운동을 어떻게 하셨나요?

한국 최초의 여자 목사가 되고 싶어서 신학대학에 진학했습니다. 그런데 신학교에 가보니 여자는 목사가 될 수 없다는 거예요. 성경말씀을 말도 안 되게 끌어다 대면서. 전 여자가 능력이 없어서 목사가 못된 줄 알고 있다가 성차별적 제도 때문에 그렇다는 걸 알고 이때부터 여성운동을 시작하게 되었지요. 학부와 대학원을 졸업하고 교단 여신도회 전국연합회에 실무자로 들어가서 여성 신도들 의식화교육을 시작하며 투쟁을 계속하여 여자 목사가 됐습니다. 제가 대학원 졸업하고 잡지사에 있었는데 월급이 24만 원이었어요. 그런데 여신도회는 14만 원밖에 못 줬어요. 그래도 일의 의미를 느끼고 이 일을 택한 거지요. 여신도 의식화교육을 할 때 힘들다는 생각을 하지 않았어요. 여성들이 자신에 대해 눈을 떠가는 것이 너무 재미있었어요. 그래서 지금 이주여성들과 함께 일하는 것이 하나도 힘들지 않아요.

이후에 교회 내 성폭력을 금지하기 위해 1998년 교회 내 성폭력 문제를 터뜨렸고, 목사들의 성폭력 문제를 처음 이슈화했지요. 교회 내 성폭력 문제를 다루니까 국정원에서도 우려했어요. 공청회를 할 때는 경찰 2개 소대가 와서 보호를 할 정도였어요. 보수 교회들이 행패를 부릴까 봐요. 가부장적인 예배와 설교, 관행들에 대해서도 비판을 했어요. 이런 것들이 교회를 성차별 교회로 만드니까요. 교회가 바뀌어야 사회도 같이 바뀌지 않습니까? 교회개혁운동을 벌이면서 사회의 성차별 철폐운동에도 참여했어요. 호주제 폐지운동 등 여러 가지 사회 이슈에 다 참여했어요. 성차별이란 하나의 연결고리가 있으니까요. 사회의 변화와 교회의 변화가 서로 맞물려 있으니까요. 주한미군 기지촌 여성 문제, 군산 개복동의 성매매 여성 문제, 농민 여성 문제 등 차별이 있는 곳에는 열심히 참여하려고 애썼지요.

결혼 이주여성 인권운동을 할 때 활용하신 전략은 어떤 것인가요?

전략이란 게 별다른 것이 없어요. 앞에서 말한 것처럼 교회 성폭력 문제, 교회 성차별 폐지 운동, 호주제 폐지 운동, 우리 사회 이슈에 다 참여하였고, 빈민운동, 민주화운동, 여성 운동 등을 섭렵하다 보니 어느덧 운동에 대한 방법을 체득하게 됐습니다. 운동이라는 것은 단기간에 해결되지 않아요.

제가 우리나라 이주여성 관련법이나 정책을 바꾸는 데 이바지하게 된 동력은 이전에 교회 여성과 한국 여성운동을 하면서 터를 잘 닦아 놓았기 때문이에요. 거기에다 숟가락을 하나 더 얹어 놓은 거라고 봐요.

초창기에는 이주노동자만 이슈가 되었어요. 국제결혼 여성은 존재감조차 없었는데 짧은 시간에 관심을 불러일으키고, 많은 변화를 가져오게 됐습니다. 그동안 여성 운동과 민중운동을 한 것이 이주여성 운동으로 이어지게 된 것인데 그 기초를, 추동력을 놓은 것이지요. 다시 말하면 그동안에 했던 여성 운동을 비롯한 다른 운동들이 이주여성 운동을 하기 위한 준비가 된 것 같습니다.

독일에서 파독 광부와 간호원 등의 이주노동자들의 삶이나 독일 정책을 보게 된 것, 여성 운동에 참여했던 경험도 큰 힘이 된 것 같아요. 미리 준비 되었다고나 할까요? 이런 경험들이 큰 원동력이 되었던 거지요. 결혼 이주여성을 비롯해서 이주여성들을 보면 문제의 핵심이 보였어요. 저는 생각하면 실천에 옮기는 사람이라 바로 운동으로 실행에 옮겼습니다.

그러면 전략은 어떻게 세우셨나요?

그동안 살아온 노하우를 제도적으로 확대했어요. 이주여성과 생활하다 보니 이들이 필요한 것을 정부에 제안을 한 거죠. 제가 만든 전략은 우선 이주여성에게 '이런 제도가 필요하다' 하고 정부에 먼저 건의하고요, 안 되면 단체를 모아서 기자회견하고, 그것도 안 되면 농성도 해요. 이주노동자들의 합법화나 인권 탄압에 항거하기 위해 국회 앞에서 제도 개선을 위한 2주 단식투쟁도 했고요. 한겨울 성공회 성당 뒷머리에서 3개월 천막 농성도 했어요. 이런 노력들이 모아져 고용허가제라는 게 만들어졌는데, 원래는 노동허가제를 목표로 했지만 현실과 타협한 셈이지요. 이주여성들을 위해서 출입국 앞 시위나 길거리 시위는 했어도 아직 농성 같은 것은 안 해봤어요. 대신 정부 정책을 모니터링하고 문제에 대해 캠페인과 제도 마련과 개선을 위한 건의 운동을 주로 했지요. 이런 운동 전략들은 1960~70년부터 시작해서 1980년대 삶에서 배운 겁니다. 단지 이슈만 다를 뿐이지요. 주제와 대상에 따라서 다른 거지. 맥락은 다 같아요. 차별받고 억압받는 사람을 위한 일이니까요.

결혼 이주여성 인권운동이 성공할 수 있었던 요인은 무엇인가요?

미국은 이민 국가이지만 여전히 인종차별이 존재하지요. 일본은 뉴커머라고 해서 브라질 등 해외 동포들이 귀화하는데, 거기는 우리보다 더 차별이 심해요. 일본의 이주 연구자들이 한국에 와보고는 깜짝 놀라요. 제도들을 많이 바꾸어 놓았잖아요. 한국 시민단체들이. 한국의 경우 단일 신화가 있어서 한편에서는 힘들었지만 우리나라는 NGO가 세잖아요. 이주민 운동하는 사람들이 민주화 운동을 했던 사람이라서 잘하는 거지요. 그러한 삶의 경험을 이주 운동하고 연결하니깐 이주운동이 확확 바뀌는 겁니다. 그네들은 그게 없는 거죠. 그래서 그들이 한국의 시민운동을 부러워해요. 시민사회의 민주화 경험과 여성운동 경험, 그것이 성공할 수 있는 원동력이었다고 생각해요.

결혼 이주여성 운동을 추진하면서 소진되었을 때 어떻게 이겨 나갔는지요?

운동이 생활화되어서 힘들지 않았어요. 그것이 제 소명이죠. 아직까진 소진되진 않았고, 특별히 어렵다고 하는 느낌이 없어요. 이건 내 생활이고, 내 삶이니까요. 제가 가끔 반성도 해요. '내가 민주화 운동할 때 그렇게 치열하게 데모도 하고, 그랬는데 이주민 운동도 치열하게 했는가?' 자문해 보면 그렇게 치열하게 안 해서 소진할 일이 없어요. 아직까지 탈진을 안 한 것을 보면 죽을 만큼 한 거는 아니구나 생각해요. 힘이 되는 건 변화해 가는 것보다는 같이 있다는 게 힘이 아닌가 생각해요. 창신동 시절에서 배운 것은 가난한 사람을 위해서가 아니라 그들과 함께 있다는 것, 이게 참 목회라고 배웠어요. 저하고 남편이 독일에서 돌아와 창신동에 있는 빈민 교회에서 목회를 처음 시작했을 때, 창신동 저소득 가정을 위해 놀이방을 시작했어요. 그때는 아직 창신동에 어린이집이 없을 때라 무료로 한 거지요. 저는 그때 창신동에 전세를 얻어 살고 있었는데 저녁에 엄마들이랑 대화를 하려면 이분들이 마음을 안 여는 거예요. 이래서 안 되겠다 싶어 교회가 있는 건물로 이사 갔어요. 우리 교회는 공장의 한 낡은 건물을 얻어서 한쪽은 어린이집을 하고 다른 한쪽은 사무실로 쓰고 있었는데, 이 사무실 건물을 장롱으로 칸을 질러 장롱 이편에는 우리 부부와 딸이 자고, 저편에는 중학교 다니는 아들이 잠을 자는 식으로 살기 시작했어요. 한 3개월 지나니까 엄마들이 마음을 열기 시작했어요. 우리 삶의 모습이 자기네랑 별반 다를 게 없었던 거지요. 이런 엄마들을 보면서 배운 거지요. "누구를 위해서가 아니라 함께 하는 게 중요하다는 것을요." 운동은 누구를 위해서가 아니라 함께 있는 겁니다. 누군가를 위해서 하게 되면 기대하는 것이 있잖아요. 같이 함께하는 것이 중요해요. 함께 있는 것은 잘 안 돼도 그렇게 실망하는 일이 없어요.

그동안 펼쳐 오신 다양한 여성 운동을 하시면서 획득한 성과를 꼽는다면?
(개인적 변화에서 제도적인 변화까지)

호주제, 성폭력특별법, 가정폭력방지법 등에 참여했고, 이를 경험으로 이주여성을 위한 지원법을 비롯해서 각종 법과 제도를 만들었지요. 이주여성에 대해 아무도 관심 갖지 않던 초기에 이주여성 인권 지원 활동을 하면서 민간단체의 힘에 한계가 있는 것을 알았어요. 그래서 여성부가 가장 열악한 이주여성들을 위한 일을 해야 하지 않겠는가 생각하고 여성부 장관을 2년간 쫓아다니면서 이주여성 지원 사업을 하도록 졸랐지요. 결과적으로 태평양화학 기업으로부터 한해 2억씩 5년 동안 10억 기금을 받아 이주여성을 위한 기금을 마련한 거죠. 당시에 이주여성에 관련한 일을 하는 전문단체가 우리밖에 없어서 결혼 이주여성 지원 사업을 위탁받아 전국 6개 지역에 네트워크를 형성해서 제공했어요. 70~80년대 여성단체 대표로 쭉 여성운동에 가담했기 때문에 그것이 가능했죠. 전국적인 네트워크가 있으니까요. 그래서 농민 지역 같은 데는 거기에 맞는 곳에 연결했죠. 여기 참여한 단체들 중 일부가 우리 센터 지부가 되었지요.

정부가 이주여성 사업을 시작하니 언론에서도 관심을 갖게 되어 이주여성 지원 사업에 동력이 붙게 되었어요. 이 여세를 몰아 이주여성을 위한 제도 마련에 나섰지요. 초창기에는 결혼 이주여성이 이혼하면 이유 여하를 막론하고 본국으로 돌아가야 했어요. 이의 부당함을 알리고 결국 혼인 파탄의 귀책사유가 이주여성 본인에게 있지 않을 경우 한국에 체류할 수 있도록 체류법이 개정되었지요. 이를 시작으로 가정폭력방지법에 외국인도 포함시키도록 개정하고 이를 근거로 해서

폭력피해이주여성 쉼터도 개설할 수 있게 되었고, 폭력피해이주여성들이 자국어로 상담할 수 있는 이주여성 긴급 전화 1577-1366도 개설하는 등, 제도개선과 법들이 마련되었지요. 이런 제도 마련이 가장 큰 성과였다고 봅니다.

힘든 여건에서도 굴하지 않고 끊임없이 운동을 하는 추진력은 무엇인가요?

불의에 대한 분노, 이게 엄청난 에너지가 된 거죠. 차별하는 현장을 보면 좌절하기보다는 분노가 생겨서 그게 힘이 되는 거예요. 분노는 나의 힘이죠. 옳지 않은 것에 분노하는 것, 저는 이것을 '분노의 영성'이라고 하는데, 저는 이유 없이 차별하는 데는 화가 나요. 제가 태생적으로 반골이라 그런가 봐요. 옳지 않은 것에 분노하지 않고 지레 포기하는 사람을 보면 안타깝지요. 불평만 하는 사람 달래는 것보다 그 에너지 가지고 격려할 사람을 키우는 것이 더 낫다고 생각해요.

다른 사람들이 이주여성 관련 운동을 한다면 어떤 조언을 하시겠습니까?

하면 되지요. 특별한 사람은 없어요. 다만 이주여성 일은 젠더 관점과 이주의 관점이 있어야 해요. 여성에 대한 성 인지적 평등 관점과 지구화 시대의 이주의 상황에 대한 인식만 있으면 되지요. 가부장적인 사회에서 성의 문제를 볼 수 있는 사람, 이주여성 관련 일은 평등한 젠더 관점이 가장 중요해요. 이주여성 관련해서 일하는 사람 중에 젠더 관점이 없는 사람이 많아요. 반면 여성운동을 하는 사람들 중에는 이주 관점이 부족한 사람들이 있어요. 왜 세계화 시대에 이런 지구적인 이주가 생기는가? 이주와 신자유주의의 글로벌화에 대한 정확한 인식이 있어야 해요. 여성의 관점으로 볼 수 있는 시각과 인식이 정말 중요합니다.

결혼 이주여성 인권운동이 발전되기 위해서 개선되어야 할 부분은요?

정부가 자꾸 이렇게 센터도 세우고, 뭐를 세워서 관리를 하잖아요. 그러면서 예전에 운동을 하던 사람들이 자꾸 정부의 자금을 받으면서 운동이 약화됐어요. 이런 점이 안타까운데 어떻게 이주여성을 임파워먼트(empowerment, 권한 위임) 하느냐는 것이죠. 결국 이주여성운동이란 이주여성의 주체성, 이주여성 세력화인데 어떻게 이주여성과 시민들의 의식 변화를 일으켜 이주여성이 주체성 있게 살 수 있게 하느냐? 그런 문제죠. 결국은 자기 세력화를 해야 하는데 아직은 이주여성들이 정부의 사탕에 약해서 더 시간을 두고, 기다려야 하지 않나 생각해요. 많은 분들이 "우리나라에 다문화가정에서 국회의원이 나왔으니까 많이 발전한 게 아니냐?" 이렇게 물어요. 그러나 아직은 이주여성이 국회의원이 될 시기는 아니라고 봐요. 자칫하면 이주여성이 정치 도구화될 수가 있어요. 결혼이주민 이십만 명에 비례대표 국회의원을 내놓을 시점인지 생각해볼 필요가 있어요. 의원 만들기보다 중요한 것은 이주여성들이 세력화하여 정부정책을 이끌어낼 수 있게 하느냐, 어떻게 이주여성 친화 정책을 만들게 하느냐는 것이에요. 이주여성의 롤 모델이 뭐냐는 거예요. 물론 이주여성 정치대표가 나오는 것은 바람직합니다. 정치 대표가 있으면 롤 모델이 성립되니까요. 그러나 상징성으로 끝나서는 안 되는 거지요. 자칫 문제를 흐릴 수가 있어요. 이주여성 정치인 한명 배출해놓고 "봐라, 이만큼 이주여성의 인권이 신장되었다." 이러면 곤란한 거지요. 정의로운 이주인권 정책을 세워서 추진하는 것, 정책을 제대로 만드는 게 중요해요.

한국에서 결혼 이주여성 인권운동의 전망은 어떻게 보시나요?

이제는 한국인들이 인권운동을 하는 선에서 결혼 이주여성 당사자들이 하는 운동으로 나가야죠. 지금 하는 운동은 당사자들이 앞으로 운동을 하기 위한 주춧돌이 되는 거죠. 우리도 주춧돌을 놓기 위해서 열심히 하는 것이고, 당사자들이 운동을 할 수 있도록 그 기틀을 만들어주는 거지요. 이주민 운동은 민주화 운동을 하던 사람들이 시작했어요. 그래서 힘이 있는 거지요. 일본에서 이주 운동하는 사람들이 한국의 이주문제 발전을 보면서 깜짝 놀라지요. 민주화운동의 경험 때문이라고 답해요. 민주화 운동하다 이렇게 이주 운동으로 와서 여태껏 20여 년 동안 깔아 놓은 것들이 자양분이 되었다고 생각해요. 역사는 발전하는 것이니까. 결국은 당사자와 함께 옆에서 치열해야 한다는 거죠. 당사자 운동으로 나가야 하는 거죠. 우리 센터의 미래를 구상하면 이주여성들의 지도력이 발전해서 센터의 대표가 되는 날이 오는 것도 꿈 중의 하나입니다.

운동할 때 장애가 많이 있었을 텐데 어떻게 극복하셨는지요?

가로막는 것, 장애라는 것 자체가, 부수거나 넘어가야 하는 것이잖아요? 벽은 부수는 길이 있고 돌아가는 길이 있는데 담만 있다면 넘어갈 수 있지만 견고한 지붕까지 있다면 부수어야 되는 거죠. 중요한 것은 장애를 극복 못 할 것이라 포기하지 않는 것이지요.

우리들이 70년대 운동하면서 부른 노래가 있는데 '혼자로는'이라는 노래예요. "혼자로는 힘들겠네. 둘의 힘으로도 할 수 없겠네. 둘과 둘이 모여 커단 함성 될 때 저 억눌린 사람 참 자유 얻겠네." 이런 노래가 있어요. 결국 함께 가는 거죠. 이주여성 당사자들과 우리들은 다 한 자매잖아요. 함께하면 힘이 들지 않아요. 살면서 보니 운동이란 것은 혼자서 할 수 없는 거고, 옆에서 같이 해야 힘이 돼요. 도종환 시인이 말한 것처럼 담쟁이가 어느 날 보니 함께 벽을 넘더라. 그런 것이 장애를 넘는 힘이죠.

실천가로서 한국 사회복지 학계나 사회복지 실천가들에게 바라는 것은 어떤 것인가요?

첫째, 사회복지를 살펴보면 사회복지하시는 분들은 자기한테 오는 대상들을 대상으로만 보는 거 같아요. 한국 사회복지는 실적주의에요. 숫자로 다 봐요. 인권 사회복지를 제대로 하지 않고 있어요. 클라이언트들에게 수혜가 강화되다보니 대상을 주체적인 사람으로 만들기보다는 시혜적인 사람으로 자꾸 길들이는 것이죠. 그런 초점으로 클라이언트에게 복지를 베풀면 수혜를 받는 당사자인 수혜자의 자존심에 상처를 입히는 그런 문제가 생기는 것 같아요. 사회복지 현장 실천가나 사회복지사가 인권 개념이 없다 보니 이주여성을 수혜 대상으로 보면서 그들을 거지 근성으로 만드는 것 같아서 그런 게 걱정이 됩니다. 두 번째는 인권 감수성에서 가장 먼저 나타나는 것이 용어예요. 용어에 대한 차별이 없어야 해요. 이주민과 함께할 때 용어를 살펴야 하지요. 나는 한국인, 당신은 외국인, 이 사이에 벽이 생겨요. 우리는 먼저 오래전부터 여기에 살았으니 선주민이라고 하고, 뒤에 우리 땅에 온 사람들이니 이주민이라고 하면 평등 관계가 형성될 수 있어요. 그래서 우리 센터에서는 선주민 활동가, 이주민 활동가라고 불러요. 이런 것부터 차별성을 없애야 해요.

차이를 차별하지 않고 차이를 인정하는, 더불어 사는 사회가 되어야

'차이를 차별해서는 안 된다.' 이것이 인권의 기본이고 지금 다문화사회에서 기본 슬로건이에요. 이것이 기본인데 한국 사람들은 그런 차별도 무시해요. 그런 취약계층에 있는 사람들의 차이를 인정하고, 함께 더불어 살아야 합니다. 이주여성들은 '다문화가정'이란 용어를 싫어해요. 우리나라는 다문화라는 것이 하나의 계급으로 분리되고 있어요. TV 프로그램 '미수다'에 나오는 사람들은 글로벌 가족이라고 해요. 그러나 동남아에서 온 사람은 다 다문화가정이라고 하는데 이것이 차별이라는 거죠. 다문화 아동들한테 학교에서 담임선생님이 "다문화 남아라"라고 한다고 해요. 바로 이것이 차별이지요. 그래서 '다문화 아동' 이런 표현에 대한 용어를 고려하는 움직임이 일어나고 있어요. 이주 배경 청소년, 베트남 출신 한국인 이렇게 자기 출신국 배경을 말할 수 있는 언어 사용을 사회복지 현장에서부터 실천하는 것이 중요해요.

셋째, 사회복지를 권리로 볼 것이냐. 시혜로 볼 것이냐의 문제인데, 사회에서 공동체로서 함께 살아갈 권리를 보장하는 것이 사회보장이지요. 문화도 문화를 향유할 때가 중요해요. 사람들이 문화를 권리로 향유하느냐 아니면 시혜로 향유하게 하느냐 그것이 중요합니다. 문화를 향유하는 것을 권리로 보아야 하지, 시혜로 향유하는 것은 아니라는 거죠. 이주민들도 자신의 문화를 권리로서 향유할 수 있게 해야 해요.*

공정무역카페, 신촌 트립티에서
최정의팔 목사를 만나다*

지난해 7월 1일 월요일 오후 3시, 신촌 트립티에서 최정의팔 목사를 만났다. 트립티는 서강대학교 가는 길목에 있다. 찾기 어려울 것이라는 예상을 깨고 의외로 공정무역카페 트립티라는 간판을 금방 찾을 수 있었다.

마음까지 정화되도록 고즈넉하게 꾸며놓은 카페 내부로 들어갔는데 최정의팔 목사는 보이지 않았다. 세미나를 할 법한 크기의 테이블을 놓은 구석진 자리에도 없었다. 카운터에 있는 직원에게 물어보니 최정의팔 목사는 커피를 볶고 있다고 했다. 가리킨 곳으로 갔더니 최정의팔 목사가 하얀 김에 둘러싸여 커피를 볶고 있었다.

'코람데오'라는 말이 있다. 기독교 초대교회 교인들이 자주 썼던 말로, "하나님 앞에서"라는 뜻의 라틴어다. 초대교회 교인들은 코람데오를 실천하는 것이 진정한 신앙, 예배라고 믿었다.

---

* 김성천 · 김은재 공저, 『옆으로 간 사회복지』(학지사), "제3부 우리 사회의 소수자, 그들의 목소리"에 게재된 문성아 님의 글임.

모든 일을 하나님 앞에서 하듯이 한다면 정직하게, 열심히 할 수밖에 없겠죠. 또 모든 일이 하나님 앞에서는 다 똑같다는 신앙 고백이 될 것입니다.

그의 말처럼 커피 볶는 최 목사의 모습에서 코람데오 정신이 느껴졌다. 까페라테와 오늘의 커피를 주문했다. 과장을 보태지 않고, 커피가 다른 집 커피보다도 부드럽고 맛있었다(알고 보니 이 커피 맛본 손님이 다들 그렇게 얘기한다고 한다). 최 목사에게 질문 내용을 대강 일러주자, 껄껄 웃으면서 책 한 권에 담기에는 부족할 것 같다고 했다.

이주노동자를 돕는 일은 어떻게 시작하게 되셨나요?

제 기본적인 관심은 사람들이 어떻게 인간답게 살 수 있도록 만드느냐였어요. 고등학교 때부터 관심을 가졌는데, 처음에는 "돈을 엄청나게 많이 벌어서 하자"라는 생각으로 토목공학과를 가려고 했어요. 그런데 고3 때 담임선생님이 "다른 사람들이 벌면 되지. 네가 돈까지 벌려고 하느냐?"라고 하셔서 고3 때 이과에서 문과로 옮기게 됐어요. 사회를 전반적으로 파악할 수 있을 것 같다는 생각이 들어 사회학과에 진학했는데, 돈을 많이 벌어도 인간의 근본적인 문제를 해결할 수 없겠다는 생각을 하면서 신학을 하게 됐어요. 오랫동안 신문사 기자를 하다가 신학대학에 들어가 목사가 됐습니다. 그리고 '이 땅에서 가장 어려운 이웃이 누구냐. 소위 민중이지 않은가?'라고 생각하게 되어 독일로 해방신학을 공부하러 유학을 가게 됐어요(최정의팔 목사는 한신대학교 신학대학원에서 해방신학을 전공했다). 그 이후에 한국 노동자와 빈민들을 위한 민중교회를 맡게 됐는데 그 교회가 청암교회였어요. 그런데 어느 날 청암교회로 중국노동자, 한족이 피신해 왔는데 그것이 계기가 되어 이주노동자들을 돕는 일을 하게 된 거지요.

그게 언제였지요?

1996년이었어요. 우리 교회는 가난한 노동자교회라서 다들 제가 그들을 돌봐주는 것을 탐탁지 않게 생각했어요. 그분들은 "이주노동자는 우리의 직업을 빼앗는 사람들이다. 왜 우리가 그런 사람들을 돌봐야 되느냐?" 그렇게 생각을 한 거지요. 지금도 이런 게 문제가 돼요. 어느 날 교회에서 여름 수련회를 같이 갔는데 한족들이 손이 아주 빨랐어요. 젊은이들이 만두 800개를 순식간에 빚는데 그것을 본 우리 교회 교인들이 "어, 저 사람들도 만두 먹네. 우리랑 똑같은 사람들이네. 국적은 다르지만 돌봐주어야겠다"라는 공감대가 생긴 거예요. 그래서 이 일을 시작하게 됐어요. 제가 선택한 게 아니라 선택된 거지요. 처음부터 외국인 노동자 운동을 할 의도는 없었고요.

그 당시만 해도 한국 사회가 이주노동자를 노동자로 취급하지 않고, 산업연수생 제도로 온 인력으로 생각했어요. 그때 가장 먼저 한 일이 1995년 명동성당 시위였어요. 목에 쇠사슬을 두르고 "우리도 사람이다. 인간답게 대접해 달라." 그런 것이 계기가 되어서 한국의 많은 NGO가 외국인 노동자보호법 제정을 위한 운동을 벌였어요. 그러면서 연대하게 됐지요. 그렇게 해서 만든 게 외국인 노동자대책협의회, 즉 외노협이었죠.

자연스레 같이 활동하게 됐고, 그러다 보니 우리의 노력이 결실을 보아 2003년에 법 제정이 됐어요. 그 당시는 노무현 대통령이 정권을 잡았을 때인데, 노 대통령이 성차별, 학벌 차별, 인종차별, 이주노동자 차별 등 5대 차별을 없애자고 하면서 법 개정을 굉장히 열심히 했거든요. 결국 2003년 8월에 고용허가제가 통과됐죠. 이 법이 통과되면서 문제가 됐던 게 한국에 초과 체류했던 이들이에요. 정부가 그들을 강제 추방한다고 해서 다시 농성을 하게 됐어요. 명동성당에서 농성이 시작됐고, 성공회성당에서도 또 농성을 했어요. 그때 제가 외노협 대표였는데, 보람이라면 농성을 하면서 외국인 노동자들이 스스로 노동자라는 인식을 하게 된 것입니다. 그 당시에 우리가 힘이 없어서 노동허가제가 아니라 기업주가 중심인 고용허가제를 받아들일 수밖에 없었지만요.

농성이 고용허가제를 도입하게 된 결정적인 계기였네요?

정부에서 법을 제정하려고 했지만, 하도 야당에서 반대하니까 외노협이 국회의사당 앞에서 농성을 했어요. 이것이 계기가 되어서 고용허가제가 통과됐죠. 그리고 2차 농성은 불법 외국인 노동자를 단속하는 시점인 10월에 이뤄졌어요. 그때 단속을 반대한다는 운동을 명동성당에서 시작했는데, 일부는 명동성당으로 가고, 일부는 성공회성당으로 갔어요. 저는 성공회성당으로 가서 이주노동자들과 함께 90일을 농성했어요.

외노협 대표로서 가신 건가요?

네, 일단 농성이 끝나고 난 후에 여러 법이 통과됐죠. '다문화가족지원

법안'도 통과됐고, '재한외국인처우기본법'도 통과됐어요. 이런 법들이 통과된 게 결국은 그 당시에 우리가 노력했던 결과라고 생각하니 보람을 느껴요.

보람이 있었던 일을 더 꼽는다면요?

보람이 있었던 일을 더 꼽자면 우리 센터에서 최초로 이주여성을 위한 여성쉼터를 만들었어요. 이것을 기반으로 한국이주여성인권센터가 창설되어서 이주여성의 문제를 한국 사회에 제기하는 데 밑거름이 되었던 것도 보람이 있었다고 생각합니다. 그리고 외국인 근로자 건강권에 관한 거예요. 무료 진료소도 중요하지만, 외국인 근로자를 스스로 돕자는 취지에서 외국인 노동자 의료공제회를 만들었어요. 외국인 근로자들의 의료 문제가 심각했는데 그것을 우리 사회가 함께 풀어가기 시작한 거죠.

이주민들이 건강을 챙길 수 있는 이주민건강협회는 어떻게 만들게 되었나요?

우리가 일본과 계속 국제교류를 했는데, 일본에서 한 단체가 이와 비슷하게 의료보험제도를 운영하고 있었어요. 의료보험이 적용되지 않는 이주노동자들에게 좋은 제도인 것 같아 한국에 도입한 거였어요. 사회복지공동모금회에서 5천만 원을 받아 전국적으로 확대했죠. 그게 대단히 의미 있는 일이었어요. 이주노동자들도 월급을 받으니 자기가 돈을 내서 병원을 가는 의료공제조합을 만든 거지요. 병원에 가기 힘든 이주노동자의 건강을 미리 체크할 수 있도록 경동교회와 함께

선한 이웃클리닉을 만들어 격주로 무료 진료를 하도록 했고, 정동교회와 협력하여 아가페 클리닉을 격주로 운영해, 결국 매주 이주노동자 무료 진료를 하도록 만들었어요. 무료 진료를 하는 건 예방 차원이었고, 큰 액수의 진료비를 내야 하는 경우도 있었기에 보건복지부를 통해 적십자, 국립의료원과 함께 무료로 하는 진료 지원 대책을 만들었어요(실제로 의료 사각지대에 놓여 있는 많은 이주민, 난민 신청자, 미등록 이주노동자 등이 이 제도의 혜택을 받고 있다).

산업재해를 당하신 분들의 경우, 정부에서 보상이 없나요?

산재 보상을 받기 어렵죠. 공장주가 잘 안 해주려고 해요. 받기는 받아도 산재 보상이 월급의 70%로 나오는데, 대부분 치료비로도 모자라요. 한국 사람은 산재 보상을 받으면 집에 가서 치료를 해요. 외국인 노동자는 산재 보상을 받아도 자신이 간병인을 쓰면 본인이 내야 하는 돈이 또 있어요. 그게 제법 들어요. 100% 다 되는 게 아니에요. 그리고 장애 보상이 있는데, 장애인이 되면 또 나와요. 그 돈을 치료하며 많이 써요.
이분들이 산재와 장애보상을 받아도 본국에 들어가서 일하는 것을 전제조건으로 하기 때문에 액수가 굉장히 적어요. 더구나 산재 보상을 받지 못한 사람은 전혀 대책이 없어요.

이주노동자를 돕는 일을 하면서 아쉬웠던 점은요?

가장 아쉬웠던 점은 우리가 힘이 없어서 결국은 노동허가제가 아니라

고용허가제를 받아들인 것이었고, 두 번째 그 법을 만들 때 현재 체류하고 있는 미등록 이주노동자들을 전면 합법화시키지 못한 거죠. 이제는 이주노동자들이 정식으로 노동자로 일하고 있기 때문에 스스로 자신의 문제를 해결해야 한다고 봅니다. 즉 노동조합을 만들어 본인의 문제를 주체적으로 해결해야 해요. 원래 법적으로 가능한 일이거든요. 정부에서 소위 미등록 이주노동자는 노동조합 주체가 될 수 없다고 반대를 해서 대법원에 상고 되어 있어요. 노동자 입장에서는 미등록이어도 포함시켜야 한다는 거죠. 대법원이 미등록 이주노동자의 근로기준법상 노동자성을 인정했어요. 그동안 한국 정부와 기업들은 이주노동자들의 노동력이 필요했고, 노동력의 대부분을 미등록 이주노동자들이 제공해 왔다는 거죠. 이 문제가 고등법원에서 합법이라고 판결을 받았는데도 아직도 6년간 대법원에 계류 중이에요. (2015년 6월 25일 대법원 전원 합의체는 '서울경기인천 이주노동자 노동조합'이 서울지방 노동청장을 상대로 낸 '노동조합 설립신고 반려처분 취소 소송'에서 원고 승소 판결한 원심을 확정했다. 이는 이주노조 설립 신고 소송이 대법원에 계류된 지 8년 만에 이루어진 판결이며, 이주노조가 설립된 지 10년 만에 이루어진 합법화 소식이다.)

세계적으로 외국인 노동자 실정이 비슷한가요?

한국이 일본이나 대만, 홍콩보다 훨씬 낫습니다. 중동과는 하늘과 땅만큼 차이가 크고요. 그렇지만 우리의 실정이 캐나다와는 비교가 안 되고요.

복지 단체에 꼭 하고 싶은 얘기가 있다고 들었습니다.

2005년인가, 사회복지공동모금회에서 외국인 노동자 관련 사업 공모
를 했어요. 그때 복지단체들이 '기회는 이때다' 하고 다 달려들었어요.
저한테 많이 왔어요. 제가 "이주노동자 문제에 대한 프로그램을 다 전
수할 수 있다. 우리는 당신들과 경쟁할 필요가 없다. 그 대신에 정부나
사회복지모금회의 예산을 안 받아도 일할 각오가 되어 있느냐? 우리
는 돈 안 받고 해왔는데, 당신들은 시설이나 규모가 우리보다 좋아 우
리보다 더 잘할 수 있다. 그렇지만 당신들이 지원을 받아서 하다가 지
원받지 못해 이 사업을 안 한다면 외국인 노동자를 위해 누가 다시 일
을 하겠냐. 솔직히 답을 해 달라"고 했어요. 대부분 사회복지 단체들이
도망갔어요. 현재 복지 단체들의 한계라고 봐요. 돈이 없으니까 어쩔
수 없지요.
저한데 자문한 단체 중에 딱 한군데서 하겠다고 했어요. 하지만 그 단
체도 3년 끝나고, 4년 지나니까 문을 닫더라고요. 개인이 하는 게 아니
라 어쩔 수 없었어요. 진짜 복지를 한다는 사람이라면 그게 필요하다
면 돈을 모금해서라도 해야 한다고 봐요. 그런데 그런 복지관들이 있나요?

그런 분들은 복지관이 아니라 다른 데서 일을 많이 하는 것 같아요.

복지라는 게 인권이든 뭐든 사람을 인간답게 하는 게 복지이지, 사업
프로세스가 아니거든요. 저는 복지 단체들이 그런 마음이 없다고는
생각 안 해요. 그렇지만 자기 한계를 넘지 않는 한 이러한 것들을 받아
들이기 힘들어요. 스웨덴을 복지국가라고 하는데 복지국가를 어떻게

만들었나요? 운동을 해서 만들었지, 사업을 해서 하지는 않았거든요. 정치 단체나 노조가 모여서 협력해서 만들었어요. 지금 복지사들이 사회를 바꾸는 데에는 관심이 없는 거 같아요. 진정한 복지는 스웨덴처럼 해야 한다고 생각해요.

한국이 다문화사회라고는 하지만 실제 인식은 이에 미치지 못합니다. 인식 개선을 위해 복지계가 나서서 해야 할 일이나 관심을 가져야 할 것에 대해 말씀해 주실 수 있을까요?

(최정의팔 목사는 한참 침묵했다. 생각하고 있는 것 같았다.)
어떤 게 다문화사회인가요?

(대답하지 못했다. 막연히, 외국인들이 많이 들어와서 사는 것이 아닐까 하고 속으로만 생각했다.)

왜 이런 질문을 하느냐 하면 학자마다 다문화사회에 대한 정의가 다 달라요.

(나중에 찾아보니 다문화에 대한 정의가 생각했던 것 이상으로 다양했다. 게다가 다문화사회의 개념이 제대로 정의되지도, 합의되지도 않은 채 한국 사회에서 유통되고 있는 현실을 알게 됐다.)

보통 학자들은 외국인이 전체 인구의 5% 정도가 돼야 다문화사회라고 얘기하거든요. 지금 우리 정부는 동화 정책을 다문화 정책이라고 불러왔어요. 다문화라는 것은 결국 서로 다른 문화를 같이 있게 하는 거예요. 샐러드를 해야 하거든요. 한국의 다문화 정책이라는 것은 어떻게 하면 외국인을 한국인으로 만드느냐에 초점을 두고 있어요. 여하튼 사람을 차별하는 것은 반대예요. 캐나다는 그렇지 않아요. 복지도 그런 면에서 시혜적인 차원이 아니라, 차별 없는 차원에서 해야 하지 않을까요. 외국인, 장애인을 도와야 하느냐는 것도 그런 차원에서죠.

이주노동자 지원 운동을 하다가 공정무역커피 사업을 하게 된 계기가 있나요?

지금은 일단 정부에서 그리고 지자체들이 노동자지원센터, 민간 지원 센터를 많이 만들어 놓았어요. 복지 단체들도 하고 있어요. 서울 시내에 복지 단체가 운영하는 곳이 네다섯 개 있고, 서울시 외국인 노동자 지원센터도 있고, 많아요. 저는 그러면 과연 우리가 그것을 계속해야 하느냐는 근본적인 문제에 대해 생각을 했어요. 우리는 정부 돈 받아서 안 하니까. 다른 단체와 경쟁할 필요도 없고, "사각지대가 어디 있을까?" 생각하다가 외국인 노동자 중에 장애인이 사각지대라는 것을 알게 됐어요.

정부에서 하는 정책대로라면 외국인 체류 허가가 노동 허가, 즉 일하는 비자이기 때문에 일할 수 없으면 가야 해요. 그런데 한국에 노동자로 들어와서 본인 잘못이든 체제 잘못이든 산재를 당하면 보상을 받든 치료를 받든 우리 사회가 책임지는 게 타당한 거지요. 외국인 노동자가 다쳐서 일을 할 수 없게 되면 가라고 하는 것은 한국이 좋은 사회가 아니라는 거죠.

어느 날 네팔노동자들이 같이 가자고 해서 영등포에 네팔 장애인들이 있는 곳에 갔는데, 십여 명이 살고 있었어요. 상황이 너무 열악하더라고요. 겨울인데 찬바람 들이닥치고, 본국에는 가지도 못하고 이러면 안 되겠다 해서 그분들을 위한 동대문쉼터를 만들고, 일을 시작하게 됐어요. 원래 산재쉼터가 그들을 위한 쉼터였어요. 그분들은 치료가 문제가 아니라 결국 장애를 안고 본국으로 돌아가서 어떻게 경제활동을 하며 살아갈 수 있는가 하는 자활이 문제였어요. 어떻게 그들이 본국에 돌아가서 행복하게 살 수 있도록 할 수 있을까 하다가 성균관대학교 경영대학원 협력을 받아 이주민들을 위한 경영교실을 열었어요. 어떤 분들은 식당, 어떤 분들은 커피 만드는 것을 배웠는데, 커피는 공부하기가 힘들지 않고 쉬웠어요. 그러다가 공정무역 커피를 생각했죠. 커피라는 것 자체가 국제무역 물동량 2위에요. 사업이 될 거라고 생각했죠. 그리고 공정무역 커피 사업은 원두재배 산지에 정당한 가격을 지불해 그곳 노동자들의 삶의 질을 높이고, 장애인 이주노동자들이 본국에 돌아가서 카페에서 일할 수 있어 장애인 이주노동자 사업으로 안성맞춤이라고 생각했어요. 자동차와 관련된 일이나. 컴퓨터를 가르치는 것으로는 그들이 귀환할 수 없어요. 그 나라에 가서 할 수 있는 일이어야 해요. 그런 건 자본이 많이 들거든요.

앞으로 계획을 말씀해 주세요.

이제는 노동자들이 중심이 되어서 자기 권리를 위해 투쟁할 필요가 있어요. 그걸 우리가 지원하는 거고요. 우리가 주체가 될 수 없어요. 다음에 제3세계를 도와서 악순환을 끊어야 해요. 근본적으로 그들이 한국에 올 필요가 없게 해야 해요. 귀환했던 이주노동자들이 대부분 이주노동자로 다시 오는데, 가족하고 오랫동안 떨어져서 지내야 한다는 것이 얼마나 불행한 일인가요? 그래서 공정무역 커피 사업을 시작했죠. 한국 사업이 궤도에 오르면 외국에 나가 직접 필요한 사람을 무료로 교육시키고 카페를 열게 하고, 한국에 있는 장애인 이주노동자를 그 카페에 고용시키는 것이 꿈입니다. 이 카페가 잘되면 좋겠어요.

커피가 참 맛있는데, 카페가 잘 됐으면 좋겠어요.

커피는 주문하면 되고, 집에서 갈아 먹어도 돼요. 이주노동의 악순환을 끊기 위해서 공정무역을 해야 해요. 공정무역사업단, 이 카페 공식 명칭처럼 그렇게 해야 합니다. 소비만 정당하게 하면 되기 때문에 장애인 이주노동자를 돕는 것이 그렇게 어려운 일이 아니에요.

마지막으로 하고 싶은 말씀이 있다면요?

좋은 글 쓰세요. 복지 분야에서 일하는 사람들이 많이 도전받았으면 좋겠습니다.

인터뷰하기 전에 커피를 볶고 있던 최정의팔 목사는 인터뷰를 위해 귀한 시간을 내준 후 다시 커피를 볶을 채비를 했다. 카페를 여기 저기 둘러보다 차와 커피를 사 들고 카페를 나섰다. 중앙대학교 앞에는 왜 이런 카페가 없는지 아쉬웠다. 이 글이 작게나마 카페 홍보에 기여하면 좋겠다. 카페 사진을 덧붙인다. 카페 이름은 공정무역사업단 '트립티'이며, 서강대학교 신촌역 6번 출구로 올라가는 길목 오른쪽에 있다. 트립티의 원

두를 사용하는 곳은 매출액의 1% 그리고 트립티 카페는 카페 수익금 대부분을 장애인 이주노동자를 돕는 데 기부한다.

끝으로 최정의팔 목사는 『자비를 팔다』라는 책을 읽어 보기를 권했다. 자신도 혹시나 그런 모습이 있지는 않을지 반성한다고 했다. 무엇보다도 최정의팔 목사는 똑같은 사람이 사람을 돕는 것인데, 자신이 '특별하게' 보이는 것을 무척이나 싫어한다고 했다.

"복지도 그런 면에서 시혜적인 차원이 아니라 차별 없는 차원에서 해야 하지 않을까요"라는 그의 말이 계속 마음에 남는다. '다문화'라는 단어가 오히려 우리와 당신을 구분 짓고 있다고 한다. 지금껏 내게 '다문화'는 무엇이었을까. 나는 왜 '다문화'에 관심을 갖고, 다문화가족을 돕고 싶어했을까. 인터뷰를 마치며 사실 나부터 '다문화가족'이라는 것을 깨달았다. 모두가 다 다르기 때문이다. 이걸 인식하지 못한 채 막연히 불쌍하다며 주변의 외국인을, 아니 더 나아가 소수자들을 대해 왔던 것은 아닌지. "사람은 다 똑같다"라는 이 인식, 복지를 전공하는 내가 얼마나 이러한 인식을 하면서 살고 있었나 하는 부끄러움에 갑자기 얼굴이 화끈거렸고, 눈시울마저 붉어졌다.

한편으로는 가야 할 방향을 알게 되어 감사했다. 그리고 아직 부끄러워만 할 시기는 아니라고 생각했다. 여전히 열정적인 목사님을 보면서, 젊은 내가 사람답게 사는 차별 없는 사회를 위해 해야 할 일이 더욱 많을 것이라는 생각에 마음의 신발 끈을 바짝 조이게 되었다. *

최정의팔·한국염의 이주민과 함께 사는 이야기
다르게, 평등하게: 다문화사회 빗장열기

2016년 11월 30일 초판 1쇄 인쇄
2016년 12월 5일 초판 1쇄 발행

지은이 | 최정의팔, 한국염
펴낸이 | 김영호
펴낸곳 | 도서출판 동연
등 록 | 제1-1383호(1992. 6. 12)
주 소 | 서울시 마포구 월드컵로 163-3
전 화 | (02)335-2630
전 송 | (02)335-2640
이메일 | yh4321@gmail.com

ISBN 978-89-6447-337-5 03400

이 도서의 국립중앙도서관 출판예정도서목록(CIP)은 서지정보유통지원시스템 홈페이지
(http://seoji.nl.go.kr)와 국가자료공동목록시스템(http://www.nl.go.kr/kolisnet)에서 이용
하실 수 있습니다.(CIP제어번호: CIP2016029397)